禁止触摸

禁止穿钉鞋

禁止穿高跟鞋

禁止合闸

禁止堆放

禁止混放

禁止抛物

禁止启动

禁止烟火

禁止吸烟

禁止带火种

禁止放易燃物

禁止伸入

禁止饮用

禁止用水灭火

禁止停留

禁止携带金属物

运作时禁止加油

图 1-22　禁止标志

当心电离辐射

当心激光

当心火灾

当心爆炸

当心触电

当心静电

当心压缩气瓶

当心超压

当心腐蚀

当心有毒

当心伤手

当心扎脚

当心机械伤害

当心裂变物质

当心有毒气体

当心蒸汽和水

当心泄漏

当心低温

当心高温

注意安全

图 1-23　警告标志

必须戴手套

必须穿防护鞋

必须穿防护衣

注意通风

必须接地

必须拔出插头

必须用防护屏

必须穿戴绝缘防护用品

必须佩戴遮光护目镜

必须系安全带

必须戴护耳器

必须戴防护眼镜

必须戴防护帽

必须戴防毒面具

必须戴防尘口罩

必须戴安全帽

图 1-24　指令标志

 紧急出口　　 紧急出口　　 避险处　　 应急避难场所

 救急药箱　　 紧急医疗站　　 击碎面板　　 应急电话

图 1-25　提示标志

表 2-1　危险化学品标志

序号	标志名称	标志图形	对应的危险货物类项号
1	爆炸性物质或物品	(符号：黑色，底色：橙红色)	1.1 1.2 1.3
		(符号：黑色，底色：橙红色)	1.4
		(符号：黑色，底色：橙红色)	1.5
		(符号：黑色，底色：橙红色)	1.6
2	易燃气体	(符号：黑色，底色：正红色) (符号：白色，底色：正红色)	2.1

序号	标志名称	标志图形	对应的危险货物类项号
2	不燃气体	(符号：黑色，底色：绿色) (符号：白色，底色：绿色)	2.2
	有毒气体	(符号：黑色，底色：白色)	2.3
3	易燃液体	(符号：黑色，底色：正红色) (符号：白色，底色：正红色)	3
4	易燃固体	(符号：黑色，底色：白色红条)	4.1
	自燃物品	(符号：黑色，底色：上白下红)	4.2

序号	标志名称	标志图形	对应的危险货物类项号
4	遇湿易燃物品	(符号：黑色，底色：蓝色) (符号：白色，底色：蓝色)	4.3
5	氧化剂	(符号：黑色，底色：柠檬黄色)	5.1
	有机过氧化物	(符号：黑色，底色：红色和柠檬黄色) (符号：白色，底色：红色和柠檬黄色)	5.2
6	剧毒品	(符号：黑色，底色：白色)	6.1
	感染性物品	(符号：黑色，底色：白色)	6.2

序号	标志名称	标志图形	对应的危险货物类项号
7	一级放射性物品	(符号：黑色，底色：白色，附一条红竖条)	7A
	二级放射性物品	(符号：黑色，底色：上黄下白，附两条红竖条)	7B
	三级放射性物品	(符号：黑色，底色：上黄下白，附三条红竖条)	7C
8	腐蚀品	(符号：黑色，底色：上白下黑)	8
9	杂项危险物质和物品	(符号：黑色，底色：白色)	9

注：类项号指对应《化学品分类和危险性公示 通则》的危险货物的编号。

表 3-6　常见危险废弃物相容表

反应类编号	反应类编号
1	酸、矿物（非氧化性）
2	酸、矿物（氧化性）
3	有机酸
4	醇类、二机醇及酸类
5	农药、石棉等有毒物质
6	酰胺类
7	胺、脂肪族、芳香族
8	偶氮化合物、重氮化合物和联胺
9	水
10	碱
11	氰化物、硫化物和氟化物
12	二磺氨基碳酸盐
13	酯类、醚类、酮类
14	易爆类（注一）
15	强氧化剂（注二）
16	烃类、芳香族、不饱和烃
17	卤化有机物
18	一般金属
19	铝、钾、锂、镁、钙、钠等易燃金属

说明

反应颜色	结　果
	产生热
	起火
	产生无毒性和不易燃性气体
	产生有毒气体
	产生易燃气体
	爆炸
	剧烈聚合作用
	或许有危害性但不稳定

示例　产生热并起火及产生有毒气体

注一：易爆物包括溶剂、废弃爆炸物、石油废弃物等

注二：强氧化剂包括铬酸、氯酸、双氧水、硝酸、高锰酸等

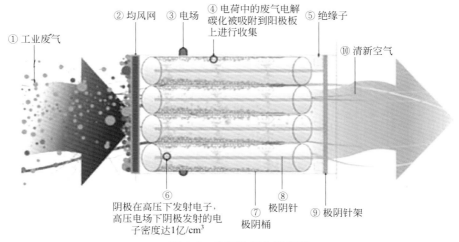

① 工业废气　　② 均风网　　③ 电场　　④ 电荷中的废气电解碳化被吸附到阳极板上进行收集　　⑤ 绝缘子　　⑩ 清新空气

⑥ 阴极在高压下发射电子，高压电场下阴极发射的电子密度达1亿/cm³　　⑦ 极阴桶　　⑧ 极阴针　　⑨ 极阴针架

图 3-5　光催化氧化示意图

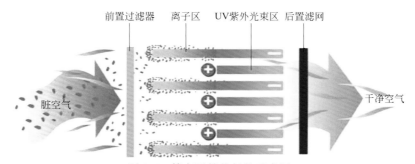

前置过滤器　　离子区　　UV紫外光束区　　后置滤网

脏空气　　干净空气

图 3-6　等离子催化氧化示意图

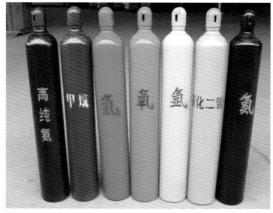

图 4-9　高压储气瓶

高等职业教育教材

化学实验室
安全教程

HUAXUE SHIYANSHI
ANQUAN JIAOCHENG

曹静 陈星 孙圣峰 主编

化学工业出版社

·北京·

内容简介

　　《化学实验室安全教程》依据高等职业院校对化学实验室安全教育的需求，从树立实验室安全意识和安全理念开始，依次介绍了实验室安全基础知识、化学品安全、实验室"三废"安全、实验室安全操作规程、实验室安全应急以及高校实验室典型安全案例与分析等。本书集化学实验室专业理论知识与实际操作于一体，旨在树立"以人为本、安全第一、预防为主"的理念，引导学生科学、规范地进行实验操作，避免实验室安全事故的发生，确保学校教学、科研工作顺利开展，最大限度地降低安全风险，更好地为应用型人才培养服务。

　　本书可作为化学化工相关专业师生的教材，也可供化工企业员工、科研工作者和化学实验室工作人员参考。

图书在版编目（CIP）数据

　　化学实验室安全教程 / 曹静，陈星，孙圣峰主编. —北京：
化学工业出版社，2023.2（2024.9 重印）
　　高等职业教育教材
　　ISBN 978-7-122-42672-7

　　Ⅰ．①化…　Ⅱ．①曹…　②陈…　③孙…　Ⅲ．①化学实验-
实验室管理-安全管理-高等职业教育-教材　Ⅳ．①O6-37

　　中国版本图书馆 CIP 数据核字（2022）第 245118 号

责任编辑：王海燕　满悦芝
责任校对：赵懿桐
文字编辑：崔婷婷
装帧设计：刘丽华

出版发行：化学工业出版社
　　　　　（北京市东城区青年湖南街13号　邮政编码100011）
印　　装：河北鑫兆源印刷有限公司
787mm×1092mm　1/16　印张13¾　彩插5　字数330千字
2024 年9月北京第1版第2次印刷

购书咨询：010-64518888
售后服务：010-64518899
网　　址：http://www.cip.com.cn
凡购买本书，如有缺损质量问题，本社销售中心负责调换。

定　　价：39.00元　　　　　　　　　　　版权所有　违者必究

前言
PREFACE

　　高校实验室是高校开展实验教学及科学研究的重要场所，同时也是高校培养学生实践能力、创新意识、专业素养的必备场所，在实践育人和人才培养方面发挥着越来越重要的作用。在应用型人才培养的背景下，实验室的使用频率更高，人员流动性更大，危险因素更多，越来越成为高校安全管理的重点场所。虽然各高校都有比较完善的实验室管理规章制度，对实验室的管理也越来越严格，但近年来高校实验室的安全事故仍时有发生，造成人员伤亡与财产损失，实验室安全已经成为高校的工作重点和工作难点。

　　为增强广大师生员工的实验室安全意识，自觉遵守实验室的各项规章制度，具备基本的实验室安全知识，规范科学地进行实验，确保教学科研工作的安全顺利进行，我校实验与计算中心组织专业人员编写了《化学实验室安全教程》。教程第1章从实验室安全理念开始，依次介绍了实验室安全基本要求、水电安全、安全标志和个人防护等安全基础知识；第2章介绍化学品的采购、存储与使用规范；第3章介绍废弃物的分类收集、储存和安全处置方法；第4章介绍仪器设备的安全操作规程；第5章介绍实验室安全应急处理；第6章介绍实验室消防安全管理；第7章总结近年高校典型安全案例与分析；最后附录介绍高校实验室国家安全规范指南、危险化学品名录和易制毒化学品名录等。

　　本书由曹静、陈星、孙圣峰担任主编。具体编写分工如下：第1章，杜倩；第2章，孙圣峰；第3章，曹静；第4章，陆姗姗；第5章，陈星；第6章，孙圣峰；第7章，陈星；附录，曹静、孙圣峰；曹静、陈星进行了本书的统稿工作。本书由盘锦职业技术学院孙伟教授主审。

　　本书在编写过程中，以高校实验室HSE安全学习为指引，参考引用了大量的安全教材、安全手册和少量网络资料与图片，得到了学校领导、实验中心负责人和化学工程学院领导及相关专业教师的大力支持，尤其得到了全国高校实验室安全教育培训专家、君源

LAB-HSE创始人屈俊勋老师的指导与帮助，在此谨表真诚的谢意！

本书可作为有机化工专业、精细化工专业、应用化工专业和石油化工专业等专业的安全教学用书，也可作为相关企业、科研工作者和实验室工作人员的安全管理与培训参考用书。

由于编者水平有限，书中不妥之处在所难免，恳请广大读者批评指正。衷心希望师生们能够学习安全知识，强化安全意识，提高防范与自救能力。从关爱自我做起，携手共创平安校园、共建和谐社会！

编者
2022 年 8 月

目录

CONTENTS

第1章

实验室安全基础知识

化学是一门以实验为基础的学科，化学实验室是化学专业人才培养的重要场所，在实践育人和人才培养方面有着不可替代的作用。高校化学实验室与其他普通实验室不同，具有仪器设备多、化学品危险性大、废弃物种类复杂、使用频率高和人员流动性大等特点。高校化学实验室的安全基础和安全运行对整个高校的安全稳定至关重要，是建设平安校园、构建和谐社会的重要保障。本章首先通过化学实验室常见的12个典型安全案例引入，提出实验室相关工作人员要树立牢固的安全意识和安全理念；其次从化学实验室安全基本要求开始，依次介绍化学实验室安全基础设施、实验室水电安全、实验室安全标志和实验室个人防护等安全基础规范。

1.1 实验室安全理念

1.1.1 实验室典型安全案例

① 一位同学忘记关加热套，温度过高，超过温度计量程，"嘭"，温度计裂开了。

② 一位同学给冰箱换插排后，忘记打开电源开关，第二天发现：冰箱里的样品全坏了，昂贵的药品，基本上全报废了。

③ 某大学气相室发生爆炸，实验采用的是系列进样，且整个进样过程中，实验人员都不在实验室，事故可能是载气不纯造成的，结果导致同一楼层实验室的人遇难！

④ 配洗液，应该用重铬酸钾和硫酸，可当事人用错了，加了高锰酸钾，硫酸喷溅出来，造成面部严重烧伤。

⑤ 一同学在实验室做硝化实验时，浓硫酸加得太快，与样品剧烈反应，酸液从瓶口冲出来，手被灼伤；硝化快到终点时，没人看守，后来酸液被蒸干，发生爆炸。

⑥ 做污水COD（化学需氧量）测定，加热回流时没人在现场，中途停水，当发现时瓶中的溶液已经蒸发大半，实验失败。

⑦ 卸货的人不戴防酸手套，有一桶氢氟酸盖子没盖紧，酸液溅到了工人手上一点儿，当场用大量的水洗，然后被送到医院，尽管很及时，但还是被腐蚀得露出了骨头。

⑧ 化验员在开启0.2mol/L硫酸溶液瓶时，由于磨口塞与瓶口粘连，用力旋转，不慎将瓶颈拧断，致化验员左手食指一根筋断裂，不能自由弯曲，手术后治愈。

⑨ 某同学配制稀硫酸时错将水倒入浓硫酸中，结果发生猛烈飞溅，面部严重烧伤。

⑩ 某大学一工作人员，误将冰箱中含苯胺的试剂当酸梅汤喝了，引起中毒，原因是冰箱中曾存放过工作人员饮用的酸梅汤。

⑪ 学生在实验室用鼓风干燥箱烤地瓜食用，摄入有毒物质，半年后因此患胃癌。

⑫ 某同学将废硫酸往废液桶里倾倒时，喷得满脸都是，马上用大量水冲洗，还是起了泡。

1.1.2　实验室安全意识的重要性

1.1.2.1　安全意识是实验室必备的科学素质

实验室安全问题的提出由来已久。尽管高等院校和科研院所都日益重视实验室安全，但始终未能引起足够的普遍性和长期性重视。初进实验室的人员在之前的种种警告之下，会格外小心谨慎，久而久之却"习惯成自然"，对实验室安全置若罔闻或搞形式主义。由前面介绍的12个实验室典型安全案例不难看出，实验室大部分安全事故都是因为相关人员的疏忽而造成的，根源是实验室指导教师、操作学生和管理人员没有树立起牢固的安全意识。由于缺乏安全意识，教师和学生在做实验或科学研究时，遇到相关问题就会缺乏思考，由此酿成祸患。

简单的安全问题可以通过开会和墙上的制度提示进行教育，深入隐藏的安全问题则需要有安全意识来提醒。有了安全意识，就会把安全问题放在首位，没有安全意识给实验室安全保驾护航，任何教学、科研成果也无法立足，甚至可能会带来更严重的安全事故。

安全意识是实验室相关人员必备的科学素质，也是全民都应该具备的科学素质，树立良好的安全意识，接受安全教育培训会使高校学生终身受益，也会给国家建设带来裨益。具有安全意识的学生，无论走到哪个行业的工作岗位，都会给工作带来益处，对提升国民的科学素养具有积极的推进作用。

1.1.2.2　如何建立实验室安全意识

首先，在实验室安全的规章制度面前人人平等。不管你是学生还是老师，不管你是实验室工作人员或者是临时来实验室做实验的用户，只要是你计划在实验室里开展实验工作，都要自觉接受和严格执行相应的安全培训及考核。这一点在国外是非常普及并受到高度重视的。

其次，安全教育的内容和形式应体现"以人为本"的理念。安全教育的目的在于"为你和实验室的同学提供一个安全的工作环境"，相信每个人天生就知道如何进行安全防护，但问题是人们不可能就他们意识不到的潜在危险进行防范。安全教育是为了人的安全，我们应该自觉地意识到进行实验室安全教育培训是为了自己的安全和一起在实验室工作的同学的安全，让我们为了解实验室潜在的危险和防护方法进行安全培训学习。尤其值得强调的是，如果你认为事故势态超出你的控制能力，应迅速离开并报警求助，同时要及时通知附近的同学撤离，在力所能及的情况下保护好自己、保护好同学，而不是简单地舍弃生命和保护财产。尊重人的生命，以人的安全为本，使接受培训的人员从内心愿意去了解相应的安全事项。

最后，进行安全培训考核。实验室安全意识应成为教学指导的教师、科学研究的人员和接受教育的学生应该具备的基本素质，这样我们的科学研究与教学工作才能更安全，才能有一个更好的工作环境传递下去。实验室安全考核内容要具体，针对性强，不是泛泛而谈，针对不同专业和研究方向应选择不同的安全教育考核评价体系，有效促进和提高从事实验室教学的专业教师、科研工作者、实验室管理人员、实验学生及其他相关人员的安全意识。

1.1.3　实验室四不伤害基本准则

安全不仅仅是一个人的事，还是团队的事，不仅自己要注意安全，还要保护团队其他成员不受伤害。实验室四不伤害基本准则即：不伤害自己；不伤害他人；不被他人伤害；保护他人不受伤害。

1.1.3.1　不伤害自己

不伤害自己就是要提高自我保护意识，不能由于自己的疏忽、失误而使自己受到伤害。它取决于实验室工作人员的安全意识、安全知识、对工作任务的熟悉程度、岗位技能、工作态度、精神状态、作业行为等多方面因素。

【案例引入】国外某高校有机化学实验室一女助理研究员，在实验操作过程中把叔丁基锂抽入注射器时，不小心使活塞滑出针筒发生了叔丁基锂局部泄漏。叔丁基锂是一种非常活泼的试剂，遇见空气会立即着火。当时女助理研究员未穿实验服，导致其所穿的化纤类针织套衫被引燃，造成严重烧伤，虽经过医院全力抢救，但仍不治身亡。

案例分析：首先，女助理研究员缺乏安全防护意识，使用危险化学品时不穿防护外衣、不佩戴护目镜、不戴防护手套；其次，女助理研究员疏忽大意，操作过程中出现了违规操作，使活塞滑出针筒导致活泼的叔丁基锂泄漏，遇见空气着火，在没有任何防范措施的情况下，引燃身上的化纤类针织套衫，而致全身大面积严重烧伤。

怎样才能在实验操作过程中做到不伤害自己？

在工作前应思考下列问题：①我是否了解这项工作任务，我的责任是什么？②我具备完成这项工作的技能吗？③这项工作有什么不安全因素，有可能出现什么差错？④万一出现事故我该怎么办？⑤我该如何防止失误？

工作前对上述5个问题做到心中有数后，保持高度的安全意识和安全理念，做好以下六点。

第一，做好实验前准备工作。实验前要把实验所用仪器与耗材准备齐全，然后把实验中相关的操作事项跟老师和同组实验成员进行沟通，再把整体的思路写清楚，做到心中有数。

第二，遵守安全操作规则。掌握自己操作的仪器设备及操作活动中的危险因素与控制方法，不违章作业。

第三，杜绝侥幸心理。以为之前的师兄师姐做这个实验没有出现问题，自己当然不会出现问题，但实际上很多事故都是源于侥幸心理。因此要杜绝侥幸、自大、图省事心理，切莫以患小而为之。

第四，提高危险识别与处理能力。通过安全培训学习，提高处理相关的化学试剂、操作规程、水电等的各种风险引起的事故应急能力。相信：隐患可以识别，风险可以管控，事故可以预防。

第五，做好安全防护。根据化学实验的危险特性，做好相应的安全防护，如穿实验服、戴防护眼镜、戴防护手套等，即使发生危险，也可避免伤害或将伤害减至最小。

第六，虚心接受他人对自己不安全行为的纠正。实验室是所有团队成员进行实验的专门场所，他人对你的纠正实际上是防止你出安全事故，所以要抱着学习的心态，尽量把所有的安全隐患消除掉。

1.1.3.2　不伤害他人

不伤害他人，就是你的行为或行为后果不能给他人造成伤害。在多人同时作业时，由于自己不遵守操作规程，对作业现场周围观察不够以及自己操作失误等，自己的行为可能对现场周围的人员造成伤害。

【案例引入】某高校一博士生在自己的出租房里面进行化学实验，化学实验过程中因故暂时离开实验现场。这时，他的朋友前来观摩实验，结果实验发生爆炸引起大火，这个博士生被烧伤，他的朋友当场遇难。

案例分析：首先，化学实验具有易燃易爆的危险，在进行易燃易爆的危险性实验操作时应选择在有资质的场所进行，避免伤害自己和别人；其次，实验操作要根据危险进行必备的安全标识，使未知人员按照安全标识的指令去执行，以避免安全事故发生。

怎样才能在实验操作过程中做到不伤害他人？

第一，选择合适的实验环境进行化学实验操作。实验过程中，要把你所知道的安全隐患进行标识，把实验可能造成的危险告知相关人员。

第二，对接收到的安全规定、安全标识或者安全指令，认真理解后执行。

第三，对不熟悉的活动、设备、环境，应多听、多看、多问、多了解，进行必要的沟通协商后再进行相关操作。

第四，对实验涉及的化学试剂和仪器设备进行安全评估，明确实验操作规程，做好安全防护。

第五，把你所知道的可能造成的危险及时告知身边的实验人员，以防患于未然。

第六，对别人的不规范操作行为及时给予提示，所有对危害行为的默许和纵容都是对他人最严重的威胁，做好安全表率是每个实验人员的职责。

1.1.3.3　不被他人伤害

不被他人伤害即每个人都要加强自我防范意识，工作中要防止他人错误操作或其他安全隐患发生。

【案例引入】某高校一本科生在实验室进行三相电机反转正转实验操作，因总电源没开使实验操作无法进行。老师前去打开总电源时，恰巧这名学生用手抚摸电机而触电晕倒，经抢救无效死亡。

案例分析：老师和学生实验时，一方面老师发现总电源没开，应该合闸给电，但因老师安全意识不到位，没有及时提示学生，没把安全指令发送给在场操作的学生；另一方面学生安全意识淡薄，没有视电气设备为危险源而疏忽大意，以致在老师给电气设备供电时手触电机而触电晕倒，使自己受到不可挽回的恶性伤害。

怎样做才能有效识别危险而不被他人伤害呢？

第一，提高自我防护意识，保持警惕，及时发现危险，及时报告。

第二，分享安全知识和经验，提高安全事故预防技能。

第三，远离危险源，比如蒸馏实验过程中发现干燥管振动的异常现象，可能是干燥管吸潮过多，此时要及时更换干燥管或者提醒操作人员注意并及时远离。

第四，纠正可能危害自己的不安全行为。比如在实验操作过程中使用乙醇时，若有人使用明火则必须及时制止。不伤害生命比不伤害情面更重要。

第五，运用所学的安全知识解决安全事故于萌芽之中。比如电器着火，及时拔掉电源，或者用灭火器进行灭火。

第六，拒绝他人违规指挥。即使是上级主管发出的违规指挥也应拒绝，不被伤害是你的权利。

1.1.3.4　保护他人不受伤害

任何组织中的每个成员都是团队中的一分子，要担负起关心爱护他人的责任，不仅自己要注意安全，还要保护团队的其他人员的安全，这是每个成员对集体中其他成员的承诺。

【案例引入】某高校实验室学生正在做乙醇提纯实验，实验边柜上还放有乙醇和其他有机试剂，有外来施工人员修理设备准备用明火切割金属，被指导教师发现并及时制止，避免了危险事故发生。

案例分析：教师指导学生进行乙醇提纯实验，乙醇属于易燃试剂，若遇见明火有燃烧的危险，加上边柜上其他有机试剂多具易燃性，可能会引发火灾的危险。保护学生不受伤害是指导教师应尽的义务，指导教师安全意识较强，及时切断危险源，预防了一场火灾。

怎样做才能保护他人不受伤害？

第一，任何人在任何地方发现任何事故隐患都要主动告知或提示他人。

第二，适时提示他人遵守相关的规章制度和安全操作规范。

第三，提出安全建议，互相交流，向他人传递有用的信息。

第四，视安全为集体荣誉，为团队贡献安全知识，与他人分享经验。

第五，关心他人身体、精神状况等异常变化。

第六，一旦发生事故，在保护自己的同时，要主动帮助身边的人摆脱困境。

总之，工作就意味着责任，无论是谁，一旦发生事故必须牵涉到自己、他人和集体。任何组织中的成员都是团队一分子，要担负起关心他人、爱护他人的责任和义务。也许你的一个提示就能挽救一个生命，能及时纠正你违章的人，一定是你真正的朋友！

1.2　实验室安全基本要求

① 凡是进入化学实验室工作的人员均要参加安全培训，认真学习实验室各项规章制度，明确安全责任体系和实验室安全基本要求，经安全考试合格方可从事实验室工作（图1-1）。

② 识别实验室安全隐患，保证观察窗的可视性，在门口张贴安全信息标识牌，及时更新相关信息，填写负责人与紧急联系电话（图1-2）。

图1-1　安全培训

图1-2　隐患识别

③ 了解实验室安全应急设施的布局与使用，熟悉在紧急情况下的逃生路线和紧急疏散方法，明确灭火器、紧急喷淋、洗眼器、急救箱等防护设备的位置及使用方法（图1-3）。

图1-3　防护设施

④ 在实验室工作时必须穿实验服，做好个人防护，不能穿拖鞋、短裤，女士不能穿裙子和高跟鞋，把长发束好（图1-4）。

⑤ 禁止直接用手量取化学试剂，禁止用口鼻鉴别溶剂和药品，可以采用手持试剂瓶进行扇闻试剂味道的方法（图1-5）。

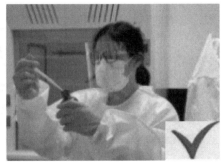

图1-4　安全防护

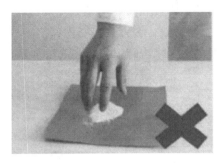

图1-5　试剂鉴别

⑥ 称量化学试剂时注意不要将化学试剂洒落在天平及实验台上，以免试剂污染天平。使用精细分析天平时要严格按照减量法的操作规程进行操作，称量完毕取出称量瓶，关好天平门，并做好称量记录（图1-6）。

图1-6　试剂称量

⑦ 开启试剂瓶盖时，应一手握住瓶身使其固定，另一手用镊子撬开试瓶内塞，操作时应戴防酸碱手套，严禁徒手开启试剂瓶盖。使用完液体化学试剂塞入内塞时，一定要固定瓶身，缓缓用力，防止用力过猛导致瓶身倾倒而使化学品泄漏伤人（图1-7）。

⑧ 化学试剂瓶要轻拿轻放以防瓶身碰撞裂开，量取腐蚀性化学试剂时应戴耐酸碱手套并做好相应的防护措施。稀释浓硫酸时严禁将浓硫酸直接倒入水中，而是将其缓慢引流至水中（图1-8）。

图1-7　试剂取用

图1-8　硫酸稀释

⑨ 化学实验室严禁使用明火，量取刺激性、挥发性和毒性化学试剂应在通风柜内进行。当使用可燃物，特别是易燃物如乙醇、乙醚、丙酮、苯、金属钠等时，应特别小心，不要大量放在桌上，更不要靠近火源处（图1-9）。

图1-9　严禁明火

⑩ 实验室内每瓶试剂必须贴有明显的与内容物相符的标签，严禁将用完的原装试剂空瓶不更新标签而装入别种试剂（图1-10）。

⑪ 化学品存储时应按照化学试剂的危害性质分类存放在专用化学品储存柜中，如一般药品、易制毒品、腐蚀品、易燃易爆品、避光药品、低温存放药品等，存储环境要保证阴凉通风（图1-11）。

⑫ 严禁在实验室内饮食，实验操作过程中要遵守操作规程，不得擅自脱岗，进行危险性实验时至少需要两人同时在场。实验结束应及时关闭实验设备，保持桌面和地面的清洁和整齐，与实验无关的药品、仪器和杂物等不要放在实验台上（图1-12）。

图1-10　标签更新

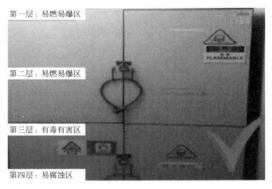

图1-11　化学品储存

图1-12　实验过程要规范

⑬ 冰箱要定期除霜和清扫，所有保存在冰箱里的容器、试剂等要有清楚的标签。清洗玻璃仪器时要戴好手套，防止划伤，高温受热的玻璃容器需冷却降温后再进行清洗（图1-13）。

⑭ 玻璃容器在使用前应检查是否完好，是否有裂纹或破损等，不要对玻璃仪器的任何部位施加过度的压力，不完整的玻璃器皿需丢弃，更换新的使用。抽滤操作只有圆底烧瓶和厚壁过滤瓶可置于真空下，锥形瓶、平底烧瓶和薄壁试管不能置于真空下（图1-14）。

⑮ 蒸馏与回流装置搭建要自下而上、从左到右，拆除顺序则与之相反；冷却水要下进上出；搭建完成保证装置连接严密并与大气相通，注意不要将冷凝管尤其是加热导线置于加热板或加热套上面（图1-15）。

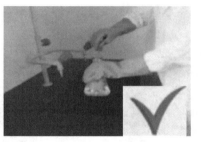

图1-13　除霜、清洗

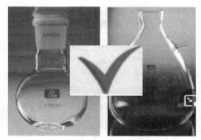

图1-14　玻璃仪器使用

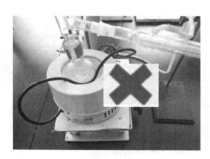

图1-15　蒸馏操作

⑯ 规范收集处理实验室危险废弃物：化学废液分类收集于废液桶中，废液桶置于盛漏托盘上，废液桶内废液液面要保持与废液桶顶部10cm以上的距离；废弃玻璃仪器单独收集在专用垃圾桶里，废弃针头与废旧电池单独盛放盒中。所有危险废弃物要做好标识与记录，按学校有关规定及时转移至危险废弃物中转站，与资质危废处置机构统一进行安全处置（图1-16）。

图1-16　废弃物收集

⑰ 实验室设立专门安全责任人，负责实验室日常安全检查与监督，实验过程中发现安全隐患或发生安全事故，及时采取应急措施，并报告实验室负责人（图1-17）。

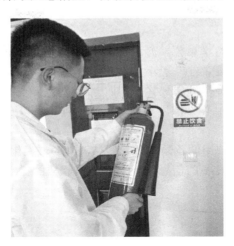

图1-17 安检除患

⑱ 建立卫生值日制度，离开实验室前，检查实验室是否清洁整齐，水槽是否有垃圾堵塞，废弃物处理是否妥当，消防通道是否畅通，水、电、门窗是否关好，最后做好身体的清洁（图1-18）。

图1-18 实验结束

1.3 实验室安全基础设施

1.3.1 实验室安全设计

化学实验室的整体工作环境不同于普通的实验室和办公环境，其安全设计有更高技术层面的要求，不仅要具备实用性，还要具备防水、防电、防火、防爆、防腐蚀等功能，此外还需具备良好的通风与采光条件、消毒条件以及净化设施。实验室的门应向疏散方向开启，以应对突发事件时人员的逃生。实验室需采用专业防盗门，门上应有玻璃观察窗，便于进行安

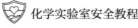

全观察。实验室的窗户窗台以不低于1m为宜，窗户应为大开窗，以便于通风、采光和观察。

1.3.2 视频监控系统

化学实验楼不是一般的教学单位，必须配备完善的监控系统。监控系统包括视频监控、火灾监控、气体泄漏监控等设备。一般小型实验室（20m²以下）至少安装一个摄像头，中型实验室安装两个摄像头，大型实验室（100m²以上）需要安装多个摄像头。视频监控系统24h开放，学院、保卫处、实验中心、指导教师可以授权查看，以了解实验室安全状况，便于远程指导。

对于特殊仪器设备可能使用的危险气体，例如氢气、一氧化碳等需安装可燃气体的探头，并具备报警功能。各种监控设备的信息统一汇总到实验楼的保卫室，以便于安保人员及时掌握化学实验楼的各种信息。

1.3.3 排风系统

化学实验室在实验过程中，经常会产生各种有毒有害的气体，这些有毒有害气体如不及时排出实验室，会造成室内空气污染，影响实验室工作人员的健康和安全。因此，良好的通风系统是实验室不可或缺的重要组成部分。化学实验室通风按动力可分为自然通风和机械通风。机械通风又可分为全面通风和局部通风。

全面通风是将实验室有毒有害气体集中产生的区域进行全面的空气交换，当有毒有害气体排出整个实验室或区域时，同时有一定量的新鲜空气补充进来，将有毒有害气体的浓度控制在最低范围，直至为零。常用的全面排风设施有屋顶排风设施、排风扇等。通常情况下，实验室通风换气的次数每小时不少于6次，发生事故后通风换气的次数每小时不少于12次。

局部通风是将有害气体产生后立即就近排出，这种方式能以较小的风量排走大量的有害气体，效果好，速度快，耗能低，是目前实验室普遍采用的排风方式。通风柜、通风罩是实验室中最常用的局部排风设备，也是实验室内环境的主要安全设施。其功能强，种类多，使用范围广，排风效果好。目前常用的通风柜有台式和落地式等款型，实验室根据需要配置。

通风柜设有较强的可变性通风量，它设有轻气、中气和重气通风口及导流板。轻气通风口设在通风柜顶部，中气通风口设在导流板中部，重气通风口设在导流板的下部与工作台面之间，利用移动玻璃门的进气气流的推动作用，将有害气体强行排入导流板内，在导流板内进行提速排放。通风柜的补气进口设在前挡板上，当移动门完全封闭时，可起到补气的功能。导流槽设计在背板和导流板的夹层之间，将通风柜内的有毒气体排入导流槽后，起到进行风速提速的作用。通风柜顶部、底部和导流板后方的夹缝，用于排出污染气体。这些夹缝通道需要一直保持一定的障碍，便于污染气体的排放。工作时尽量关上通风柜，移动玻璃视窗，防止柜内受污染的空气流出通风柜而污染实验室空气。通风柜的风速一般在0.5～1.0m/s，风速太小效果不好，风速太高会造成气流紊乱，影响正常通风效果。不要让通风柜的化学反应处于长时间无人照看状态，所有危害材料必须用标签清楚地、精确地标识。不要在通风柜内同时放置能产生电火花的仪器和可燃化学品，插座等必须安装在玻璃移动门外侧。

通风柜不是储藏柜，有物品堆放会减少空气流通和降低通风柜的抽气效率。通风柜内工作区域应保持清洁，不可将危险化学品长时间存放在通风柜内。有挥发性的试剂应该储存在有专门通风设备的储藏柜中，危险化学品只能储存在批准的安全柜内。在工作过程中，切不可将头伸进通风柜内。对于有爆炸或爆爆可能性的实验，需要在柜门内设置适当的遮挡物。实验过程中，实验人员必须始终穿戴合适的个体防护装备。

1.3.4　化学品存放设施

化学品因多数具有不同程度的易燃、易爆、毒害、腐蚀、放射性等危险特性，在储存保管上，不同于其他一般物质，需要加以特别防护。化学实验室没给专门设计储存空间，那么多实验需要的化学品全放在实验台面上显然是放不下，如果用的时候去库房取，用完之后再还回库房，这在实际操作中显然不现实。

基于化学品自身危害的不同和法规要求的不同，易燃易爆类化学品需要储存在通风、无火源同时消防满足耐火要求的地方；酸碱类化学品需要防止相互反应；剧毒、易制爆类等化学品又需要储存在强度足够、可以防盗的储存设施内，同时又需要双人双锁和视频监控。那么，如何储存才能满足这些条件呢？在实验室建立专用的化学品储藏柜是目前通用的解决方案。

化学品专用储藏柜基本要求：

（1）危险化学品的数量应保持最小量，并与其使用量和保存期限相对应。

（2）部分化学品在存储过程中易发生分解或发生化学反应，导致危险性增加，这类化学品应登记并妥善保管。

（3）当房间存储有易燃物质或热敏感化学品时，明火或者电辐射加热器等都不能用于加热。

（4）在室温条件下，不稳定的物质应保存在可维持一定温度范围的设施中。当使用时，应提供可靠的安全措施。物质因温度变化而产生有害物的风险应被清晰地标注。

（5）避免化学试剂及其容器被阳光直射。

（6）挥发性、毒性物质应该被存放在连续机械通风的通风柜内，远离着火源与热源。

（7）应对化学品包装进行严格检查以确保其完整性。泄漏或危险的包装应转移到安全处重新包装或处理。标签应重新加贴，如果需要，需清楚地辨别包装的内容物。

（8）打开包装、转移内容物、分配化学试剂或取样均不应在存储危险化学物质的橱柜中或橱柜上操作，除非橱柜具有针对上述目的的特别设计，且启用合适的安全程序和安全防护装备。

（9）所有存储的包装物应贴上准确的、易于辨认的标签。

（10）化学品的存储，包括废物，应依据化学品的性质和相互间反应活性进行。不相容的化学试剂应分开保存，如凭借化学试剂柜防火或者采用空间隔离。不相容的液体应提供独立的溢出液收集区。

（11）其他：了解化学品信息，保证来源可靠；建立危险化学品/有害物质登记制；制定危险化学品储存、使用、处置程序；使用化学品前查阅安全信息，考虑风险评价结果；保持化学品清单，定期更新。化学品如需混合，应关注其他的信息，如特殊反应信息等。

1.3.5　感烟报警系统

感烟自动报警系统是化学实验室的重要安全技术设施。感烟自动报警系统使用原理：能在火灾事故初期，将产生的烟雾量、热量、光辐射等物理量，通过探测器转变成电信号，传输到报警控制器，同时显示出事故发生的部位、时间，使人们能够及时发现事故起源，采取有效措施进行扑救，最大限度地减少火灾事故造成的人身与财产损失。

　　图1-19为离子感烟探测器原理图，离子感烟探测器中有一个电离室和放射源，放射源电离产生的正、负离子，在电场的作用下各向负、正电极移动。当有烟雾窜进外电离室，干扰了带电粒子的正常运行，使电流、电压有所改变，破坏了内外电离室之间的平衡，探测器就会对此产生感应，发出报警信号。

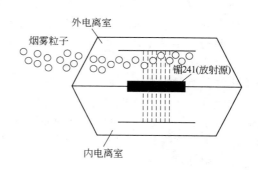

图1-19　离子感烟探测器及其原理

1.3.6　消防灭火系统

　　化学实验室在建设感烟报警系统基础上，还必须建设相应的消防灭火系统（图1-20），存放消防器材，且置于明显位置，指定专人管理，定期检查更新。

图1-20　消防栓与报警系统

　　消防栓（又称消火栓）系统是目前使用最广泛的消防灭火系统，绝大多数公众聚集场所都设有这种消防系统，消防栓系统根据安装位置可分为室内消火栓系统和室外消火栓系统。实验室使用的消防栓系统指室内消火栓系统，它是建筑物内一种最基本的消防灭火设备，主要由室内消火栓、消防水箱、消防水泵和自动报警系统组成。

　　室内消火栓设在消火栓箱内，是一种箱状固定式消防装置，具有给水、灭火、控制和报警功能。它由箱体、消火栓按钮、消火栓接口、水带、水枪、消防软管卷盘及电器设备等消防器材组成。室内消火栓按安装方式不同，可分为明装式、暗装式和半暗装式三种类型。室内消火栓一般设在实验室走道、楼梯口、消防电梯等明显、易于取用的地点附近。消火栓栓口离地面或操作基面高度宜为1.1m，栓口与消火栓内边缘的距离不应影响消防水带的连接，其出水方向宜向下或与设置消火栓的墙面成90°角。室内消火栓安装时应保证同层任何位置两个消火栓的水枪充实水柱同时到达，水枪的充实水柱经计算确定。同一建筑物内应采用统一规格的消火栓、水枪、水带，每根水带的长度不应超过25m。消火栓箱内的消火栓按钮具有向报警控制器报警和直接启动消防水泵的功能。现场人员可通过击碎按钮上的玻璃，按下按钮向控制器报警并启动消防水泵。

当有灾情发生时，根据消火栓箱门的开启方式，用钥匙开启箱门或击碎门玻璃，扭动锁头打开。如果消火栓没有"紧急按钮"，应将其下的拉环向外拉出，再按顺时针方向转动旋钮。打开箱门后，取下水枪，按动水泵启动按钮，旋转消火栓手轮，铺设水带进行射水灭火。

1.3.7　紧急喷淋系统

人体皮肤对腐蚀类化学品很敏感，许多有毒化学品可以通过皮肤吸收造成人体伤害。大多数情况下，只要化学品与皮肤接触，就应该立刻用大量的水清洗。如果是浓硫酸碰到皮肤，或者腐蚀性化学品较多，应立即用干布擦去后再用大量的水清洗。如果皮肤受损面积较小，可直接用水龙头或手持软管冲洗，当身体受损面较大时，需使用紧急喷淋装置（图1-21）。紧急喷淋装置可以提供大量的水冲洗全身，适用于身体较大面积被化学品侵害的情况。此外，紧急喷淋装置大部分都配有洗眼器，也就是专门针对眼睛的喷淋装置，可在第一时间快速冲洗眼部，减少眼睛所受伤害。紧急喷淋装置上还应该有明显的标识，以提示和指引使用者使用。紧急喷淋装置应该在使用或储存有大量潜在危害物质的场所以及实验室等地配置。对于化学实验室，应该保证每层楼都有相当数量的紧急喷淋装置。紧急喷淋水流覆盖范围直径60cm，水流速度应适当，水温在合适的范围内，以免使用人被化学品二次伤害。紧急喷淋必须安装在远离确定有危害的区域，通往紧急喷淋的通道上不能有障碍、绊倒危害。紧急喷淋装置不能被锁在某房间内，电器设施和电路必须与紧急喷淋装置保持安全距离。紧急喷淋装置每年至少需要开启运行一次，对管线进行清理、检修和维护。紧急喷淋装置使用培训内容包括喷淋装置的位置、使用方法、冲洗时间、冲洗后寻求医疗帮助等。紧急喷淋产生的污水应排入废水收集池。

图1-21　紧急喷淋装置

1.4　实验室水电安全

1.4.1　实验室用水安全

① 了解实验楼自来水各级阀门的位置，水龙头、管道和阀门要做到不滴、不漏、不冒、不放任自流。

② 对已冰冻的水龙头、水表、水管，宜先用热毛巾包裹水龙头，然后浇温水，使水龙头解冻，再拧开水龙头，用温水沿水龙头慢慢向管子浇洒，使水管解冻。切忌用火烘烤。

③ 停水后，要检查水龙头、洗眼器和紧急喷淋装置的开关是否都已拧紧。水龙头发现停水，要随即关上开关。

④ 定期检查冷却水装置的连接情况，胶管和胶管接口老化情况，及时更换以防漏水。

⑤ 保持水槽内无垃圾堵塞下水道，毛刷、抹布与防护手套摆放整齐，发现水龙头、水管漏水或下水道堵塞时，应及时联系修理和疏通。

⑥ 如果夜间开冷凝水，要将流量减小；离开实验室时要断水，确保不发生水患和用水仪器安全事故。

⑦ 冷凝装置用水的流量要适合，防止压力过高导致胶管脱落，采用循环冷却水进行有机合成实验，实现化学实验室环保、节能与创新。

⑧ 杜绝自来水龙头打开而无人监管的现象，停水时要重新检查水龙头、洗眼器、紧急喷淋及循环冷却水装置是否已经关闭。

⑨ 实验室废液要按规定进行分类回收与安全处置，不可随意倾倒入下水道，污染水资源。

1.4.2　实验室用电安全

① 实验室安全用电基本要素：电气设备绝缘良好，保证安全距离，线路与插座容量和设备功率相适宜，不使用三无产品。

② 电气设备应有良好的散热环境，远离热源和可燃物品，确保电气设备接地、接零良好。

③ 仪器设备确认状态完好后，方可接通电源。

④ 不得擅自拆、改电气线路，修理电气设备；不得乱拉、乱接电线，不准使用闸刀开关、木质配电板和花线等。

⑤ 切勿带电插、拔、接电气线路，勿用金属、潮湿的手和毛巾触摸通电设施或者启动电源开关。

⑥ 存在易燃易爆化学品的场所，应避免产生电火花或静电。

⑦ 电气设备在未验明无电时，一律认为有电，不能盲目触及。当手、脚或身体沾湿或站在潮湿的地板上时，切勿启动电源开关、触摸通电的电器设施。

⑧ 电器用具要保持在清洁、干燥和状态良好的情况下使用，清理电器用具前要将电源切断，切勿带电插或连接电气线路。

⑨ 在实验室同时使用多种电气设备，总用电量和分线用电量均应小于设计用电容量，不要在一个电源插座上通过转换头连接过多的电气设备。大型用电设备应单独布线，安装漏电保护开关。

⑩ 对于长时间不间断使用的电气设施，需采取必要的预防措施。

⑪ 配电箱、开关、变压器等各种电气设备附近不得堆放易燃易爆、潮湿和其他影响操作的物件，并设立警示标识。

⑫ 实验前先检查用电设备，再接通电源；实验结束后，先关仪器设备，再关闭电源。工作人员离开实验室或遇突然断电，应关闭电源，尤其要关闭加热电器的电源开关。

⑬ 为了预防电击，电气设备的金属外壳需接地。

⑭ 发生电器火灾时，首先要切断电源，在无法断电的情况下应使用消防沙、干粉或二氧化碳等不导电灭火剂来扑灭火焰。

⑮ 严禁任何人在实验室过夜，确因工作原因需过夜的，过夜加热必须有人负责管理，杜绝夜间加热装置出现问题。

1.5　实验室安全标志

化学类实验室使用安全标志来标注安全隐患。安全标志根据安全级别不同，主要分为四类：禁止标志、警告标志、指令标志和提示标志。这四类标志的安全级别不同，因此使用也不同。例如安全级别最高的是禁止标志，用红色表示；警告标志次之，用黄色表示；第三是指令标志，用蓝色表示；第四是提示标志，用绿色表示。除了常见四类安全标志外，实验室还有消防安全专用警示标志，详见第6章。

1.5.1　实验室安全标志设置要求

实验室安全标志的设置和安装标准遵循以下原则：

① 生产环境或教学与科研环境中可能存在不安全因素，需要设置相关安全标志提醒，安全标志设置牢固后，不应还有造成人体任何伤害的潜在危险。

② 安全标志应设在醒目的地方，要保证标志具有足够的尺寸，并与背景有明显的对比度。

③ 安全标志的观察角度尽可能接近90°，对位于最大观察距离的观察者，观察角度不应小于75°。

④ 安全标志的正面或者临近，不得有妨碍视线的固定障碍物，并尽量避免被其他临时性物体遮挡。

⑤ 安全标志通常不设在门、窗、架等可移动的物体上，避免物体移动后人们无法看到。

⑥ 安全标志应设在光线充足的地方，以保证正常、准确地辨认标志。

1.5.2　实验室常用四种安全标志

1.5.2.1　禁止标志

概念：禁止标志是提示人们一定不要违反标志提示的内容，否则会引起不良后果。

图形：圆形加一斜道。

颜色：红色。

标志说明：红色，很醒目，使人们在心理上产生兴奋性和刺激性。红色光光波较长，不易被尘雾所散射，在较远的地方也容易辨认，红色的注目性高，视认性也很好。所以用来表示危险、禁止、停止。机器设备上的紧急停止手柄或按钮以及禁止触动的部位通常用红色，有时也表示防火。常见禁止标志如图1-22所示。

图1-22　禁止标志（见彩插）

1.5.2.2　警告标志

概念：警告标志是对一定范围内的人发出警告，善意提醒人们对警告的内容引起注意，避免安全事故的发生。

图形：三角形。

颜色：黄色。

标志说明：黄色，与黑色组成的条纹是视认性最高的色彩，特别能引起人们的注意，所以被选为警告色，含义是警告和注意。如厂内危险机器和警戒线，行车道中线、安全帽等。常见警告标志如图1-23所示。

当心电离辐射　　当心激光　　当心火灾　　当心爆炸

当心触电　　当心静电　　当心压缩气瓶　　当心超压

当心腐蚀　　当心有毒　　当心伤手　　当心扎脚

当心机械伤害　　当心裂变物质　　当心有毒气体　　当心蒸汽和水

当心泄漏　　当心低温　　当心高温　　注意安全

图1-23　警告标志（见彩插）

1.5.2.3 指令标志

概念：指令标志是提示进入一定环境工作的人们要按照指令内容去做，以更好保护自己和他人的人身安全。

图形：圆形。

颜色：蓝色。

标志说明：蓝色，蓝色的注目性和视认性都不太好，但与白色配合使用效果显著，特别是在太阳光下比较明显。所以被选为含指令标志的颜色，即必须遵守。常见指令标志如图1-24所示。

图1-24　指令标志（见彩插）

1.5.2.4 提示标志

概念：提示标志起提示作用，通过提示使人更快捷、方便地达到目的。

图形：方形。

颜色：绿色。

标志说明：绿色，注目性和视认性虽然不高，但绿色是新鲜、年轻、青春的象征，具有和平、永远、生长、安全等心理效用。绿色含义是提示，提示安全信息，表示安全状态或可以通行。常见提示标志见图1-25。

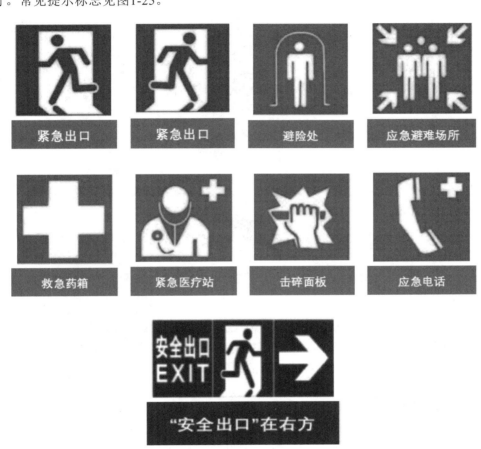

图1-25 提示标志（见彩插）

1.6 实验室个人防护

1.6.1 个人防护用品概述

个人防护用品是指实验室工作人员为防止或减少实验过程中有毒有害试剂和操作失误等对人体造成伤害所采用的个人保护用品。实验室防护用品直接对人体起到保护作用，也称作个人防护装备（personal protective equipment，PPE）。在实验操作过程中，操作者选用适当的个人防护用品对自身安全有重要保障作用，当事故发生时可以在很大程度上减少对人体所造成的伤害。个人防护装备作为一种控制策略，可以减少实验室操作人员的风险暴露，减少或避免操作人员接触生物、化学和物理材料的危害，被视为应对危害的最后一道防线，其易用性和可用性使它成为一项默认选择。

　　个人防护用品所涉及的防护部位主要包括眼睛、头面部、躯体、手、足、耳以及呼吸道；其装备包括眼镜（安全眼镜、护目镜）、口罩、防毒面罩、防护衣（实验服、隔离衣、连体衣、围裙）、手套、鞋套以及听力保护器等（图1-26）。

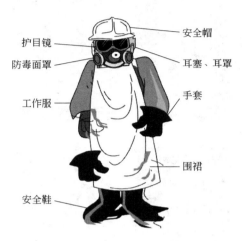

图1-26　个体安全防护装备穿戴示意

　　个人防护用品的选择应符合国家有关标准，选用前要对实验过程进行危险性评估，根据不同级别安全水平和工作性质来选择不同防护用品。个人防护用品的使用应符合安全、轻便、舒适、方便的原则，使用前应仔细检查，不使用标识不清、破损和泄漏的防护用品，使用过程中掌握正确的使用方法并做好相应的预防措施和应急措施。

1.6.2　头部防护用品

　　安全帽（安全头盔）是实验室最常见的头部防护用品，可以保护施工人员免受或减轻下落物体对头部的伤害。在实验室，为防止意外飞溅物体伤害、撞伤头部，或防止有害物质污染，操作者应佩戴安全帽或安全防护头盔。

　　我国国家标准对安全头盔的形式、颜色、耐冲击、耐燃烧、耐低温、绝缘性等技术性能有专门规定，防护头盔多用合成树脂类橡胶等制成。根据用途，防护头盔可分为单纯式和组合式两类。单纯式有一般建筑工人、煤矿工人佩戴的帽盔，用于防重物坠落砸伤头部，化工厂防污染用的以棉布或合成纤维制成的带舌帽的帽盔亦为单纯式。组合式主要有电焊工安全防护帽、矿用安全防尘帽、防尘防噪声安全帽［图1-27（a）］。化学操作人员使用的通用型安全帽，由聚乙烯塑料制成，可耐酸、碱、油及其他化学溶剂，可承受3kg钢球在3m高度自由坠落的冲击力［图1-27（b）］。

　　安全帽在使用前要检查是否有国家指定的检验机构检验合格证，是否达到报废期限（一般使用期限为两年半），是否存在影响其性能的明显缺陷，如：裂纹、碰伤痕迹、严重磨损等。不能随意拆卸或添加安全帽上的附件，也不能随意调节帽衬的尺寸，以免影响其原有的性能。安全帽应端正戴在头上。帽衬要完好，除与帽壳固定点相连外，与帽壳不能接触。下颚带要具有一定强度，要求系牢且不能脱落。

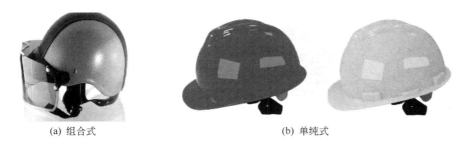

(a) 组合式   (b) 单纯式

图1-27 防护头盔

1.6.3 眼睛防护用品

防护眼镜，也叫护目镜，是一种起特殊保护作用的眼镜，使用的场合不同，需求的眼镜也不同。如医院用的手术眼镜，电焊时用的焊接眼镜，激光雕刻中的激光眼镜等。防护眼镜在工业生产中又称作劳保眼镜，分为安全眼镜和防护面罩两大类，主要是保护眼睛和面部免受紫外线、红外线和微波等电磁波的辐射，粉尘、烟尘、金属和砂石碎屑以及化学溶液溅射的损伤，常见种类与功能见表1-1。

表1-1 常见防护眼镜种类与功能

序号	项目	实物图	功能
1	防化学溶液		防化学溶液的防护眼镜主要用于防御有刺激性或腐蚀性的溶液对眼睛的化学损伤
2	防冲击护目镜		主要用于防御金属或砂石碎屑等对眼睛的机械损伤。眼镜片和眼镜架应结构坚固，抗打击
3	防电弧眼镜		为了保护操作者免受强电弧光伤害，深颜色的镜片可以更好地阻挡对眼睛有害的物质
4	激光防护眼镜		能够防止或者减少激光对人眼伤害的一种特殊眼镜。要达到对激光的有效防护，必须按具体使用要求合理地选择激光防护镜

续表

序号	项目	实物图	功能
5	防护面罩		防护面罩是用来保护面部和颈部免受飞来的金属碎屑、有害气体、液体喷溅和高温溶剂飞沫伤害的用具
6	放射线防护镜		光学玻璃中加入铅，用于X射线、γ射线、α射线、β射线作业人员的个人防护

1.6.4　耳部防护用品

若实验者长期处于噪声环境，需要佩戴听力保护器。实验室常见的听力保护器有耳塞和耳罩两种，见图1-28。

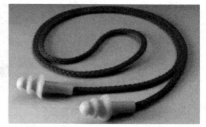

图1-28　耳塞与耳罩

耳塞是指插入外耳道的有隔声作用的材料，按性能分为泡棉类和预成型两类。泡棉耳塞使用发泡型材料，压扁后回弹速度比较慢，允许有足够的时间将揉搓细小的耳塞插入耳道，耳塞慢慢膨胀将外耳道封堵起隔声作用。预成型耳塞由合成类材料（如橡胶、硅胶、聚酯等）制成，预先压成某些形状，可直接插入耳道。

耳罩的形状像普通耳机，用隔声的罩子将外耳罩住。耳罩之间有适当夹紧力的头带或颈带将耳罩固定在头上，也可以有插槽，和安全帽配合使用。

1.6.5　头面部防护用品

口罩是实验室普遍应用的头面部防护用品。目前实验室常用口罩主要有活性炭口罩、N95口罩和空气过滤式口罩三种。

（1）活性炭口罩［图1-29（a）］　利用活性炭较大的表面积和强大的吸附能力，将活性炭作为吸附介质制作而成。活性炭口罩能阻隔粉尘和吸附部分挥发性化学试剂，但不能用于有害气体超标的环境。

（2）N95口罩［图1-29（b）］　可以防霾，适用于在水泥尘、烟尘、煤尘和微生物等尘埃严重的场合，N95型口罩可以两天更换一次，一般价格较贵。

（3）空气过滤式口罩［图1-29（c）］　过滤式口罩是使用最广泛的一类口罩，其原理是使含有害物的空气通过口罩的过滤净化后再被人吸入。过滤式口罩的结构应分为两大部分，面罩的主体部分和滤材部分，包括用于防尘的过滤棉以及防毒用的化学滤盒等。

(a) 活性炭口罩　　　　　　　(b) N95口罩　　　　　　　(c) 空气过滤式口罩

图1-29　口罩

1.6.6　呼吸道防护用品

涉及选用呼吸道防护用品要考虑是否缺氧，是否有刺激性和毒性气体，是否存在空气污染，确定有害物质的种类、特点及浓度等因素后选择适合的防护用品。

防毒面具是实验室常见的呼吸防护用品。不同类型的防毒面具基本结构和防毒原理相同，都是由滤毒罐、面罩和面具袋组成。实验室使用的主流防毒面具，主要包括过滤式防毒面具和隔绝式防毒面具两种类型。

（1）过滤式防毒面具［图1-30（a）］　过滤式防毒面具是一种能够有效地滤除吸入空气中的化学毒气或其他有害物质，并能保护眼睛和头部皮肤免受化学毒剂伤害的防护器材，是消防部队最常用的一种防毒面具。

(a) 过滤式防毒面具　　　　　　　(b) 隔绝式防毒面具

图1-30　防毒面具

（2）隔绝式防毒面具［图1-30（b）］　隔绝式防毒面具是一种可使呼吸器官完全与外界空气隔绝，由储氧瓶或产氧装置产生的氧气供人呼吸的个人防护器材。隔绝式防毒面具与过滤式防毒面具相比，其优点是能有效地防护各种浓度的毒剂、放射性物质和致病微生物的伤害，并能在缺氧或含有大量一氧化碳及其他有害气体的条件下使用。

1.6.7　手部防护用品

1.6.7.1　常用防护手套

实验室工作人员在工作时可能受到各种有害因素的影响，如实验操作过程中可能接触有毒有害物质，各种化学试剂，传染源，被上述物质污染的实验物品或仪器设备，高温或低温物品等，都是造成大部分实验暴露危险的重要因素。防护手套可以在实验人员和危险物之间形成初级保护屏障，是保护手部免受伤害的防护用品。防护手套种类很多，常见的有热防护手套、低温防护手套、医用或化学防护手套及一般作业手套几种类型，如图1-31所示。

   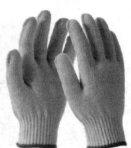

（a）热防护手套　　　　（b）低温防护手套　　　　（c）医用或化学防护手套　　　　（d）一般作业手套

图1-31　常用防护手套

（1）热防护手套　热防护手套适用于高温环境下以防手部烫伤。如从烘箱、马弗炉中取出灼热的药品时，或从电炉上取下热的溶液时，最好佩戴隔热效果良好的防热手套。其材质一般有厚皮革、特殊合成涂层、绒布等。

（2）低温防护手套　低温防护手套用于低温环境下以防手部冻伤，如接触液氮、干冰等制冷剂或冷冻药品时，需佩戴低温防护手套。

（3）医用或化学防护手套　当实验者处理危险化学品或手部可能接触到危险化学品时，应佩戴医用或化学防护手套。医用或化学防护手套种类较多，实验者必须根据所需处理化学品的危险特性选择最合适的防护手套。医用或化学防护手套常见的材质有天然橡胶、腈类、氯丁橡胶、聚氯乙烯（PVC）等。

（4）一般作业手套　工程实验实训操作时需要佩戴一般工程作业防护手套，如棉线尼龙手套等，防止手部受到伤害。值得一提的是，在操作旋转机械如车床、铣床时则禁止佩戴手套。

1.6.7.2　防护手套佩戴注意事项

（1）手套的选择　在戴手套前，应选择合适类型和尺寸的手套，接触强酸、强碱、高温物体、超低温物体等特殊实验材料时，必须选用材质合适的手套。

（2）手套的检查　选择好的手套在使用前，应仔细检查手套是否褪色、破损、穿孔或者有裂缝。

（3）手套的使用　在实验室工作中要根据实验室工作内容，尽可能保持戴手套状态。如果手套在实验室使用中被撕破、损坏或被污染，应立即更换并按规范处置。一次性手套不得重复使用，不得戴着手套离开实验室。

（4）手套的"交叉污染"　戴着手套的手应避免触摸鼻子、面部、门把手、橱门、开关、电话、键盘、鼠标、仪器和眼镜等其他物品。手套破损更换新手套时应先对手部进行清洗、去污染后再戴上新的手套。

（5）手套的脱除　脱手套过程中，用一只手捏起另一手近手腕部的手套外缘，将手套从手上脱下并将手套外表面翻转入内，用戴着手套的手拿住该手套；用脱去手套的手指插入另一手套腕部处内面，脱下该手套使其内面向外并形成一个由两个手套组成的袋状；丢弃的手套根据实验内容采取合适的方式规范处置，避免交叉感染。

1.6.8　足部防护用品

足部防护是保护穿用者的小腿及脚部免受物理、化学和生物等外界因素伤害的防护装备，主要是各种防护鞋、靴（图1-32）。当实验室中存在物理、化学和生物等危险因素的情况下，穿合适的鞋、鞋套或靴套，以保护实验室工作人员的足部免受伤害。禁止在实验室，尤其是化学、生物和机电类实验室穿凉鞋、拖鞋、高跟鞋、露趾鞋和机织物鞋面的鞋。鞋应舒适、防滑，推荐使用皮质或合成材料的不渗液体的鞋类。鞋套和靴套使用完后不得到处走动带来交叉污染，应及时脱掉并规范处置。

图1-32　防护鞋和鞋套

1.6.9　躯体防护用品

在化学实验室进行实验操作，操作者必须穿好防护服，戴好防护用品，以防止躯体皮肤受到各种伤害与污染，同时保护日常着装不受污染。普通的防护服，亦称实验服［图1-33（a）］，一般都是长袖过膝，多以棉或麻作为材料，以白色为主，亦称白大褂。在进行工程实训操作时则要根据专业要求穿着相应的工服［图1-33（b）］。如果进行有辐射、传染或毒性的危险性实际操作，必须穿着专业的防护服［图1-33（c）］。此外，实验者不得在实验室穿拖鞋、短裤，应穿不露脚面的鞋和长裤，女士实验过程中应束起长发。

实验室工作人员除做好上述防护以外，还要经过良好的安全技能培训，树立良好的安全意识，具备熟练的安全操作技术，二者相互结合，才能保证实验正常进行，保证实验室工作人员的健康和安全。

(a) 实验服　　　　　　　(b) 工服　　　　　　　(c) 防护服

图1-33　躯体防护用品

　课后习题

一、单选题

1．实验开始前应该做好（　　　）准备。

A．认真预习，理清实验思路

B．仔细检查仪器是否有破损，掌握正确使用仪器的要点，弄清水、电、气的管线开关和标记，保持清醒头脑，避免违规操作

C．了解实验中使用的药品的性能和有可能引起的危害及相应的注意事项

D．以上都是

2．进入高校化学实验室人员的基本要求，不正确的是（　　　）。

A．具备良好的安全意识　　　　　　　B．必须是熟练的实验人员

C．牢记人身安全第一　　　　　　　　D．没有要求

3．高校化学实验室主要具有以下（　　　）的特点。

A．化学品种类繁多，具有危险性　　　B．化学实验装置和设备种类多

C．产生的废气、废液和废弃物多　　　D．以上都是

4．实验操作时为了不伤害自己应该做到（　　　）。

A．杜绝侥幸心理，做好实验前准备工作

B．做好安全防护，遵守安全操作规则

C．提高危险识别与处理能力，虚心接受他人对自己不安全行为的纠正

D．以上都是

5．关于安全培训及实验室安全准入制度作用，错误的说法是（　　　）。

A．增强人员安全意识　　　　　　　　B．提高人员处理事故的能力

C．减少安全事故发生　　　　　　　　D．没有明确作用

6．实验中用到很多玻璃器皿，容易破碎，为避免造成割伤应该注意（　　）。

A．装配时不可用力过猛，用力处不可远离连接部位

B．不能口径不合而勉强连接

C．玻璃折断面需烧圆滑，不能有棱角

D．以上都是

7．往玻璃管上套橡胶管（塞）时，不正确的做法是（　　）。

A．管端应烧圆滑

B．用布裹手或戴厚手套，以防割伤手

C．可以使用薄壁玻璃管

D．加点水或润滑剂

8．下列实验操作中，说法正确的是（　　）。

A．可以对容量瓶、量筒等容器加热

B．在通风柜操作时，可将头伸入通风柜内观察

C．非一次性防护手套脱下前必须冲洗干净，而一次性手套须从后向前把里面翻出来脱下后再扔掉

D．可以抓住塑料瓶子或玻璃瓶子的盖子搬运瓶子

9．下列实验室操作及安全的叙述，正确的是（　　）。

A．实验后所取用剩余的药品应小心倒回原容器，以免浪费

B．当强碱溶液溅到皮肤上时，可先用大量的水稀释后再处理

C．温度计破碎流出的汞，宜洒上盐酸使汞反应为氯化汞后再弃之

D．以上都是

10．对于应如何简单辨认有味的化学药品，说法正确的是（　　）。

A．用鼻子对着瓶口去辨认气味

B．用舌头品尝试剂

C．将瓶口远离鼻子，用手在瓶口上方扇动，稍闻其味即可

D．取出一点，用鼻子对着闻

11．下列加热源，化学实验室原则上不得使用的是（　　）。

A．明火电炉　　　　　　　　　　　　B．水浴、蒸汽浴

C．油浴、沙浴、盐浴　　　　　　　　D．电热板、电热套

12．常压蒸馏时可以应用（　　）作为接收瓶和反应瓶。

A．薄壁试管　　　　B．锥形瓶　　　　C．平底烧瓶　　　　D．圆底烧瓶

13．回流和加热时，液体量不能超过烧瓶容量的（　　）。

A．1/2　　　　　　B．2/3　　　　　　C．3/4　　　　　　D．4/5

14．实验室内使用乙炔气时，说法正确的是（　　）。

A．室内不可有明火，不可有产生电火花的电气设备

B．房间应密闭

C．室内应有高湿度

D．乙炔气可用铜管道输送

15．取用化学药品时，以下操作正确的是（　　）。

A．取用腐蚀性和刺激性药品时，尽可能戴上橡胶手套和防护眼镜

B．倾倒液体时，切勿直对容器口俯视；吸取液体时应该使用橡胶球

C．开启有毒气体容器时应戴防毒面具

D．以上都是

16．取用试剂时，错误的说法是（　　　）。

A．不能用手接触试剂，以免危害健康和沾污试剂

B．瓶塞应倒置在桌面上，以免弄脏，取用试剂后立即盖严，将试剂瓶放回原处，标签朝外

C．要用干净的药匙取固体试剂，用过的药匙要洗净擦干才能再用

D．多取的试剂可倒回原瓶避免浪费

17．在实验设计过程中，要尽量选择（　　　）做实验。

A．无公害、无毒或低毒的物品　　　　　B．实验残液、残渣较多的物品

C．实验的残液、残渣　　　　　　　　　D．进口药品

18．把玻璃管或温度计插入橡胶塞或软木塞时，常常会折断而使人受伤，下列操作方法中错误的是（　　　）。

A．可在玻璃管上蘸些水或涂上甘油等作润滑剂，一手拿着塞子，一手拿着玻璃管一端（两只手尽量靠近）边旋转边慢慢地把玻璃管插入塞子中

B．橡胶塞等钻孔时、打出的孔比管径略小，可用锉把孔锉一下，适当扩大孔径

C．无须润滑，且操作时与双手距离无关

D．戴上防护手套进行操作

19．配制稀硫酸时，正确的操作是（　　　）。

A．将水慢慢分批倒入酸中，并不时搅拌

B．将浓硫酸慢慢分批加入水中，并不时搅拌

C．将水和浓硫酸同时倒入容器中，并不时搅拌

D．将浓硫酸快速加入水中，并迅速搅拌

20．为了防止在开启或关闭玻璃容器时发生危险，（　　　）不适宜作为盛放有爆炸危险性物质的玻璃容器瓶塞。

A．软木塞　　　　B．磨口玻璃塞　　　　C．胶皮塞　　　　D．橡胶塞

21．下列属于指令标志的是（　　　），含义是必须穿防护鞋。

　A．　　B．　　C．　　D．

22．提示标志起提示作用，通过提示使人更快捷、方便地达到目的，一般使用（　　　）标志。

A．红色　　　　B．黄色　　　　C．蓝色　　　　D．绿色

23．下列属于提示标志的是（　　　），含义是有急救箱。

　A．　　B．　　C．　　D．

24．实验室常见的安全设施建设包括（　　）。

A．视频监控系统　　　　　　　　　　B．感烟报警系统

C．局部排风系统　　　　　　　　　　D．以上都是

25．实验室常用的局部排风设施有各种排风罩、通风柜、药品柜、气瓶柜等，目前用得最多的是各种（　　）。

A．排风罩　　　　　B．通风柜　　　　　C．药品柜　　　　　D．气瓶柜

26．禁止标志是提示人们一定不要违反标志提示的内容，否则会引起不良后果，一般使用（　　）标志。

A．红色　　　　　　B．黄色　　　　　　C．蓝色　　　　　　D．绿色

27．下列属于禁止标志的是（　　），含义是禁止启动。

A．　　　　　B．　　　　　C．　　　　　D．

28．警告标志是对一定范围内的人发出警告，善意提醒人们对警告的内容引起注意，避免安全事故的发生，一般使用（　　）标志。

A．红色　　　　　　B．黄色　　　　　　C．蓝色　　　　　　D．绿色

29．下列属于警告标志的是（　　），含义是当心腐蚀。

A．　　　　　B．　　　　　C．　　　　　D．

30．指令标志是提示进入一定环境工作的人们要按照指令的内容去做，以更好地保护自己和他人的人身安全，一般使用（　　）标志。

A．红色　　　　　　B．黄色　　　　　　C．蓝色　　　　　　D．绿色

二、判断题

1．烘箱或干燥箱在加热时，门可以开启。（　　　　）

2．发生触电事故，应立即切断电源或用有绝缘性能的木棍棒挑开和隔绝电流，救护人不得接触触电者的皮肤，也不能抓他的鞋。（　　　　）

3．可以用潮湿的手碰开关、电线和电气设备。（　　　　）

4．进行电气维修必须先关掉电源，在设置告知牌后，方可进行。（　　　　）

5．移动某些非固定安装的电气设备时，不必切断电源。（　　　　）

6．任何电气设备在未验明无电时，一律认为有电，不能盲目触及。（　　　　）

7．使用电气设备时可以用两眼插头代替三眼插头。（　　　　）

8．计算机使用完毕后，应将显示器的电源关闭，以避免电源接通，产生瞬间的冲击电流。（　　　　）

9．化学类实验室原则上不得使用明火电炉。确须使用明火电炉进行实验的，须向实验室与设备处申报，经审核批准备案后，方可使用。（　　　　）

10．实验结束后，应该打扫卫生、对废弃物进行分类回收处理。（　　　　）

11．实验室应保持整洁有序，不准喧哗、打闹、抽烟。（　　　）

12．学生进入实验室工作前应接受安全教育、培训，并通过考核。（　　　）

13．进入化学、化工、生物、医学类实验室，可以不穿实验服。（　　　）

14．可将食物储藏在实验室的冰箱或冷柜内。（　　　）

15．实验结束后，要关闭设备，断开电源，整理好有关实验用品。（　　　）

16．从事特种作业的人员（如电工、焊工、辐射工等），必须接受相关的专业培训，通过考核并持有相应的资质证书才能上岗。（　　　）

17．实验室发生非火灾类事故，应立即报告单位负责人和学校保卫处，设立警戒区并撤离无关人员，以减轻潜在危害。（　　　）

18．化学废液要回收并集中存放，不可倒入下水道。（　　　）

19．实验进行前要了解实验仪器的使用说明及注意事项，实验过程中要严格按照操作规程进行操作。（　　　）

20．实验仪器使用时要有人在场，不得擅自离开。（　　　）

21．离开实验室前应检查门、窗、水龙头是否关好，通风设备、饮水设施、计算机、空调等是否已切断电源。（　　　）

22．机械温控冰箱可以存放易燃易爆的化学品。（　　　）

23．实验废弃物应分类存放，及时送学校废弃物中转站，最后由学校联系有资质的公司进行处理。（　　　）

24．不得在冰箱、烘箱等加热、产热设备附近放置纸板、化学试剂、气体钢瓶等物品。

（　　　）

25．遇到停电、停水等情况，实验室人员必须检查电源和水源是否关闭，避免重新来电、来水时发生相关安全事故。（　　　）

26．高校实验室发生安全事故的主要原因有：操作不慎、粗心大意、设施老化、缺少防护设施等。（　　　）

27．实验过程中如发生事故，应冷静妥善地处理，尽量把事故解决在萌芽状态。若有危及人身安全可能时，应及时撤离现场，并通知邻近实验室工作员迅速撤离，尽快报警。（　　　）

28．易燃、易爆气体和助燃气体（氧气等）的钢瓶不得混放在一起，并应远离热源和火源，保持通风。（　　　）

29．发现实验室被盗或人为破坏，应保护现场并立即报告保卫处。（　　　）

30．高校实验室科研教学活动中产生和排放的废气、废液、固体废物、噪声、放射性物质等污染物，应按环境保护行政主管部门的要求进行申报登记、收集、运输和处置，严禁把废弃化学品等污染物直接向外界排放。（　　　）

化学品安全

2.1　化学品采购

2.1.1　化学品的定义

化学品是指各种元素（也称化学元素）组成的纯净物和混合物，无论是天然的还是人造的。

据美国化学文摘登录，全世界已有的化学品多达700万种，其中已作为商品上市的有10万余种，经常使用的有7万多种，每年全世界新出现化学品有1000多种。

2.1.2　化学品的请购、采购

使用教师根据实验教学使用实际情况以及安全库存量（满足实验教学的使用量），按学校（院）的采购程序填写"请购（定购）单"，注明化学品的名称、CAS号、规格、数量等。

学校（院）采购部门负责易制毒化学品的采购工作。采购前应网上填报信息，并向管理部门申请易制毒化学品的备案证明。购买第三类非药品类易制毒化学品由购买地县级以上公安机关审批。

学校（院）采购部门需提供材料：购买易制毒化学品的数目申请（注明品种、数量、用途）；事业单位法人证书副本复印件（盖章）；法定代表人身份证复印件及联系电话；经办人的委托书、身份证复印件及联系电话；学校（院）内部制定的易制毒化学品的管理制度；存放易制毒化学品仓库管理员（双人双锁）的基本情况、身份证复印件及联系电话；易制毒化学品仓库发生火灾、被盗等事件的安全处置措施等。

学校（院）采购人员根据"请购（定购）单"对化学品的供应商进行选择（三家以上），确定供应商具有有效的经营资质，若购买的是危险化学品、剧毒品、易制毒品等则要求供应商具有有效的"危险化学品经营许可证"。同时编制学校（院）的"化学品清单"，汇总新使用化学品的类别、特性等内容，并按清单向供应商收集有关化学品的《化学品安全技术说明书》（MSDS），然后将MSDS留存药品试剂库。

2.1.3　化学品运输及装卸

若危险化学品采购后由供应商负责运输及装卸，学校（院）采购人员应要求其具有"危险品运输许可证"；若由学校（院）人员负责运输及装卸则须经过化学品安全知识专门培训，应由取得上岗资质的人员进行；若是大批量的运输和装卸，可由学校（院）采购部门选择合格的承包方进行，并要求其按国家规范措施，严防化学品的泄漏及出现意外。

2.2　化学品保存

2.2.1　一般原则

① 所有的化学品和配制试剂都应置于适当的容器内，贴有明显的标签。无标签或者标签无法辨认的药品都要当作危险品重新鉴别后小心处理，不可随便丢弃，以免造成严重后果，一般采取分类收集、集中储存并定期按危险化学品与有资质的企业签订合同交其处理。

② 存储化学品的场所（库）必须保持环境整洁、通风、隔热，并远离热源和火源。

③ 实验室不得存放大桶试剂和大量试剂，严禁存放大量的易燃易爆品及强氧化剂。

④ 化学试剂应密封分类存放；易挥发、溶解的，要密封；长期不用的，应蜡封；装碱的玻璃瓶不能用玻璃塞；切勿将相互作用的化学品混放。

⑤ 实验室必须建立并及时更新危险化学品使用台账，及时清理无名、废旧化学品。

2.2.2　分类存放

① 危险品化学品应按《常用化学危险品贮存通则》，根据其化学性质严格按照规定分区、分类贮存，并且不得超量贮存。

② 禁忌类危险品必须隔开贮存：如氧化剂、还原剂、有机物等理化性质相忌的物质禁同区贮存。

③ 灭火方法不同的易燃易爆危险品不得在同库贮存。

④ 对易碎、易泄漏的危险化学品不能二层堆放。

⑤ 对易爆炸、剧毒、易制毒、放射性等化学品须设置专柜贮存，采取双人收发、双人记账、双人双锁、双人运输和双人使用的"五双制"。

⑥ 危险品贮藏室应干燥、阴凉、通风良好。门窗应坚固，门应朝外开。应设在四周不靠建筑物的地方。易燃液体贮藏室温度一般不许超过28℃，爆炸品贮温不许超过30℃。

⑦ 危险品应分类隔离贮存，量较大的应隔开房间，量小的也应设立铁板框和水泥柜以分开贮存。相互接触能引起燃烧爆炸及灭火方法不同的危险品应分开存放，绝不能混存。

⑧ 照明设备应采用隔离，封闭，防爆型。室内严禁烟火。

⑨ 经常检查危险品贮藏情况，及时消除事故隐患。

⑩ 实验室及库房中应准备好消防器材，管理人员必须具备防火灭火知识。

⑪ 易爆品应与易燃品、氧化剂隔离存放，宜存于20℃以下，最好保存在防爆试剂柜、防爆冰箱中；对爆炸性物品可将瓶子存于铺干燥黄沙的柜中。

⑫ 易产生毒性气体或烟雾的化学品：存放于干燥、阴凉、通风处。

⑬ 腐蚀品：应放在防腐蚀性药品柜的下端，对腐蚀性物品应选用耐腐蚀性材料作架子。

⑭ 相互作用的化学品：不能混放在一起，要隔离开存放。

⑮ 剧毒品：应按照"五双"制度领取和使用，不得私自存放，专柜上锁。

⑯ 低温存放的化学品：一般存放于10℃以下的冰箱中。

⑰ 要求避光保存的药品：应用棕色瓶装或者用黑纸、黑布或铝箔包好后放入药品柜贮存。

⑱ 特别保存的药品：如金属钠、钾等碱金属，应储存于煤油当中；黄磷贮存于水中；此两种药品易混淆，要隔离存放。

2.3　化学品使用

2.3.1　有机溶剂的使用

许多有机溶剂如果处理不当会引起火灾甚至爆炸。溶剂和空气的混合物一旦燃烧便迅速蔓延，火力之大可以在瞬间点燃易燃物体，在氧气充足（如氧气钢瓶漏气引起）的地方着火，火力更猛，可使一些不易燃物质燃烧。当易燃有机溶剂蒸气与空气混合并达到一定的浓度范围时，极有可能会发生爆炸。

使用易燃有机溶剂时，需注意以下事项：

① 将易燃液体的容器置于较低的试剂架上；

② 保持容器密闭，需要倾倒液体时，方可打开密闭容器的盖子；

③ 应在没有火源并且通风良好的地方（如通风柜）使用易燃有机溶剂，但注意用量不要过大；

④ 储存易燃溶剂时，应该尽可能减少存储量，以免引起危险；

⑤ 加热易燃液体时，最好使用油浴或水浴，不得用明火加热；

⑥ 使用易燃有机溶剂时应特别注意使用温度和实验条件；

⑦ 化学气体和空气的混合物燃烧会引起爆炸（如3.25g丙酮气体燃烧释放的能量相当于10g炸药），因此燃烧实验需谨慎操作；

⑧ 使用过程中，需警惕以下常见火源：明火（本生灯、焊枪、油灯、壁炉、电源开关、摩擦等）、热源（电热板、灯丝、电热套、烘箱、散热器、可移动加热器、香烟）、静电电荷。

有机溶剂的毒性表现在溶剂与人体接触或被人体吸收时引起局部麻醉刺激或使整个机体功能发生障碍。一切有挥发性的有机溶剂，其蒸气长时间、高浓度与人体接触总是有毒的，比如：伯醇类（甲醇除外）、醚类、醛类、酮类、部分酯类、苄醇类溶剂易损害神经系统；羧酸甲酯类、甲酸酯类会引起肺中毒，苯及其衍生物、乙二醇类等会引起血液中毒，卤代烃类会导致肝脏及新陈代谢中毒；四氯乙烷及乙二醇类会引起严重肾脏中毒等。

因此使用时还应注意以下事项：

① 皮肤与有机溶剂尽量不要直接接触，务必做好个人防护；

② 注意保持实验场所通风；

③ 在使用过程中如果有毒有机溶剂溢出，应根据溢出的量，移开所有火源，提醒实验室现场人员，用灭火器喷洒，再用吸收剂清扫、装袋、封口，作为废溶剂处理。

2.3.2　危险化学品的使用

实验过程中使用到的危险化学品，应严格操作，保障实验过程安全。应按如下操作：

① 化学品使用人员（任课教师或实验室管理人员）在使用时应先详细阅读物质安全技术说明书（MSDS），了解化学品的性质，掌握应急处理方法和自救措施，然后按照防护要求佩戴相应的防护用品（口罩、手套、眼罩、围裙、防护鞋），并严格遵守安全操作规程。

② 化学品使用人员（任课教师或实验室管理人员）根据实验需要进行化学品申领，严格按照操作规程进行操作，在不影响实验结果的前提下，尽量用危险性低的物质代替危险性高的物质，减少危险化学品的用量。

③ 化学品管理人员根据申领进行准备，并按申领的时间、地点送到指定位置，交给申领人员。

④ 使用化学品时，不能直接接触药品、品尝药品味道、把鼻子凑到容器口嗅闻药品气味。

⑤ 对于申领化学品中的危险化学品，使用人员（任课教师或实验室管理人员）应详细填写危险化学品使用记录表，记录使用情况以备检查使用。

⑥ 一切有毒气体的操作必须在通风柜中进行，通风设备失效时禁止操作，身上沾有易燃物时，要立即清洗，不得靠近明火。

⑦ 严禁在开口容器或密闭体系中用明火加热有机溶剂，不得在烘箱内存放、烘烤易燃有机物。

⑧ 申领化学品使用完毕，应及时归还给化学品管理人员；化学品管理人员接到归还申领化学品后检查使用情况，特别是危险化学品的使用情况，检查无误后入库。

2.3.3　剧毒品的使用安全

① 购买剧毒品必须向学校（院）保卫处、实验室管理部门申请并批准备案，经公安部门审批后，由学校统一采购。

② 剧毒品管理严格履行"五双"制度，即：双人保管、双锁锁门、双人发放、双人领用、双人记账。严防发生被盗、丢失、误用及中毒事故。

③ 剧毒品保管实行责任制，"谁主管，谁负责"，责任到人。管理人员调动，须经部门主管批准，做好交接工作，并将管理人员的名单报实验室管理部门备案。

④ 凡使用剧毒品，必须按要求在防护设施或专用实验条件下操作。实验产生的剧毒品废液、废弃物等要妥善保管，不得随意丢弃、掩埋或倒入水槽，污染环境，废液、废弃物应集中保存，由学校（院）统一处置。

⑤ 剧毒品使用完毕，其容器依然由双人管理，实验室管理部门统一处置。

⑥ 剧毒品不得私自转让、赠送、买卖。如各院系间需要相互调剂，必须经过学校（院）保卫处和实验室管理部门审批，在实验室管理部门办理调剂手续并在台账中登记调整情况。

2.4　危险化学品简介

在科研和教学过程中，危险化学品无处不在。危险化学品在生产、储存、运输、销售和使用过程中，因其易燃、易爆、有毒、有害等危险特性，常会引起火灾和爆炸等危险事故，造成巨大的人员伤亡和财产损失。很多事故发生的原因是人员缺乏相关危险化学品安全基础知识，不遵守操作和使用规范，以及对突发事故苗头处理不当。加强实验室危险化学品的严格管理和规范使用，保障人员及学校财产安全，防止发生环境污染及安全事故，建设和谐校园，是高校实验室管理的重要组成部分。

2.4.1　危险化学品的法规和标准

化学品种类繁多、组分复杂，在生产、运输、使用过程中稍有疏漏，就会对人体健康和生态环境造成巨大危害。因而，世界各国家和一些国际组织纷纷制定有关法规、标准和公约，旨在强化化学品的安全治理，有效预防和掌握化学品的危害和事故。

我国是世界上化学品生产和进口的大国。我国政府非常关注和重视化学品的安全生产、安全流通和安全使用，相继公布了一系列法律、法规、规章和标准，对化学品实行全生命周期治理。

危险化学品的安全管理工作，关系到人民的生命、财产安全，是环境保护的大事。

国家在对危险化学品的安全技术规范管理上执行现行的标准、规则主要包括：

① 《危险化学品安全管理条例》（国务院令第591号）；

② 《易制爆危险化学品名录》（2017年版）；

③ 《易制毒化学品管理条例》［2018年修正版（国务院令第445号）］；

④ 《危险化学品目录》（2015版）；

⑤ 《高毒物品目录》（卫法监发通知［2003］142号）；

⑥ 《危险化学品登记管理办法》（安监总局令第53号）；

⑦ 《化学品物理危险性鉴定与分类管理办法》（安监总局令第60号）；

⑧ 《危险货物分类和品名标号》（GB 6944—2012）；

⑨ 《危险化学品重大危险源辨识》（GB 18218—2018）。

2.4.2　危险化学品的分类

危险化学品，是指具有毒害、腐蚀、爆炸、燃烧、助燃等性质，对人体、设施、环境具有危害的剧毒化学品和其他化学品。

《全球化学品统一分类和标签制度》（globally harmonized system of classification and labelling of chemicals，简称GHS，又称"紫皮书"）是由联合国出版的指导各国控制化学品危害和保护人类健康与环境的规范性文件，因此也常称为联合国GHS（2021年第9次修订）。GHS不断修订的意义在于：保护人类健康和满足环境的需要；完善现有化学品分类和标签体系；规范危险化学品使用。

目前已公布的涉及危险化学品标准有三个：《危险货物分类和品名编号》（GB 6944—2012）、《危险货物品名表》（GB 12268—2012）、《化学品分类和危险性公示　通则》（GB 13690—2009）。将危险化学品分为九大类，每一类又分为若干项。

第一类：爆炸品　爆炸品是指在外界作用下（如受热、撞击等），能发生剧烈的化学反应，瞬时产生大量的气体和热量，使周围压力急骤上升，发生爆炸，对周围环境造成破坏的物品，也包括无整体爆炸危险，但具有燃烧、抛射及较小爆炸危险，或仅产生热、光、音响或烟雾等一种或几种作用的烟火物品。本类货物按危险性分为5项。

第1项：整体爆炸物品，具有整体爆炸危险的物质和物品，如高氯酸。

第2项：抛射爆炸物品，具有抛射危险，但无整体爆炸危险的物质和物品。

第3项：燃烧爆炸物品，具有燃烧危险和较小爆炸或较小抛射危险，或两者兼有，但无整体爆炸危险的物质和物品，如二亚硝基苯。

第4项：一般爆炸物品，无重大危险的爆炸物质和物品，本项货物危险性较小，万一被点燃或引燃，其危险作用大部分局限在包装件内部，而对包装件外部无重大危险，如四唑并-1-乙酸。

第5项：不敏感爆炸物品，非常不敏感的爆炸物质，本项货物性质比较稳定，在着火试验中不会爆炸。

第二类：压缩气体和液化气体　本类货物系指压缩、液化或加压溶解的气体，并应符合下述两种情况之一者：①临界温度低于50℃时，或在50℃时，其蒸气压力大于291kPa的压缩或液化气；温度在21.1℃时，气体的绝对压力大于275kPa，或在51.4℃时气体的绝对压力大于715kPa的压缩气体。②在35.8℃时，雷德蒸气压大于274kPa的液化气体或加压溶解的气体。本类物品当受热、撞击或强烈震动时，容器内压力会急剧增大，致使容器破裂爆炸，或导致气瓶阀门松动漏气，酿成火灾或中毒事故。按其性质分为以下3项。

第1项：易燃气体，如一氧化碳、甲烷、氨气等。

第2项：不燃气体，系指无毒、不燃气体，包括助燃气体，如氮气、氧气等。

第3项：有毒气体，毒性指标与第6类毒性指标相同，如氯（液化的）、氨（液化的）等。

第三类：易燃液体　指闭环闪点等于或低于61℃的液体、液体混合物或含有固体物质的液体，但不包括由于其危险性已列入其他类别的液体。本类物质在常温下易挥发，其蒸气与空气能形成爆炸性混合物。按闪点分为以下3项。

第1项：低闪点液体，即闪点<-18℃的液体，如乙醛、丙酮等。

第2项：中闪点液体，即-18℃≤闪点<23℃的液体，如苯、甲醇等。

第3项：高闪点液体，即23℃≤闪点≤61℃的液体，如环辛烷、氯苯、苯甲醚等。

第四类：易燃固体、自燃物品和遇湿易燃物品　这类物品易于引起火灾，按它的燃烧特性分为3项。

第1项：易燃固体，指燃点低，对热、撞击、摩擦敏感，易被外部火源点燃，迅速燃烧，能散发有毒烟雾或有毒气体的固体。如红磷、硫黄等。

第2项：自燃物品，指自燃点低，在空气中易于发生氧化反应放出热量，而自行燃烧的物品。如黄磷、三氯化钛等。

第3项：遇湿易燃物品，指遇水或受潮时，发生剧烈反应，放出大量易燃气体和热量的物品，有的不需明火，就能燃烧或爆炸。如金属钠、氢化钾等。

第五类：氧化剂和有机过氧化物　这类物品具有强氧化性，易引起燃烧、爆炸，按其组成分为2项。

第1项：氧化剂，指具有强氧化性，易分解放出氧和热量的物质，对热、震动和摩擦比较敏感。包括含有过氧基的无机物，其本身不一定可燃，但能导致可燃物的燃烧；与粉末状可燃物能组成爆炸性混合物。按其危险性大小，分为一级氧化剂和二级氧化剂。如氯酸铵、高锰酸钾等。

第2项：有机过氧化物，指分子结构中含有过氧键的有机物，其本身是易燃易爆、极易分解，对热、震动和摩擦极为敏感。如过氧化苯甲酰、过氧化甲乙酮等。

第六类：毒害品　指进入人（动物）肌体后，累积达到一定的量能与体液和组织发生生物化学作用或生物物理作用，扰乱或破坏肌体的正常生理功能，引起暂时或持久性的病理改变，甚至危及生命的物品。如各种氰化物、砷化物、化学农药等等。

第七类：放射性物品　它属于危险化学品，但不属于《危险化学品安全管理条例》的管理范围，国家还另外有专门的"条例"来管理。

第八类：腐蚀品　指能灼伤人体组织并对金属等物品造成损伤的固体或液体。与皮肤接触在4h内会出现可见坏死现象，或温度在55℃时，对20钢的表面均匀年腐蚀率超过6.25mm/a的固体或液体。这类物质按化学性质分为3项。

第1项：酸性腐蚀品，如硫酸、硝酸、盐酸等。

第2项：碱性腐蚀品，如氢氧化钠、硫氢化钙等。

第3项：其他腐蚀品，如二氯乙醛、苯酚钠等。

按其腐蚀性的强弱又分为一级腐蚀品和二级腐蚀品。

第九类：杂项危险物质和物品，包括危害环境物质。

2.4.3　危险化学品的安全标签识别及安全信息获取

2.4.3.1　危险化学品的安全标签

危险化学品安全标签是针对危险化学品而设计、用于提示接触危险化学品的人员的一种标识。它用简单、明了、易于理解的文字、图形符号和编码的组合形式表示该危险化学品所具有的危险性、安全使用的注意事项和防护的基本要求。根据使用场合的不同，危险化学品安全标签又分为供应商标签、作业场所标签和实验室标签。

危险化学品的供应商安全标签是指危险化学品在流通过程中由供应商提供的附在化学品包装上的安全标签。作业场所安全标签又称工作场所"安全周知卡"，是用于作业场所，提示该场所使用的化学品特性的一种标识。实验室用化学品由于用量少，包装小，而且一部分是自备自用的化学品，因此实验室安全标签比较简单。

国家标准GB/T 22234—2008《基于GHS的化学品标签规范》规定危险品在储存、运输、使用等过程中，必须根据联合国GHS规定的危害性类别和等级，使用对应的象形图、警示语、危害性说明做成安全标签。按照2021年9月联合国GHS制度第九次修订版和2011年12月中国正式实施的《危险化学品安全管理条例》（2013年修订）规范，一份合格的危险品标签可划分为8部分。以图2-1为例来说明。

发烟硫酸

fuming sulphuric acid　　发烟硫酸：≥105%

危险　　

引起严重的皮肤灼伤；引起严重眼睛损伤；可能引起呼吸道刺激，可能引起昏昏欲睡或眩晕。

【预防措施】
- 在得到专门指导后操作。在未了解所有安全措施之前，切勿操作。
- 远离热源、火花、明火。使用不产生火花的工具作业。
- 戴橡胶手套和化学安全防护眼镜。
- 可能接触其蒸气或烟雾时，必须佩戴防毒面具或供气式头盔。
- 妊娠、哺乳期间避免接触。
- 作业场所不得进食、饮水、吸烟。
- 工作后，淋浴更衣。单独存放被毒物污染的衣物，洗后再用。保持良好的卫生习惯。

【事故响应】
- 皮肤接触：立即用水冲洗至少15min，或用2%碳酸氢钠溶液冲洗。若有灼伤，就医治疗。
- 眼睛接触：立即提起眼睑，用流动清水或生理盐水冲洗至少15min，就医。
- 吸入：迅速脱离现场至空气新鲜处，呼吸困难时给输氧，给予2%～4%碳酸氢钠溶液雾化吸入。就医。
- 食入：误服者给牛奶、蛋清、植物油等口服，不可催吐，立即就医。
- 火灾：使用干粉、二氧化碳、沙土灭火；避免水流冲击物品。

【安全储存】
储存于阴凉、干燥、通风良好的仓间。与碱类、金属粉末、三氯甲烷、四氯化碳等分开存放。上锁保管。储区应备有泄漏应急处理设备和合适的收容材料。

【废弃处置】
缓慢加入纯碱-消石灰溶液中，并不断搅拌，反应停止后，用大量水冲入下水道。

请参阅化学品安全技术说明书

供应商：***************有限公司　　　　电话：010-0000000
地　址：***************开发区　　　　邮编：000000
化学事故应急咨询电话：010*0000000

图2-1　化学品标签

（1）危险品的名称　GHS规定标签上应有产品名称及其含有的危害性化学物质的名称。混合物或合金的标签上与健康危害有关的所有成分或合金元素也应表示出来。

（2）警告词和警告语　警告词和警告语是用于表示危险有害的相对程度、向使用者警告潜在的危害性的语句。警告词分为两种，根据危险程度大小分为"危险"和"警告"。当警告词是"危险"时，说明此化学品危险程度高，需要更加注意，如果是易燃液体，此时的警告语通常为"极易燃/高度易燃液体和蒸气"；当警告词是"警告"时，说明此化学品危险程度较低，此时的警告语只是"易燃液体和蒸气"。

（3）表示危险性的象形图　联合国GHS提供了危险品的象形图标准图案，都是菱形的白底上用黑色图形表示，并用较粗的红线作边框。实际标签使用的象形图不得与GHS标准象形图有明显差异，应比较直观表达危险品性质。图2-1中第一个象形标签代表腐蚀性；第二个象形标签代表注意危险。

（4）预防措施　为了防止接触具有危害性产品或不恰当的存放及处理而产生危害，或者是为了将危险降低到最小，而采取的推荐措施和注意事项。

（5）事故响应　就是发生危险品意外时采取的补救措施。此项要特别注意食入后的处理，一定要看清楚是否适用催吐，很多人觉得吃入后要马上催吐，但并不是所有化学品都适合催吐的，某些化学品催吐的过程中有可能造成液体进入肺部，造成危害更大的肺水肿。所以一定要分辨清楚。

（6）储存条件　一般化学品应该室内储存，并避免高温、潮湿和阳光直射。

（7）废弃处理　一般由专业公司回收处理，即使是废弃的包装（例如空桶）。某些事故就是由于非专业人士切割装过溶剂的空桶而造成的。

（8）供应商/生产商　标签必须将物质的制造厂家或供应商的名称表示出来，同时应标出联系地址和电话号码，如果需要了解化学品更详细的性质，或者发生事故不知如何处理，可以致电供应商/生产商寻求帮助。

2.4.3.2　化学品安全技术说明书

化学品安全技术说明书（MSDS），国际上称作化学品安全信息卡，是化学品生产商和经销商按法律要求必须提供的化学品理化特性（如pH值、闪点、易燃度、反应活性等）、毒性、环境危害以及对使用者健康（如致癌、致畸等）可能产生危害的一份综合性文件。美、欧等发达国家对环境、职业健康的法律要求极为严格，在化学品的国际贸易中，供应商是必须要提供的。在美国、加拿大及欧洲国家，企业里都设有危险化学品管理部或职业健康及环境科学管理部，专门审核化学品供应商提供的MSDS，符合条件的供应商才有资格和采购部门进行下一步的商务接触。

安全技术说明书规定的十六项内容在编写时不能随意删除或合并，其顺序不可随意变更。安全技术说明书的正文应采用简捷、明了、通俗易懂的规范汉字表述。数字资料要准确可靠，系统全面。安全技术说明书采用"一个品种一卡"的方式编写，同类物、同系物的技术说明书不能互相代替；混合物要填写有害性组分及其含量范围。所填数据应是可靠和有依据的。一种化学品具有一种以上的危害性时，要综合表述其主、次危害性以及急救、防护措施。安全技术说明书由化学品的生产供应企业编印，在交付商品时提供给用户，作为提供给用户的一种服务随商品在市场上流通。化学品的用户在接收使用化学品时，要认真阅读安全技术说明书，了解和掌握化学品的危险性，并根据使用的情形制定安全操作规程，选用合适的防护器具，培训作业人员。安全技术说明书的数值和资料要准确可靠，选用的参考资料要有权威性，必要时可咨询省级以上职业安全卫生专门机构。

美国国家标准协会ANSI以及ISO建议实行的MSDS内容包括以下16个方面。

① 化学品及企业标识（chemical product and company identification）。主要标明化学品名称、生产企业名称、地址、邮编、电话、应急电话、传真和电子邮件地址等信息。

② 成分/组成信息（composition/information on ingredients）。标明该化学品是纯化学品还是混合物。纯化学品，应给出其化学品名称或商品名和通用名。混合物，应给出危害性组分的浓度或浓度范围。无论是纯化学品还是混合物，如果其中包含有害性组分，则应给出化学

文摘索引登记号（CAS号）。

③ 危险性概述（haxards summarizing）。简要概述本化学品最重要的危害和效应。主要包括：危害类别、侵入途径、健康危害、环境危害、燃爆危险等信息。

④ 急救措施（first-aid measures）。指作业人员意外受到伤害时，所需采取的现场自救或互救的简要处理方法。包括：眼睛接触、皮肤接触、吸入、食入的急救措施。

⑤ 消防措施（fire-fighting measures）。主要标示化学品的物理和化学特殊危险性、适合的灭火介质、不合适的灭火介质以及消防人员个体防护等方面的信息。包括：危险特性、灭火介质和方法、灭火注意事项等。

⑥ 泄漏应急处理（accidental release measures）。指化学品泄漏后现场可采用的简单有效的应急措施、注意事项和消除方法。包括：应急行动、应急人员防护、环保措施、消除方法等内容。

⑦ 操作处置与储存（handling and storage）。主要是指化学品操作处置和安全储存方面的信息资料，包括：操作处置作业中的安全注意事项、安全储存条件和注意事项。

⑧ 接触控制/个体防护（exposure controls/personal protection）。在生产、操作处置、搬运和使用化学品的作业过程中，为保护作业人员免受化学品危害而采取的防护方法和手段。包括：最高容许浓度、工程控制、呼吸系统防护、眼睛防护、身体防护、手防护、其他防护要求。

⑨ 理化特性（physical and chemical properties）。主要描述化学品的外观及理化性质等方面的信息。包括：外观与性状、pH值、沸点、熔点、相对密度（水为1）、相对蒸气密度（空气为1）、饱和蒸气压、燃烧热、临界温度、临界压力、辛醇/水分配系数、闪点、引燃温度、爆炸极限、溶解性、主要用途和其他一些特殊理化性质。

⑩ 稳定性和反应性（stability and reactivity）。主要叙述化学品的稳定性和反应活性方面的信息，包括：稳定性、禁配物、应避免接触的条件、聚合危害、分解产物。

⑪ 毒理学资料（toxicological information）。提供化学品的毒理学信息，包括：不同接触方式的急性毒性、刺激性、致敏性、亚急性和慢性毒性、致突变性、致畸性、致癌性等。

⑫ 生态学资料（ecological information）。主要陈述化学品的环境生态效应、行为和转归，包括：生物效应（如LD_{50}）、生物降解性、生物富集、环境迁移及其他有害的环境影响等。

⑬ 废弃处置（disposal）。是指对被化学品污染的包装和无使用价值的化学品的安全处理方法，包括废弃处置方法和注意事项。

⑭ 运输信息（transport information）。主要是指国内、国际化学品包装、运输的要求及运输规定的分类和编号。包括：危险货物编号、包装类别、包装标志、包装方法、UN编号及运输注意事项等。

⑮ 法规信息（regulatory information）。主要是化学品管理方面的法律条款和标准。

⑯ 其他信息（other information）。主要提供其他对安全有重要意义的信息。包括：参考文献、填表时间、填表部门、数据审核单位等。

2.4.3.3　危险化学品的标志

危险化学品标志是指危险化学品在市场上流通时由生产销售单位提供的附在化学品包装

上的标志，是向作业人员传递安全信息的一种载体，它用简单、易于理解的文字和图形表述有关化学品的危险特性及其安全处置的注意事项，警示作业人员进行安全操作和处置。《危险货物包装标志》（GB 190—2009）是2009年发布的国家标准。该标准规定了危险货物包装图示标志的分类图形、尺寸、颜色及使用方法等（见表2-1）。

表2-1　危险化学品标志（见彩插）

序号	标志名称	标志图形	对应的危险货物类项号
1	爆炸性物质或物品	 （符号：黑色，底色：橙红色）	1.1 1.2 1.3
		 1.4（符号：黑色，底色：橙红色）	1.4
		 1.5（符号：黑色，底色：橙红色）	1.5
		 1.6（符号：黑色，底色：橙红色）	1.6
2	易燃气体	 （符号：黑色，底色：正红色）  （符号：白色，底色：正红色）	2.1

序号	标志名称	标志图形	对应的危险货物类项号
2	不燃气体	 (符号：黑色，底色：绿色) (符号：白色，底色：绿色)	2.2
	有毒气体	 (符号：黑色，底色：白色)	2.3
3	易燃液体	 (符号：黑色，底色：正红色) (符号：白色，底色：正红色)	3
4	易燃固体	 (符号：黑色，底色：白色红条)	4.1
	自燃物品	 (符号：黑色，底色：上白下红)	4.2

序号	标志名称	标志图形	对应的危险货物类项号
4	遇湿易燃物品	(符号：黑色，底色：蓝色) (符号：白色，底色：蓝色)	4.3
5	氧化剂	(符号：黑色，底色：柠檬黄色)	5.1
	有机过氧化物	(符号：黑色，底色：红色和柠檬黄色) (符号：白色，底色：红色和柠檬黄色)	5.2
6	剧毒品	(符号：黑色，底色：白色)	6.1
	感染性物品	(符号：黑色，底色：白色)	6.2

续表

序号	标志名称	标志图形	对应的危险货物类项号
7	一级 放射性物品	 （符号：黑色，底色：白色，附一条红竖条）	7A
	二级 放射性物品	 （符号：黑色，底色：上黄下白，附两条红竖条）	7B
	三级 放射性物品	 （符号：黑色，底色：上黄下白，附三条红竖条）	7C
8	腐蚀品	 （符号：黑色，底色：上白下黑）	8
9	杂项危险物质和物品	 （符号：黑色，底色：白色）	9

注：类项号指对应《化学品分类和危险性公示　通则》的危险货物的编号。

标志的尺寸一般分为4种，50mm×50mm、100mm×100mm、150mm×150mm、250mm×250mm，如遇特大或特小的运输包装件，标志的尺寸可按规定适当扩大或缩小。每种危险品包装件应按其类别粘贴相应的标志。但如果某种物质或物品还有属于其他类别的危险性质，包装上除了粘贴该类标志作为主标志以外，还应粘贴表明其他危险性的标志作为副标志，副标志图形的下角不应标有危险货物的类项号。标志的位置规定如下，箱状包装：位于包装端面或侧面的明显处；袋、捆包装：位于包装明显处；桶形包装：位于桶身或桶盖；集装箱、成组货物：粘贴四个侧面。

2.5　常见危险化学品种类

2.5.1　爆炸品

　　爆炸品的特点之一是爆炸性强。爆炸品都具有化学不稳定性，在一定外因的作用下，能以极快的速度发生猛烈的化学反应，产生的大量气体和热量，在短时间内无法逸散开去，致使周围的温度迅速升高并产生巨大的压力而引起爆炸。

　　爆炸品的特点之二是敏感度高。各种爆炸品的化学组成和性质决定了它具有发生爆炸的可能性，但如果没有必要的外界作用，爆炸是不会发生的，也就是说，任何一种爆炸品的爆炸都需要外界供给它一定的能量，即起爆能。不同的炸药所需的起爆能不同，某一炸药所需的最小起爆能，即为该炸药的敏感度，简称感度。起爆能与敏感度成反比，起爆能越小，敏感度越高。从储运的角度来讲，希望敏感度低些，但实际上如果炸药的敏感度过低，则需要消耗较大的起爆能，造成使用不便，因而各使用部门对炸药的敏感度都有一定的要求。我们应该了解各种爆炸品的敏感度，以便在生产、储存、运输、使用中适当控制，确保安全。

　　爆炸品的感度主要分热感度（加热、火花、火焰）、机械感度（冲击、针刺、摩擦、撞击）、静电感度（静电、电火花）和起爆感度（雷管、炸药）等。不同的爆炸品的各种感度数据是不同的。爆炸品在储运中必须远离火种、热源及防震等要求就是根据它的热感度和机械感度来确定的。

　　决定爆炸品的敏感度的内在因素是它的化学组成和化学结构，影响敏感度的外在因素还有温度、杂质、结晶、密度等。

　　（1）化学组成和化学结构　　爆炸品的化学组成和化学结构是决定其具有爆炸性质的主要因素。具体地讲是由于分子中含有某些"爆炸性基团"引起的。例如：叠氮化合物中的$N=N$，雷汞、雷银中的$—O—N=C$，硝基化合物中的$—NO_2$等。

　　（2）"爆炸品基团"数目　　爆炸品分子中含有"爆炸性基团"的数目对敏感度也有明显的影响，例如芳香族硝基化合物，随着分子中硝基（$—NO_2$）数目的增加，其敏感度亦升高。硝基苯只含有一个硝基，它在加热时虽然分解，但不易爆炸，因其毒性突出定为毒害品；（邻、间、对）二硝基苯虽然具有爆炸性，但不敏感，由于它的易燃性比爆炸性更突出，所以定为易燃固体；三硝基苯所含硝基的数目在三者中最多，其爆炸性突出，非常敏感，故定为爆炸品。

　　（3）温度　　不同爆炸品的温度敏感度是不同的。例如：雷汞为165℃，黑火药为270～300℃，苦味酸为300℃。同一爆炸品随着温度升高，其机械敏感度也升高。原因在于其本身具有的内能也随温度相应地升高，对起爆所需外界供给的能量则相应地减少。因此，爆炸品在储存、运输中绝对不允许受热，必须远离火种、热源，避免日光照射，在夏季要注意通风降温。

　　（4）杂质　　杂质对爆炸品的敏感度也有很大影响，而且不同的杂质所引起的影响也不同。在一般情况下，固体杂质，特别是硬度高、有尖棱的杂质能增加爆炸品的敏感度。因为这些杂质能使冲击能量集中在尖棱上，产生许多高能中心，促使爆炸品爆炸。例如，TNT炸药中混进砂后，敏感度就显著提高。因此，在储存、运输中，特别是在洒漏后收集时，要防止砂粒、尘土混入；相反，松软的或液态的杂质混入爆炸品后，往往会使敏感度降低。例如：雷汞含水大于10%时可在空气中点燃而不爆炸；苦味酸含水量超过35%时就不会爆炸。因此，在储存中，对加水降低敏感度的爆炸品如苦味酸等，要经常检查有无漏水情况，含水量少时应立即添加，包装破损时要及时修理。

（5）晶型　有些爆炸品由于晶型不同，它的敏感度也不同。例如：液体硝酸甘油炸药在凝固、半凝固时，结晶多呈三斜晶系，属不安定型。不安定型结晶比液体的机械敏感度更高，对摩擦非常敏感，甚至微小的外力作用就足以引起爆炸。因此，硝酸甘油炸药在冷天要做好防冻工作，储存温度不得低于15℃，以防止冻结。

（6）密度　随着密度增大，通常爆炸品的敏感度均有所下降。粉碎、疏松的爆炸品敏感度高，是因为密度不仅直接影响冲击力、热量等外界作用在爆炸品中的传播，而且对炸药颗粒之间的相互摩擦也有很大影响。在储运中应注意包装完好，防止破裂致使炸药粉碎而导致危险。

2.5.2　压缩气体和液化气体

储于钢瓶中的压缩气体、液化气体或加压溶解的气体受热膨胀，压力升高，能使钢瓶爆裂，特别是液化气体装得太满时尤其危险，应严禁超量灌装，并防止钢瓶受热。

压缩气体和液化气体不允许泄漏。其原因除有些气体有毒、易燃外，还因有些气体相互接触后会发生化学反应引起燃烧爆炸。例如氢和氯、氮和氧、乙炔和氯、乙炔和氧均能发生爆炸。因此，凡内容物为禁忌物的钢瓶应分别存放。

压缩气体和液化气体除具有爆炸性外，有的还具有易燃性（如氢气、甲烷、液化石油气等），助燃性（如氧气、压缩空气等），毒害性（如氰化氢、二氧化碳、氯气等），窒息性（如二氧化碳、氮气等，虽无毒，不燃、不助燃，但在高浓度时亦会导致人畜窒息死亡）等性质。

2.5.3　易燃液体

易燃和可燃的气体、液体蒸气、固体粉末与空气混合后，遇火源能够引起燃烧爆炸的浓度范围称为爆炸极限，一般用该气体或蒸气在混合气体中的体积分数（%）来表示，粉末的爆炸极限用mg/m^3表示。能引起燃烧爆炸的最低浓度称为爆炸下限，能引起燃烧爆炸的最高浓度称为爆炸上限。当可燃气体或易燃液体的蒸气在空气中的浓度小于爆炸下限时，由于可燃物含量不足，并因含有较多的空气，燃烧不会发生，也就不会爆炸；当浓度大于爆炸上限时，则因空气含量不足，燃烧不能发生，也不会爆炸。只有在上限与下限浓度范围内，遇到火种才会爆炸。因此，凡是爆炸极限范围越大、爆炸下限越低的物质，它的危险性就越大。在生产中浓度只要高于下限的25%就视为危险场所，低于下限的25%可视为安全，可以进行动火作业等。易燃液体具有以下特性：

（1）高度流动扩散性　易燃液体的分子多为非极性分子，黏度一般都很小。不仅本身极易流动，还因渗透、浸润及毛细现象等作用，即使容器只有极细的裂纹，易燃液体也会渗出容器壁外，扩大其表面积，并源源不断地挥发，使空气中的易燃液体蒸气浓度增高。从而增加了燃烧爆炸的危险性。

（2）受热膨胀性　易燃液体的膨胀系数比较大，受热后体积容易膨胀，同时其蒸气压亦随之升高，从而使密封容器内部压力增大，造成"鼓桶"甚至爆裂。在容器爆裂时会产生火花而引起燃烧爆炸。因此，易燃液体应避热存放，灌装时容器内应留有5%以上的空隙，不可灌满。

（3）与氧化剂和酸性物质剧烈反应　易燃液体与氧化剂或有氧化性的酸类，特别是硝酸接触，能发生剧烈反应而引起燃烧爆炸。这是因为易燃液体都是有机化合物，能与氧化剂发生氧化反应并产生大量的热，使温度升高到燃点引起燃烧爆炸。例如，乙醇与氧化剂高锰酸钾接触会发生燃烧，与氧化性酸硝酸接触也会发生燃烧，松节油遇硝酸立即燃烧。因此，易燃液体不得与氧化剂及有氧化性的酸类接触。

（4）毒性　大多数易燃液体及其蒸气均有不同程度的毒性，含硫、氮、氟元素的气体多数有毒，如硫化氢、氯乙烯、液化石油气等。不但吸入其蒸气会中毒，有的经皮肤吸收也会造成中毒事故。因此应注意劳动防护。有些气体有窒息性，大量压缩或液化气体及其燃烧后的直接生成物扩散到空气中时，空气中含氧量降低，人因缺氧而窒息。

2.5.4　易燃固体、自燃物品和遇湿易燃物品

易燃固体是燃烧点低，对热、撞击、摩擦敏感，易被外部火源点燃，燃烧迅速，并可能散发出有毒烟雾或有毒气体的固体，实验室常见红磷、硫黄等即为易燃固体。

（1）易燃性　易燃固体在常温等很小能量的着火源下就能引起燃烧；受摩擦、撞击等外力也能引起燃烧。易燃固体与空气接触面积越大，越容易燃烧，燃烧速率也越快，发生火灾的危险性也就越大。

（2）易爆性　易燃固体多数具有较强还原性，易与氧化剂发生反应，尤其是与强氧化剂接触时，能够立即引起着火或爆炸。

（3）毒害性　许多易燃固体不但本身具有毒性，而且燃烧产物有毒或有腐蚀性。例如：二硝基苯、二硝基苯酚、硫黄、五硫化二磷等。

（4）敏感性　易燃固体对明火、热源、撞击比较敏感。

（5）易分解或升华　易燃固体容易被氧化，受热易分解或升华，遇火源、热源引起强烈、连续的燃烧。

（6）分散性　易燃固体具有可分散性，其固体粒度小于0.01mm时可悬浮于空气中，有粉尘爆炸的危险。

自燃物质是指自燃点低，在空气中易发生氧化反应放出热量而自行燃烧的自燃液体和自燃固体。

常见自燃固体有黄磷、钡合金、二苯基镁、金属锶、硼氢化铝等，自燃液体有二甲基锌、三丁基铝、烷基锂等。自燃物质通常具有以下性质：

（1）无氧自燃性　有些易燃物品在缺氧条件下无需掺入空气也可以发生危险化学反应，放出热量也能发生自燃起火，如黄磷、煤、锌粉等。

（2）氧化自燃性　部分自燃物质化学性质非常活泼，自燃点低，具有极强还原性，接触空气中的氧或氧化剂，立即发生剧烈的氧化反应，放出大量热，达到自燃点而自燃甚至爆炸。如黄磷遇空气起火，生成有毒的五氧化二磷（P_2O_5）。

（3）积热自燃性　有些自燃物质含有较多不饱和双键，遇氧或氧化剂易发生氧化反应，放出热量。如果通风不良，热量聚集不散，致使温度升高，又会加快氧化速率，产生更多的

热，促使温度升高，最终会积热达到自燃点而引起自燃。

遇湿易燃物质又称为遇水放出易燃气体的物质，指通过与水作用，容易具有自燃性或放出危险易燃气体的固态或液态物质。此类物质遇水或受潮后，发生剧烈化学反应，放出大量的易燃气体和热量，不需明火即能燃烧或爆炸。遇湿易燃物质通常具有以下性质：

（1）遇水易燃易爆性　遇水后发生剧烈反应，产生的可燃气体多，放出的热量大。当可燃气体遇明火或由于反应放出的热量达到引燃温度时，就会发生着火爆炸，如金属钠、碳化钙等。

（2）与氧化剂剧烈反应　遇湿易燃物质大都有很强的还原性，遇到氧化剂或酸时反应更加剧烈。

（3）自燃危险性　有些遇湿易燃物质不仅遇水易燃，而且在潮湿空气中能自燃，特别是在高温下反应比较强烈，放出易燃气体和热量。

（4）毒害性和腐蚀性　很多遇湿易燃物质本身具有毒性，有些遇湿后还可放出有毒的气体。

2.5.5　氧化剂和有机过氧化物

氧化剂系指处于高氧化态，具有强氧化性，易分解并放出氧和热量的物质。包括含有过氧基的无机物，其本身不一定可燃，但能导致可燃物质的燃烧，与松软的粉末状可燃物质能组成爆炸性混合物，对热、震动或摩擦较敏感。

有机过氧化物系指分子组成中含有过氧基的有机物，可视为过氧化氢的一个或两个氢原子被有机基团取代的衍生物。其本身易燃易爆，极易分解，对热、震动或摩擦极为敏感。

（1）强氧化性　氧化剂中的无机过氧化物均含有过氧基（—O—O—），很不稳定，易分解放出氧，无机氧化剂含有高价态的氯、溴、碘、硫、锰、铬、氮等元素，这些高价态的元素都有较强的得电子能力。因此氧化剂最突出的性质是遇易燃物品、可燃物品、有机物、还原剂等会发生剧烈化学反应引起燃烧爆炸。

（2）遇热分解性　氧化剂遇高温易分解放出氧和热量，极易引起燃烧爆炸。特别是有机过氧化物分子中的过氧基（—O—O—）很不稳定，易分解放出原子氧，而且有机过氧化物本身就是可燃物，易着火燃烧，受热分解的生成物又均为气体，更易引起爆炸。所以，有机过氧化物比无机氧化剂有更大的火灾爆炸危险。

（3）敏感性　许多氧化剂如氯酸盐类、硝酸盐类等对摩擦、撞击、震动极为敏感。储运中要轻装轻卸，以免增加其爆炸性。

（4）遇酸作用分解　大多数氧化剂，特别是碱性氧化剂，遇酸反应剧烈，甚至发生爆炸。如过氧化钠（钾）、高锰酸钾、氯酸钾、过氧化二苯甲酰等，遇硫酸立即发生爆炸。这些氧化剂不得与酸类接触，也不可用酸碱灭火器灭火。

（5）遇水作用分解　活泼金属的过氧化物，如过氧化钠等，遇水分解放出氧气和热量，有助燃性，能使可燃物燃烧，甚至爆炸。这些氧化剂应防止受潮，灭火时严禁用水、酸碱、泡沫、二氧化碳灭火剂扑救。

（6）毒性和腐蚀性　有些氧化剂具有不同程度的毒性和腐蚀性。比如铬酸酐、重铬酸盐等既有毒，又会烧伤皮肤。此外，活泼金属的过氧化物有较强的腐蚀性。有机过氧化物容易对眼睛造成伤害，如过氧化环己酮、叔丁基过氧化氢等化合物即使和眼睛只有短暂的接触，也会对眼角膜造成严重伤害。

（7）强弱氧化剂反应　接触后会发生复分解反应，放出大量的热而引起燃烧、爆炸。如亚硝酸盐、次氯酸盐和亚氯酸盐等遇到比它强的氧化剂时显示还原性，发生剧烈反应而导致危险。所以各种氧化剂亦不可任意混储混运。

2.5.6　毒害品和感染性物品

毒害品的主要特性是具有毒性。尤以气体、蒸气、烟、雾、粉尘等形态活跃于生产环境的毒物会污染空气，且易经呼吸道进入人体，还可能污染皮肤，经皮肤、呼吸道进入体内。

感染性物品系指含有致病微生物，能引起病态，甚至死亡的物质。包括基因突变的微生物和生物、生物制品、诊断标本和临床以及医疗废物。

毒害品通常具有以下特性：

（1）溶解性　很多毒性物质水溶性较强，易被人体吸收，危险性极大。但脂溶性强的毒性物质也可溶于脂肪中，能通过溶解于皮肤表面的脂肪层浸入毛孔或渗入皮肤而引起中毒。

（2）挥发性　大多数毒性物质沸点较低，其挥发性强，易引起蒸气吸入中毒，增加中毒概率。有些毒性物质无色无味，隐蔽性强，更易引起中毒。

（3）分散性　固体毒物颗粒越小，分散性越好，特别是一些悬浮于空气中的毒物颗粒，更易吸入肺泡而中毒。如硅肺病就是由于吸入 $0.25 \sim 0.5 \mu m$ 大小的含有二氧化硅的粉末造成的。因为颗粒小容易飞扬，容易经呼吸道吸入，被人体吸收而引起中毒。故毒性物质的分散性越好，毒性越强。

（4）侵入性　有毒品通过消化道侵入人体的危险性比通过皮肤更大，因此进行有毒品作业时应严禁饮食、吸烟等。有毒品经过皮肤破裂的地方侵入人体，会随血液蔓延全身，加快中毒速度。因此，在皮肤破裂时，应停止或避免对有毒品的作业。

2.5.7　放射性物品

放射性物品通常具有以下特性：

（1）具有放射性　能自发、不断地放出人类感觉器官不能觉察到的射线。放射性物质放出的射线可分为四种：α 射线，也叫甲种射线；β 射线，也叫乙种射线；γ 射线，也叫丙种射线；还有中子流。但是各种放射性物品放出的射线种类和强度不尽一致。如果上述射线从人体外部照射时，β、γ 射线和中子流对人的危害很大，达到一定剂量时易使人患放射病，甚至死亡。如果放射性物质进入体内时，则 α 射线的危害最大，其他射线的危害较大，所以要严防放射性物品进入体内。

（2）具有毒性　许多放射性物品毒性很大。如钋210、镭226、镭228、钍230等都是剧毒的放射性物品；钠22、钴60、锶90、碘131、铅210等为高毒的放射性物品，均应注意。

（3）难防范　不能用化学方法中和或者其他方法使放射性物品不放出射线，而只能设法把放射性物质清除或者用适当的材料予以吸收屏蔽。

2.5.8　腐蚀品

在《危险化学品目录（2015版）》中，腐蚀品是指通过化学作用使生物组织接触时造成严重损伤或在渗漏时会严重损害甚至毁坏其他货物或运输工具的化学品。腐蚀品通常具有以下特性：

（1）强烈的腐蚀性　　腐蚀品之所以具有强烈的腐蚀性，主要由于这类物品具有酸性、碱性、氧化性或吸水性等所致。

对人体有腐蚀作用，造成化学灼伤。腐蚀品使人体细胞受到破坏所形成的化学灼伤，与火烧伤、烫伤不同。化学灼伤在开始时往往不太痛，待发觉时，部分组织已经灼伤坏死，所以较难治愈。

对金属有腐蚀作用。腐蚀品中的酸和碱甚至盐类都能引起金属不同程度的腐蚀。

对有机物质有腐蚀作用。能和布匹、木材、纸张、皮革等发生化学反应，使其遭受腐蚀而损坏。

对建筑物有腐蚀作用。如酸性腐蚀品能腐蚀库房的水泥地面，而氢氟酸能腐蚀玻璃。

（2）毒害性　　多数腐蚀品有不同程度的毒性，有的还是剧毒品，如氢氟酸、溴素、五溴化磷等。

（3）易燃性　　部分有机腐蚀品遇明火易燃烧，如冰醋酸、乙酸酐、苯酚等。

（4）氧化性　　部分无机酸性腐蚀品，如浓硫酸、浓硝酸、高氯酸等具有氧化性能，遇有机化合物如食糖、稻草、木屑、松节油等易因氧化发热而引起燃烧。高氯酸浓度超过72%时通常极易爆炸，属爆炸品，高氯酸浓度低于72%时属无机酸性腐蚀品，但遇还原剂、受热等也会发生爆炸。

2.6　危险化学品的存储

每一类危险化学品都有特有的化学品性。在储存方面，为避免事故发生造成损失，针对每一类别的化学品应该按照其特性采取对应的存储方法，设置一系列对应的注意事项。

2.6.1　危险化学品存储的基本要求

根据《常用化学危险品贮存通则》（GB 15603—1995）的规定，储存危险化学品基本安全要求如下。

① 储存危险化学品必须遵照国家法律、法规和其他有关的规定。

② 危险化学品必须储存在经公安部门批准设置的专门的危险化学品仓库中，经销部门自管仓库储存危险化学品及储存数量必须经公安部门批准。未经批准不得随意设置危险化学品储存仓库。

③ 危险化学品露天堆放，应符合防火、防爆的安全要求，爆炸物品、一级易燃物品、遇湿易燃物品、剧毒物品不得露天堆放。

④ 储存危险化学品的仓库必须配备有专业知识的技术人员，其库房及场所应设专人管理，管理人员必须配备可靠的个人安全防护用品。

⑤ 储存的危险化学品应有明显的标志，标志应符合GB 190—2009的规定。同一区域储存两种或两种以上不同级别的危险化学品时，应按最高等级危险化学品的性能设置标志。

⑥ 危险化学品储存方式分为隔离储存、隔开储存、分离储存3种。

⑦ 根据危险化学品性能分区、分类、分库储存。各类危险品不得与禁忌物料混合储存。

⑧ 储存危险化学品的建筑物、区域内严禁吸烟和使用明火。

2.6.2　爆炸品的存储

由于爆炸品在爆炸的瞬间能释放出巨大的能量，使周围的人、畜及建筑物受到极大的伤害和破坏，因此对爆炸品的储存和运输必须高度重视，严格要求，加强管理。保管人员必须熟悉所保管爆炸品的性能、危险特性和安全保管的基本知识，以及不同爆炸品的特殊要求。

① 爆炸品仓库必须选择在人烟稀少的空旷地带，与周围的居民住宅及工厂企业等建筑物必须有一定的安全距离。库房应为单层建筑，周围须装设避雷针。库房要阴凉通风，远离火种、热源，防止阳光直射，一般库温控制在15～30℃为宜（硝酸甘油库房最低温度不得低于15℃，以防止凝固），相对湿度一般控制在65%～75%，易吸湿的黑火药、硝铵炸药等相对湿度不得超过65%。库房内部照明应采用防爆型灯具，开关应设在库房外面。物资储存期限应掌握"先进先出"的原则，防止变质失效。

② 堆放各种爆炸品时，要求做到牢固、稳妥、整齐，防止倒垛，便于搬运。为有利于通风、防潮、降温，爆炸品的包装箱不宜直接放置在地面上，最好铺垫20cm左右的方木或垫板，绝不能用受撞击、摩擦容易产生火花的石块、水泥块或钢材等铺垫。炸药箱的堆垛高度、宽度、长度、垛与垛的间距、墙距、柱距、顶距等均需慎重考虑。每个库房不得超量储存。

③ 为确保爆炸品储存和运输的安全，必须根据各种爆炸品的性能或敏感程度严格分类，专库储存、专人保管、专车运输。

④ 一切爆炸品严禁与氧化剂、自燃物品、酸、碱、盐类、易燃可燃物、金属粉末和钢铁材料器具等混储混运。

⑤ 点火器材、起爆器材不得与炸药、爆炸性药品以及发射药、烟火等其他爆炸品混储混运。

⑥ 加强仓库检查，每天至少两次，查看温度、湿度是否正常，包装是否完整，库内有无异味、烟雾，发现异常立即处理。严防猫、鼠等小动物进入库房。

⑦ 装卸和搬运爆炸品时，必须轻装轻卸，严禁摔、滚、翻、抛以及拖、拉、摩擦、撞击，以防引起爆炸。对散落的粉末或粒状爆炸品，应先用水润湿后，再用锯末或棉絮等柔软的材料轻轻收集，小心放到安全地带处置。操作人员不能穿带铁钉的鞋和携带火柴、打火机等进入装卸场所。禁止吸烟。

⑧ 严格管理，贯彻"五双管理制度"，做到双人验收、双人保管、双人发货、双本账、双把锁。

⑨ 运输时必须经公安部门批准，按规定的行车时间和路线凭准运证方可起运。起运时包装要完整，装载应稳妥，装车高度不可超过栏板，不得与酸、碱、氧化剂、易燃物等其他危险物品混装，车速应加以控制，避免颠簸、震荡。铁路运输禁止溜放。

2.6.3　压缩气体及液化气体钢瓶的存储

① 仓库应阴凉通风，远离热源、火种，防止日光暴晒，严禁受热。库内照明应采用防爆

照明灯。库房周围不得堆放任何可燃材料。

② 钢瓶入库验收要注意。包装外形无明显外伤,附件齐全,封闭紧密,无漏气现象,包装使用期应在试压规定期内,逾期不准延期使用,必须重新试压。

③ 内容物互为禁忌物的钢瓶应分库储存。例如:氢气钢瓶与液氯钢瓶、氢气钢瓶与氧气钢瓶、浓氯钢瓶与液氮钢瓶等,均不得同库混放。易燃气体不得与其他种类化学危险物品共同储存。储存时钢瓶应直立放置整齐,最好用框架或栅栏围护固定,并留有通道。

④ 装卸时必须轻装轻卸,严禁碰撞、抛掷、溜坡或横倒在地上滚动等,不可把钢瓶阀对准人身,注意防止钢瓶安全帽脱落。装卸氧气钢瓶时,工作服和装卸工具不得沾有油污。易燃气体严禁接触火种。

⑤ 储存中钢瓶阀应拧紧,不得泄漏,如发现钢瓶漏气,应迅速打开库门通风,拧紧钢瓶阀,并将钢瓶立即移至安全场所。若是有毒气体,应戴上防毒面具。失火时应尽快将钢瓶移出火场,若搬运不及,可用大量水冷却钢瓶降温,以防高温引起钢瓶爆炸。消防人员应站立在上风处和钢瓶侧面。

⑥ 运输时必须戴好钢瓶上的安全帽。钢瓶一般应平放,并应将瓶口朝向同一方向,不可交叉;高度不得超过车辆的防护栏板,并用三角木垫卡牢,防止滚动。

⑦ 各种钢瓶必须严格按照国家规定,进行定期技术检验。钢瓶在使用过程中,如发现有严重腐蚀或其他严重损伤,应提前进行检验。

⑧ 在储运钢瓶时应检查:

a. 钢瓶上的漆色及标志与各种单据上的品名是否相符,包装、标志、防震胶圈是否齐备,钢瓶上的钢印是否在有效期内。

b. 安全帽是否完整、拧紧,瓶壁是否有腐蚀、损坏、结疤、凹陷、鼓包和伤痕等。

c. 耳听钢瓶是否有"丝丝"漏气声。

d. 凭嗅觉检测现场是否有强烈刺激性异味。

2.6.4 易燃液体的存储

① 易燃液体应储存于阴凉通风库房,远离火种、热源、氧化剂及氧化性酸类。闪点低于23℃的易燃液体,其仓库温度一般不得超过30℃,低沸点的品种须采取降温式冷藏措施。大量储存时一般可用储罐存放,机械设备必须防爆,并有导除静电的接地装置。储罐可露天,但气温在30℃以上时应采取降温措施。

② 装卸和搬运中,要轻拿轻放,严禁滚动、摩擦、拖拉等危及安全的操作。作业时禁止使用易发生火花的铁制工具及穿带铁钉的鞋。

③ 专库专储,通常不得与其他危险化学品混放。

④ 热天最好在早晚进出库和运物。在运物、泵送、灌装时要有良好的接地装置,防止静电积聚。运输易燃液体的槽车应有接地链,槽内可设有孔隔板以减少震荡产生的静电。夏季运输应遵守当地具体规定。

⑤ 船运时,配装位置应远离船员室、机舱、电源、热源、火源等部位,舱内电器设备应防爆、通风筒应有防火星装置。易燃液体装卸时应安排在最后装、最先卸。严禁用木船、水泥船散装易燃液体。

2.6.5　易燃固体、自燃物品和遇湿易燃物品的存储

（1）易燃固体的存储

① 储存于阴凉通风库房内，远离火种、热源、氧化剂及酸类（特别是氧化性酸类），不可与其他危险化学品混放。

② 搬运是轻装轻卸，防止拖、拉、摔、撞，保持包装完好。

③ 有些品种如硝化棉制品等，平时应注意通风散热，防止受潮发霉，并应注意储存期限。储存期较长时（如一年），应拆箱检查有无发热、发霉、变质现象，如有则应及时处理。

④ 对含有水分或乙醇作稳定剂的硝化棉等应经常检查包装是否完好，发现损坏要及时修理，要经常检查稳定剂存在情况，必要时添加稳定剂，润湿必须均匀。

⑤ 在储存中，对不同类型的事故应区别对待。如发现赤磷冒烟，应立即将冒烟的赤磷抢救出仓库，用黄沙、干粉等扑灭。因赤磷从冒烟到起火燃烧有一段时间，可以来得及抢救。但如果发现散装硫黄冒烟则应及时用水扑救。而镁、铝等金属粉末燃烧，只能用干沙、干粉灭火，严禁用水、酸碱灭火剂、泡沫灭火剂以及二氧化碳灭火。

⑥ 船运时，配装位应远离船员室、机舱、电源、火源、热源等部位，通风筒应有防火星的装置。

（2）自燃物品的存储　　自燃物品种类不多，由于其分子组成、结构不同，发生自燃的原因也不尽相同。因此，我们应根据不同自燃物品的不同特性采取相应的措施，以保证物资的安全。有关储运方面的要求，概括地说，有下列几点。

① 入库验收时，应特别注意包装必须完整密封。储存处应通风、阴凉、干燥，远离火种、热源，防止阳光直射。

② 应根据不同物品的性质和要求，分别选择适当地点，专库储存。严禁与其他危险化学品混储混运。即使少量，亦应与酸类、氧化剂、金属粉末、易燃易爆物品等隔离存放。

③ 搬运时应轻装轻卸，不得撞击、翻滚、倾倒，防止包装容器损坏。黄磷在储运时应始终浸没在水中。而忌水的三乙基铝等包装必须严密，不得受潮。

④ 应结合自燃物品的不同特性和季节气候，经常检查库内及垛间有无异状及异味，包装有无泄漏、破损。

⑤ 运输时应按各品种的性质区别对待。船舶装载时，配装位置应远离机舱、热源、火源、电源等部位，要有良好的通风设备。三乙基铝、铝铁溶剂严禁配装在甲板上，铁桶包装的自燃物品（黄磷除外）与铁器部位及每层之间应用木板等衬垫牢固，防止摩擦、移动。

（3）遇湿易燃物品的存储

① 此类物品严禁露天存放。库房必须干燥。严防漏水或雨雪浸入。注意下水道畅通，暴雨或潮汛期间必须保证不进水。

② 库房必须远离火种、热源。附近不得存放盐酸、硝酸等散发酸雾的物品。

③ 包装必须严密。不得破损，如有破损，应立即采取措施。钾、钠等活泼金属绝对不允许露置空气中，必须浸没在煤油中保存，容器不得渗漏。

④ 不得与其他类危险化学品，特别是酸类、氧化剂、含水物质、潮解性物质混储混运。亦不得与消防方法相抵触的物品同库存放，同车、同船运输。

⑤ 装卸搬运时应轻装轻卸，不得翻滚、撞击、摩擦、倾倒。雨雪天如无防雨设备不准作

业。运输用车、船必须干燥，并有良好的防雨设施。

⑥ 电石桶入库时，要检查容器是否完好，对未充氮的铁桶应放气，发现发热或温度较高则更应放气。

⑦ 此类物品灭火时严禁用酸碱、泡沫灭火剂。活泼金属的火灾不得用二氧化碳灭火。

2.6.6　氧化剂和有机过氧化物的存储

① 氧化剂应储存于清洁、阴凉、通风、干燥的库房内。远离火种、热源，防止日光暴晒，照明设备要防爆。

② 仓库不得漏水，并应防止酸雾侵入。严禁与酸类、易燃物、有机物、还原剂、自燃物品、遇湿易燃物品等混合储存。

③ 不同品种的氧化剂，应根据其性质及消防方法的不同，选择适当的库房分类存放以及分类运输。如有机过氧化物不得与无机氧化剂共储混运，亚硝酸盐类、亚氯酸盐类、次亚氯酸盐类均不得与其他氧化剂混储混运，过氧化物则应专库存放，专车运输。

④ 储运过程中，装卸和搬运应轻拿轻放，不得摔掷、滚动，力求避免摩擦、撞击，防止引起爆炸。对氯酸盐、有机过氧化物等更应特别注意。

⑤ 运输时应单独装运，不得与酸类、易燃物品、自燃物品、遇湿易燃物品、有机物、还原剂等同车混装。

⑥ 仓库储存前后及运输车辆装卸前后，均应彻底清扫、清洗。严防混入有机物、易燃物等杂质。

2.7　危险化学品的泄漏处理

危险化学品的泄漏，容易发生中毒或转化为火灾爆炸事故，因此泄漏处理要及时、得当，避免重大事故的发生。要成功地控制化学品的泄漏，必须事先进行计划，并且对化学品的化学性质和反应特性有充分的了解。泄漏事故控制一般分为泄漏控制和泄漏物处置两部分。

进入泄漏现场进行处理时，应注意以下几项：进入现场的人员必须配备必要的个人防护器具；如果泄漏物化学品是易燃易爆的，应严禁火种；扑灭任何明火及任何其他形式的热源和火源，以降低发生火灾爆炸的危险性；应急处理时严禁单独行动，要有监护人，必要时用水枪、水炮掩护；应从上风、上坡处接近现场，严禁盲目进入。

2.7.1　泄漏源的控制

容器发生泄漏后，应采取措施补修和堵塞裂口，制止化学品的进一步泄漏，其措施包括关闭阀门、停止作业、启动事故应急放置池（罐）。

泄漏被控制后，要及时将现场泄漏物进行覆盖、收容、稀释、处理，使泄漏物得到安全可靠的处置，防止二次事故的发生。具体可采用以下方法。

（1）稀释与覆盖　向有害物蒸气云喷射雾状水，加速气体向高空扩散。对于可燃物，也可以在现场施放大量水蒸气或氮气，破坏燃烧条件。对于液体泄漏，为降低物料向大气中的蒸发速度，可用泡沫或其他覆盖物品覆盖外泄的物料，在其表面形成覆盖层，抑制其蒸发。

（2）收容（集）　对于大型泄漏，可选择用隔膜泵将泄漏出的物料抽入容器或槽车内，当泄漏量小时，可用沙子、吸附材料、中和材料等吸收中和。

（3）围堤堵截　修筑围堤是控制陆地上的液体泄漏物最常用的收容方法。常用的围堤有环形、直线形、V形等。通常根据泄漏物流动情况修筑围堤拦截泄漏物。如果泄漏发生在平地上，则在泄漏点的周围修筑环形堤。如果泄漏发生在斜坡上，则在泄漏物流动的下方修筑V形堤。

（4）挖掘沟槽收容泄漏物　挖掘沟槽也是控制陆地液体泄漏物的常用收容方法。通常根据泄漏物的流动情况挖掘沟槽收容泄漏物。如果泄漏物沿一个方向流动，则在其流动的下方挖掘沟槽。如果泄漏物是四散而流，则在泄漏点周围挖掘环形沟槽。

修围堤堵截和挖掘沟槽收容泄漏物的关键，除了它们本身的特性外，就是确定围堤堵截和挖掘沟槽的地点。这个地点既要离泄漏点足够远，保证有足够的时间在泄漏物到达前修挖好，又要避免离泄漏点太远，使污染区域扩大，带来更大的损失。如果泄漏物是易燃物，操作时要特别小心，避免发生火灾。

（5）废弃　将收集的泄漏物运至废物处理场所处置。用消防水冲洗剩下的少量物料，冲洗水排入污水系统处理或收集后委托有资质的单位处理。

2.7.2　泄漏源的处理

在泄漏源得到控制后，我们需要对泄漏的危险化学品进行处理，具体包括以下几种常见的泄漏物处理方法。

（1）用固化剂处理泄漏物　通过加入能与泄漏物发生化学反应的固化剂或稳定剂使泄漏物转化成稳定形式，以便于处理、运输和处置。有的泄漏物变成稳定形式后，由原来的有害变成了无害，可原地堆放不需进一步处理，有的泄漏物变成稳定形式后仍然有害，必须运至废物处理场所进一步处理或在专用废弃场所掩埋。常用的固化剂有水泥、凝胶、石灰。

① 水泥固化。通常使用普通硅酸盐水泥固化泄漏物。对于含高浓度重金属的场合，使用水泥固化非常有效。许多化合物会干扰固化过程，如锰、锡、铜和铅等的可溶性盐类会延长凝固时间，并大大降低其物理强度，特别是高浓度硫酸盐对水泥有不利的影响，有高浓度硫酸盐存在的场合一般使用低铝水泥。酸性泄漏物固化前应先中和，避免浪费更多的水泥。相对不溶的金属氢氧化物，固化前必须防止溶性金属从固体产物中析出。

② 凝胶固化。凝胶是由亲液溶胶和某些憎液溶胶通过胶凝作用而形成的冻状物，没有流动性，可以使泄漏物形成固体凝胶体。形成的凝胶体仍是有害物，需进一步处置。选择凝胶时，最重要的问题是凝胶必须与泄漏物相容。

③ 石灰固化。使用石灰作固化剂时，加入石灰的同时需加入适量的细粒硬凝性材料，如粉煤灰、研碎了的高炉炉渣或水泥窑灰等。

（2）用吸附法处理泄漏物　所有的陆地泄漏和某些有机物的水中泄漏都可用吸附法处理。吸附法处理泄漏物的关键是选择合适的吸附剂。常用的吸附剂有活性炭、天然有机吸附剂、天然无机吸附剂、合成吸附剂。

① 活性炭。活性炭是从水中除去不溶性漂浮物（有机物、某些无机物）最有效的吸附剂。

活性炭有颗粒状和粉状两种形状。清除水中泄漏物用的是颗粒状活性炭。被吸附的泄漏物可以通过解吸再生回收使用，解吸后的活性炭可以重复使用。

② 天然有机吸附剂。天然有机吸附剂由天然产品如木纤维、玉米秆、稻草、木屑、树皮、花生皮等纤维素和橡胶组成，可以从水中除去油类和与油相似的有机物。

天然有机吸附剂的使用受环境条件如刮风、降雨、降雪、水流流速、波浪等影响。在此环境条件下，不能使用粒状吸附剂。粒状吸附剂只能用来处理陆上泄漏和相对无干扰的水中不溶性漂浮物。

③ 天然无机吸附剂。天然无机吸附剂有矿物吸附剂（如珍珠岩）和黏土类吸附剂（如沸石）。矿物吸附剂可用来吸附各种类型的烃、酸及其衍生物、醇、醛、酮、酯和硝基化合物，黏土类吸附剂只适用于陆地泄漏物，对于水体泄漏物，只能清除酚。

④ 合成吸附剂。合成吸附剂能有效地清除陆地泄漏物和水体的不溶性漂浮物。对于有极性且在水中能溶解或能与水互溶的物质，不能使用合成吸附剂清除。常用的合成吸附剂有聚氨酯、聚丙烯和有大量网眼的树脂。

（3）泡沫覆盖　使用泡沫覆盖阻止泄漏物的挥发，降低泄漏物对大气的危害和泄漏物的燃烧性。泡沫覆盖必须和其他的收容措施如围堤、沟槽等配合使用。通常泡沫覆盖只适用于陆地泄漏物。

选用的泡沫必须与泄漏物相容。实际应用时，要根据泄漏物的特性选择合适的泡沫。常用的普通泡沫只适用于无极性和基本上呈中性的物质，对于低沸点、与水发生反应，具有强腐蚀性、放射性或爆炸性的物质，只能使用专用泡沫，对于极性物质，只能使用属于硅酸盐类的抗醇泡沫，用纯柠檬果胶配制的果胶泡沫对许多有极性和无极性的化合物均有效。

对于所有类型的泡沫，使用时建议每隔30～60min再覆盖一次，以便有效地抑制泄漏物的挥发。在需要的情况下，这个过程可能一直持续到泄漏物处理完。

（4）中和泄漏物　中和，即酸和碱的相互反应。反应产物是水和盐，有时是二氧化碳气体。现场应用中和法要求最终pH值控制在6～9，反应期间必须监测pH值变化。只有酸性有害物和碱性有害物才能用中和法处理。对于泄入水体的酸、碱或泄入水体后能生成酸、碱的物质，也可考虑用中和法处理。对于陆地泄漏物，如果反应能控制，常常用强酸、强碱中和，这样比较经济，对于水体泄漏物，建议使用弱酸、弱碱中和。

常用的弱酸有乙酸、磷酸二氢钠，有时可用气态二氧化碳。磷酸二氢钠几乎能用于所有的碱泄漏，当氨泄入水中时，可以用气态二氧化碳处理。

常用的强碱有碳酸氢钠水溶液、碳酸钠水溶液、氢氧化钠水溶液。这些物质也可用来中和泄漏的氯。有时也用石灰、固体碳酸钠、苏打灰中和酸性泄漏物。常用的弱碱有碳酸氢钠、碳酸钠和碳酸钙。碳酸氢钠是缓冲盐，即使过量，反应后的pH值只有8.3。碳酸钠溶于水后，碱性和氢氧化钠一样强，若过量，pH值可达11.4。碳酸钙与酸的反应速度虽然比钠盐慢，但因其不向环境排放任何毒性元素，反应后的最终pH值总是低于9.4而被广泛采用。

对于水体泄漏物，如果中和过程中可能产生金属离子，必须用沉淀剂清除。中和反应常常是剧烈的，由于放热和生成气体产生沸腾和飞溅，所以应急人员必须穿防酸碱工作服、戴防烟雾呼吸器。可以通过降低反应温度和稀释反应物来控制飞溅。

如果非常弱的酸和非常弱的碱泄入水体，pH值能维持在6～9，建议不使用中和法处理。

（5）低温冷却　低温冷却是将冷冻剂散布于整个泄漏物的表面上，减少有害泄漏物的挥发。在许多情况下，冷冻剂不仅能降低有害泄漏物的蒸气压，而且能通过冷冻将泄漏物固定住。影响低温冷却效果的因素有：冷冻剂的挥发、泄漏物的物理特性及环境因素。

① 影响低温冷却效果的因素。

a. 冷冻剂的挥发将直接影响冷却效果。喷洒出的冷冻剂不可避免地要向可能的扩散区域分散，并且速度很快。冷冻剂整体挥发速度的高低与冷却效果成正比。

b. 泄漏物的物理特性，如当时温度下泄漏物的黏度、蒸气压及挥发率，对冷却效果的影响与其他影响因素相比很小，通常可以忽略不计。

c. 环境因素如雨、风、洪水等将干扰、破坏形成的惰性气体膜，严重影响冷却效果。

② 常用的冷冻剂。常用的冷冻剂有二氧化碳、液氮和湿冰。选用何种冷冻剂取决于冷冻剂对泄漏物的冷却效果和环境因素。应用低温冷却时必须考虑冷冻剂对随后采取的处理措施的影响。

a. 二氧化碳。二氧化碳冷冻剂有液态和固态两种形式。液态二氧化碳通常装于钢瓶中或装于带冷冻系统的大槽罐中，冷冻系统用来将槽罐内蒸发的二氧化碳再液化。固态二氧化碳又称干冰，是块状固体，因为不能储存于密闭容器中，所以在运输中损耗很大。

液态二氧化碳应用时，先使用膨胀喷嘴将其转化为固态二氧化碳，再用雪片鼓风机将固态二氧化碳播撒至泄漏物表面。干冰应用时，先进行破碎，然后用雪片播撒器将破碎好的干冰播撒至泄漏物表面。播撒设备必须选用能耐低温的特殊材质。

液态二氧化碳与液氮相比，因为二氧化碳槽罐装备了气体循环冷冻系统，所以是无损耗储存；二氧化碳罐是单层壁罐，液氮罐是中间带真空绝缘夹套的双层壁罐，这使得二氧化碳罐的制造成本低，在运输中抗外力性能更优；二氧化碳更易播撒；二氧化碳虽然无毒，但是大量使用可使空气中缺氧，从而对人产生危害，随着二氧化碳浓度的增大，危害就逐步加大。二氧化碳溶于水后，水中 pH 值降低，会对水中生物产生危害。

b. 液氮。液氮温度比干冰低得多，几乎所有的易挥发性有害物（氢除外）在液氮温度下皆能被冷冻，且蒸气压降至无害水平。液氮也不像二氧化碳那样，对水中生存环境产生危害。

要将液氮有效地利用起来是很困难的。若用喷嘴喷射，则液氮一离开喷嘴就全部挥发为气态。若将液氮直接倾倒在泄漏物表面上，则局部形成冰面，冰面上的液氮立即沸腾挥发，冷冻力的损耗很大，因此，液氮的冷冻效果大大低于二氧化碳，尤其是固态二氧化碳。液氮在使用过程中产生的沸腾挥发，有导致爆炸的潜在危害。

c. 湿冰。在某些有害物的泄漏处理中，湿冰也可用作冷冻剂。湿冰的主要优点是成本低、易于制备、易播撒。主要缺点是湿冰不是挥发而是融化成水，从而增加了需要处理的污染物的量。

 课后习题

一、单选题

1. 下列（　　）贮存于空气中易发生爆炸。
   A．苯乙烯　　　　　　B．对二甲苯　　　　　　C．苯　　　　　　D．甲苯

2. （　　）应和氰化物、氧化剂、遇湿易燃物远离，并不得与碱类共储混运。
   A．酸类　　　　　　　B．腐蚀类　　　　　　　C．还原剂　　　　　D．碱类

3. 爆炸品仓库要阴凉通风，远离火种、热源，防止阳光直射，一般库温控制在（　　）。

　　A．10℃以下　　　　　B．15～30℃　　　　　C．35℃以下　　　　　D．40℃

4．爆炸品仓库要阴凉通风，远离火种、热源，防止阳光直射，一般库房内相对湿度控制在（　　　）。

　　A．45%～55%　　　　B．55%～65%　　　　C．65%～75%　　　　D．75%～85%

5．爆炸品库房内部照明应采用防爆型灯具，开关应设在库房（　　　）。

　　A．外面　　　　　　　B．里面　　　　　　　C．里、外都行　　　　D．随意

6．爆炸品的包装箱不宜直接在地面上放置，最好铺垫（　　　）cm左右的方木或垫板。

　　A．20　　　　　　　　B．40　　　　　　　　C．50　　　　　　　　D．60

7．压缩气体和液化气体仓库应阴凉通风，库温不宜超过（　　　）℃。

　　A．20　　　　　　　　B．30　　　　　　　　C．40　　　　　　　　D．50

8．国家标准《化学品安全技术说明书编写规定》中，MSDS 表示的意思是（　　　）。

　　A．化学品安全技术说明书　　　　　　　　B．化学品安全标签

　　C．化学品质量证书　　　　　　　　　　　D．化学品

9．化学品安全技术说明书的内容包括（　　　）部分。

　　A．18　　　　　　　　B．17　　　　　　　　C．16　　　　　　　　D．60

10．化学品安全标签内容由（　　　）部分组成。

　　A．8　　　　　　　　　B．9　　　　　　　　C．11　　　　　　　　D．20

11．化学品安全标签内容中警示词有（　　　）种，分别进行危害程度的警示。

　　A．3　　　　　　　　　B．4　　　　　　　　C．5　　　　　　　　D．20

12．生产、储存、使用剧毒化学品的单位，应当对本单位的生产、储存装置每（　　　）年进行一次安全评价。

　　A．1　　　　　　　　　B．2　　　　　　　　C．3　　　　　　　　D．4

13．氯气属于（　　　）。

　　A．易燃气体　　　　　B．易爆气体　　　　　C．剧毒气体　　　　　D．压缩气体

14．国家对危险化学品的运输实行（　　　）制度。

　　A．资质认定　　　　　B．准运　　　　　　　C．审批　　　　　　　D．考察

15．剧毒化学品在公路运输途中发生被盗、丢失、流散、泄漏等情况时，承运人及押运人必须立即向当地（　　　）报告，并采取一切可能的警示措施。

　　A．公安部门　　　　　B．交通部门　　　　　C．安全监督部门　　　D．交通部门

16．毒物被吸收速度较快的途径是（　　　）。

　　A．呼吸道　　　　　　B．消化道　　　　　　C．皮肤　　　　　　　D．交通部门

17．下列包装材料错误的是（　　　）。

　　A．浓硫酸用铁罐盛装　　　　　　　　　　B．氢氧化钠（固体）用铁桶装

　　C．浓盐酸用瓷坛盛装　　　　　　　　　　D．过氧化氢（双氧水）用铁桶装

18．危险化学品应该分类、分堆储存，堆垛不得过高、过密，堆垛之间以及堆垛与墙壁之间应该留出一定的间距、通道及（　　　）。

　　A．通风口　　　　　　B．隔断　　　　　　　C．挡板　　　　　　　D．走廊

19．在毒性气体浓度高，毒性不明或缺氧的可移动性作业环境中应选用（　　　）。

　　A．双管式防毒口罩　　　　　　　　　　　B．供氧式呼吸器

　　C．面罩式面具　　　　　　　　　　　　　D．单管式防毒口罩

20．化学品事故的特点是发生突然、持续时间长、（   ）、涉及面广等。

A．扩散迅速　　　　　　B．经济损失　　　　　　C．人员伤亡多　　　　　　D．不会发生

21．浓硫酸属于（   ）危险品。

A．助燃性　　　　　　　B．刺激性　　　　　　　C．腐蚀性　　　　　　　　D．爆炸性

22．贮存化学危险品建筑采暖的热媒温度不应过高，热水采暖不应超过（   ），不得使用蒸气采暖和机械采暖。

A．60℃　　　　　　　　B．80℃　　　　　　　　C．90℃　　　　　　　　　D．95℃

23．下面（   ）是化学品标签中的警示词。

A．危险、警告、注意　　　　　　　　　　　B．火灾、爆炸、自然

C．毒性、氧化性、还原性　　　　　　　　　D．爆炸、可燃

24．大多数氧化剂和（   ）都能发生剧烈反应，放出有毒气体。

A．强酸　　　　　　　　B．弱酸　　　　　　　　C．碱　　　　　　　　　　D．盐

25．储存过氧化氢应（   ）。

A．浸入水中　　　　　　B．浸入煤油中　　　　　C．单独存放　　　　　　　D．随意存放

26．发现剧毒化学品被盗、丢失或者误售、误用时，必须立即向（   ）报告。

A．公安部　　　　　　　B．省级公安部门　　　　C．当地公安部门　　　　　D．当地消防部门

27．以下物质中，（   ）应该在通风柜内操作。

A．氢气　　　　　　　　B．氮气　　　　　　　　C．氦气　　　　　　　　　D．氯化氢

28．药品中毒的途径有（   ）。

A．呼吸器官吸入　　　　B．由皮肤渗入　　　　　C．吞入　　　　　　　　　D．以上都是

29．剧毒物品必须保管、储存在（   ）。

A．铁皮柜　　　　　　　　　　　　　　　　　B．木柜子

C．带双锁的铁皮保险柜　　　　　　　　　　　D．带双锁的木柜子

30．天气较热时，打开腐蚀性液体，应该（   ）。

A．直接用手　　　　　　　　　　　　　　　　B．戴橡胶手套并用毛巾包住塞子

C．戴橡胶手套　　　　　　　　　　　　　　　D．用纸包住塞子

二、多选题

1．不适合在化学实验室穿着的鞋有（   ）。

A．凉鞋　　　　　　　　B．高跟鞋　　　　　　　C．拖鞋　　　　　　　　　D．球鞋

2．需要放在密封的干燥器内的药品有（   ）。

A．过硫酸盐　　　　　　B．五氧化二磷　　　　　C．三氯化磷　　　　　　　D．盐酸

3．以下几种气体中，有毒的气体为（   ）。

A．氧气　　　　　　　　B．一氧化碳　　　　　　C．硫化氢　　　　　　　　D．氰化氢

4．化学危险品应存放的基本规则是（   ）。

A．分类分项存放　　　　B．避光保存　　　　　　C．隔绝空气　　　　　　　D．防撞击

5．下列化学试剂中，毒性较大的是（   ）。

A．氰化物　　　　　　　B．氧化砷　　　　　　　C．氯化钠　　　　　　　　D．汞盐

6．实验中碱液溅入眼内，应急处理方式正确的有（   ）。

A．用干净的毛巾擦拭　　　　　　　　　　　　B．用大量水冲洗

C．必要时去医院诊治　　　　　　　　　　　　D．用稀硼酸溶液洗

7. 学生在使用剧毒物品时，必须由（　　　）在场指导。

A. 教师　　　　　　　B. 临时工　　　　　　C. 实验室工作人员　　D. 其他人员

8. 以下药品受震或受热可能发生爆炸的是（　　　）。

A. 过氧化物　　　　　B. 高氯酸盐　　　　　C. 乙炔铜　　　　　　D. 乙炔

9. 常用危险化学品按其主要危险特性分为几大类，其中包括以下（　　　）类。

A. 爆炸品　　　　　　　　　　　　　　　B. 压缩气体和液化气体

C. 易燃液体和易燃固体　　　　　　　　　D. 有毒品和腐蚀品

10. 除了高温以外，下列物质会灼伤皮肤的是（　　　）。

A. 稀草酸　　　　　　B. 强碱　　　　　　　C. 强氧化剂　　　　　D. 溴

11. 黄磷自燃应（　　　）扑救。

A. 用高压水枪　　　　B. 用高压灭火器　　　C. 用雾状水灭火　　　D. 用泥土覆盖

12. 下面所列试剂应分开保存的是（　　　）。

A. 乙醚与高氯酸　　　　　　　　　　　　B. 苯与过氧化氢

C. 丙酮与硝基化合物　　　　　　　　　　D. 浓硫酸与盐酸

13. 下列物质有毒的是（　　　）。

A. 乙二醇　　　　　　B. 硫化氢　　　　　　C. 乙醇　　　　　　　D. 甲醛

14. 下列化学试剂中，毒性较小的是（　　　）。

A. 氰化物　　　　　　B. 氧化砷　　　　　　C. 氯化钠　　　　　　D. 浓硫酸

15. 以下试剂具有毒性的是（　　　）。

A. 汞　　　　　　　　B. 苯　　　　　　　　C. 氯仿　　　　　　　D. 双氧水

16. 以下不能混合的废液是（　　　）。

A. 过氧化物与有机物　　　　　　　　　　B. 硝酸盐和硫酸

C. 硫化物和酸类　　　　　　　　　　　　D. 易燃品和氧化剂

17. 下列化学试剂中，毒性较大的是（　　　）。

A. 四氯化碳　　　　　B. 乙醇　　　　　　　C. 氢氟酸　　　　　　D. 氯仿

18. 下列物品属于危险化学品的是（　　　）。

A. 易燃液体　　　　　　　　　　　　　　B. 氧化剂和有机过氧化物

C. 汽油　　　　　　　　　　　　　　　　D. 放射性物品

19. 下列物品属于易燃液体的是（　　　）。

A. 乙醚　　　　　　　B. 乙醇　　　　　　　C. 苯

D. 二硫化碳　　　　　E. 5%稀硫酸

20. 以下药品需储存在棕色瓶中或用黑纸包裹且置于低温阴凉处的是（　　　）。

A. 卤化银　　　　　　B. 浓硝酸　　　　　　C. 过氧化氢　　　　　D. 催化剂

三、判断题

1. 有毒品在水中的溶解度越大，其危险性也越大。（　　　）

2. 对固态的酸、碱进行处理时，必须使用工具辅助操作，不得用手直接操作。（　　　）

3. 有毒品经过皮肤破裂的地方侵入人体，会随血液蔓延全身，加快中毒速度。因此，在皮肤破裂时，应停止或避免对有毒品的作业。（　　　）

4. 剧毒品和爆炸品管理一样也应严格按照"五双管理制度"执行（双人验收、双人发货、双人保管、双把锁、双本账）。（　　　）

5. 严禁将有毒品与食品或食品添加剂混储混运。（　　　）

6. 腐蚀品类化学品其主要品类是酸类和碱类。（　　　）

7. 氢气在高压释放的条件下，泄漏后会立即发生着火。（　　　）

8. 毒害品系指进入肌体后，累积达一定的量，能与体液和组织发生生物化学反应或生物物理学变化，扰乱或破坏肌体的正常生理功能，引起暂时性或持久性的病理状态，甚至危及生命的物品。（　　　）

9. 二氧化硫对眼及呼吸道黏膜有强烈的刺激作用，大量吸入可引起肺水肿、喉水肿、声带痉挛而致窒息。（　　　）

10. 离开实验室时，实验服应单独收好不得穿着外出。（　　　）

11. 夏季天气热时可以在实验室内穿露有脚趾的鞋。（　　　）

12. 可将食物储藏在实验室的冰箱或冷柜内。（　　　）

13. 眼睛溅入化学试剂时，应以大量清水冲洗，并翻开上下眼皮继续缓缓冲洗数分钟后，速送医院诊治。（　　　）

14. 金属钠、钾可以存放在水中，以避免与空气接触。（　　　）

15. 配制硫酸水溶液时，应将浓硫酸徐徐倒入水中，并不断搅拌。（　　　）

16. 凡涉及有害或有刺激性气体发生的实验应在通风柜内进行，加强个人防护，不得把头部伸进通风柜内。（　　　）

17. 比较常见的引起呼吸道中毒的物质，一般是易挥发的有机溶剂（如：乙醚、丙酮、甲苯等）或化学反应所产生的有毒气体（如：氰化氢、氯气、一氧化碳等）。（　　　）

18. 由呼吸道吸入有毒的气体、粉尘、蒸气、烟雾会引起呼吸系统中毒。（　　　）

19. 一些低毒、无毒的实验废液可以不经处理，直接由下水道排放。（　　　）

20. 因吸入少量氯气、溴蒸气而中毒，可用碳酸氢钠溶液漱口，不可进行人工呼吸。（　　　）

21. 碱灼伤时，必须先用大量流水冲洗至皂样物质消失，然后可用1%～2%乙酸或3%硼酸溶液进一步冲洗。（　　　）

22. 急救时伤口包扎越紧越好。（　　　）

23. 如酚灼伤皮肤，先用浸了甘油或聚乙二醇和乙醇混合液（7:3）的棉花除去污物，再用清水冲洗干净，然后用饱和硫酸钠溶液湿敷。但不可用水直接冲洗污物，否则有可能使创伤加重。（　　　）

24. 有易燃易爆危险品的实验室禁止使用明火。（　　　）

25. 可以将无毒无害试剂当作有毒有害试剂处理。（　　　）

26. 在实验室发生事故时，现场人员应迅速组织、指挥，切断事故源，尽量阻止事态蔓延、保护现场；及时有序地疏散学生等人员，对现场已受伤人员做好自助自救、保护人身及财产。（　　　）

27. 实验室内彼此保持安静，不得进行娱乐活动。（　　　）

28. 易燃、易挥发的溶剂不得在敞口容器中加热，应选用水浴加热器，不得用明火直接加热。（　　　）

29. 进入化学、化工、生物、医学类实验室，可以不穿实验服。（　　　）

30. 实验室内禁止抽烟、进食。（　　　）

<table>
<tr><td>第
3
章</td><td colspan="2" align="center"># 实验室"三废"安全</td></tr>
</table>

化学实验室产生的废弃物不同于其他实验室，不仅有日常生活垃圾，还有因使用化学品而产生的危险废弃物，如：废气、废液和废渣，简称实验室"三废"。化学实验室"三废"有毒有害、具腐蚀性，有些甚至是剧毒物和强致癌物，若任意排放，必将造成环境污染，破坏生态平衡，威胁人类健康。如果利用可持续发展的绿色化原则，自觉采取相应措施规范操作，不但不会造成环境污染，还可能变废为宝，实现发展与环境保护的双赢。本章从危险废弃物的起源与危害说起，依次介绍化学实验室"三废"基础知识，"三废"收集、储存和处置规范与方法，同时提供相关典型废弃物安全案例警示介绍。

3.1　危险废弃物的起源与危害

3.1.1　危险废弃物的起源

【案例引入】美国拉夫运河事件

拉夫运河位于美国纽约州。19世纪90年代，一个名叫威廉·拉夫的美国人来到纽约州，他出资计划修建一条连接尼亚拉加河上下游的运河，并在运河中修筑水力发电设施，以满足城镇居民的用电需求。然而事与愿违，因为资金的问题，威廉·拉夫不得不中断了运河的修建，留下了一条3000英尺（约914.4m）的长沟，后来变成市政当局和驻军倾倒废弃物的垃圾场。

1947年，胡克化学公司买下了拉夫运河及运河两岸各70步宽的土地，并把它们作为倾倒化学废弃物的场所。从20世纪20年代开始到1952年，有大约21000t有毒化学废物倾倒在这里，包括卤代有机物、农药、氯苯和在美国明令禁止使用的杀虫剂、DDT杀虫剂、复合溶剂、电路板和重金属等多种有害物质。

1953年，这条充满各种有毒废弃物的运河被公司填埋覆盖好后转赠给当地的教育机构，并附上关于有毒物质的警告。此后，纽约市政府在这片土地上陆续开发了房地产，盖起了大量的住宅和一所学校。从1977年开始，这里的居民不断发生各种怪病，孕妇流产、儿童夭折、婴儿畸形、癫痫、直肠出血等病症也频频发生。1978年8月2日，纽约州卫生部发表声明，宣布拉夫运河处于紧急状态，命令关闭该处学校，建议孕妇和两岁以下的小孩撤离。小区居民得知是由于胡克公司在此倾倒毒性废弃物所致，便纷纷起诉排放化学废料的胡克化学公司，但胡克公司在多年前就已经将运河转让，并附上了有毒物质的警告书，诉讼屡遭失败。

1980年12月11日，美国国会通过了著名的《综合环境反应、赔偿和责任法》——又名《超级基金法》，这桩案子才有了最终的判决。根据这部法律，胡克电化学公司和纽约州政府被认定为加害方，共赔偿受害居民经济损失和健康损失费30亿美元。此后的35年，纽约州政府花费了4亿多美元处理拉夫运河里的有毒废物，尽管这样，依然有人声称该地还有大量未被清除的有毒物质。这是政府资金第一次被用于清理泄漏的化学物质和有毒垃圾场。

美国拉夫运河事件是最早的危险废弃物典型案例，催生了具有划时代意义的《超级基金法》，该法案最重要的条款之一，就是针对责任方建立"严格、连带和具有追溯力"的法律责任，不论潜在责任方是否实际参与或造成了场地污染，也不管污染行为发生时是否合法，潜在责任方都必须为污染负责。

3.1.2　危险废弃物的界定

危险废弃物的界定在《国家危险废物名录（2021年版）》中有详细阐述，第二条和第四条给出了危险废弃物的界定：

第二条规定：具有下列情形之一的固体废物（包括液态废物），列入本名录。①具有毒性、腐蚀性、易燃性、反应性或者感染性一种或者几种危险特性的；②不排除具有危险特性，可能对生态环境或者人体健康造成有害影响，需要按照危险废物进行管理的。

第四条规定：危险废物与其他物质混合后的固体废物，以及危险废物利用处置后的固体废物的属性判定，按照国家规定的危险废物鉴别标准执行。

第五条对危险废弃物的有关术语解释如下：①废物类别是在《控制危险废物越境转移及其处置巴塞尔公约》划定的类别基础上，结合我国实际情况对危险废物进行分类。②行业来源是指危险废物的产生行业；③废物代码是指危险废物的唯一代码，为8位数字。其中，第1～3位为危险废物产生行业代码（依据《国民经济行业分类》确定），第4～6位为危险废物顺序代码，7～8位为危险废物类别代码。④危险特性是指对生态环境和人体健康具有有害影响的毒性（toxicity，T）、腐蚀性（corrosivity，C）、易燃性（ignitability，I）、反应性（reactivity，R）和感染性（infectivity，In）。

第六条对不明确是否具有危险特性的固体废物的鉴别给出明确指示：应当按照国家规定的危险废物鉴别标准和鉴别方法予以认定。经鉴别具有危险特性的，属于危险废物，应当根据其主要有害成分和危险特性确定所属废物类别，并按代码"900-000-××"（××为危险废物类别代码）进行归类管理。经鉴别不具有危险特性的，不属于危险废物。

名录归类危险废物类别总计46大类，467小类。其中危险废物大类按行业来源进行了细分，每小类有产生工艺的简要说明。对未列入《国家危险废物名录（2021年版）》或根据危险废物鉴别标准无法鉴别，但可能对人体健康或生态环境造成有害影响的固体废物，由主管行政部门组织专家认定。

3.1.3　危险废弃物的危险特性

由《国家危险废物名录（2021年版）》第二条危险废弃物的界定可知，危险废弃物是指列入国家危险废物名录或者根据国家规定的危险废物鉴别标准和鉴别方法认定的具有腐蚀

图3-1　危险废弃物危险特性图

性、毒性、易燃性、反应性和感染性等一种或者一种以上危险特性，以及不排除具有以上危险特性的固态或液态废物。危险废弃物具有5个典型的危险特性（如图3-1所示）：

（1）腐蚀性（C）　是指易于腐蚀或溶解组织、金属等物质，且具有酸性或碱性的性质。

（2）毒性（T）　分为急性毒性、浸出毒性、毒性物质含量。急性毒性是指机体（人或实验动物）一次（或24h内多次）接触外来化合物之后所引起的中毒甚至死亡的效应。浸出毒性是指固态的危险废物遇水浸沥，其中有害的物质迁移转化，污染环境，浸出的有害物质的毒性称为浸出毒性。毒性物质含量是指剧毒物质、有毒物质、致癌性物质、致突变性物质、生殖毒性物质、持久性有机污染物的含量。

（3）易燃性（I）　是指易于着火和维持燃烧的性质。但像木材和纸等废物不属于易燃性危险废物。

（4）反应性（R）　是指易于发生爆炸或剧烈反应，或反应时会挥发有毒气体或烟雾的性质。

（5）感染性（In）　是指细菌、病毒、真菌、寄生虫等病原体，能够侵入人体引起的局部组织和全身性炎症反应。

3.1.4　危险废弃物的鉴别程序

① 依据《国家危险废物名录（2021年版）》判断，凡列入名录的，属于危险废物，不需要进行危险废物鉴别。

② 未列入名录的，按照GB 5085.1～GB 5085.7鉴别标准进行鉴别，凡是具有腐蚀性、毒性、易燃性、反应性等一种或一种以上危险特性的，属于危险废物。

③ 对未列入《国家危险废物名录（2021年版）》或根据危险废物鉴别标准无法鉴别，但可能对人体健康或生态环境造成有害影响的固体废物，由主管行政部门组织专家认定。

3.1.5　危险废弃物的危害

危险废弃物的危害主要包括对人体健康的危害和对环境的危害。对人体健康的危害往往通过可燃性、腐蚀性、反应性、传染性、放射性及浸出毒性、急性毒性等表现出来，人接触后轻者受伤，重者死亡。对环境的危害通过在土壤、水体、大气等自然环境中迁移、滞留、转化，污染土壤、水体、大气等人类赖以生存的生态环境，从而最终影响到生态和健康。危险废弃物一旦进入土壤，特别是一些含有重金属的废弃物，将会导致土壤中重金属含量大幅超标，种植的作物重金属含量超标，部分废弃物会杀死土壤中的微生物，造成土壤肥力下降，生态破坏。危险废弃物如重金属一旦进入水体，极易污染土壤和水域中的鱼类，而最终危害人体健康，引发癌症等多种可怕疾病，比如日本的汞污染引起的水俣病和镉污染引起的骨痛病。很多化学实验废气如果不经吸收或者未处置直接排入大气将会严重影响空气质量，造成大气污染，严重时可使人畜中毒。部分危险化学废弃物在堆放过程中，会发生分解，产生有害气体，污染大气。还有一些危险化学品废弃物具有强烈的反应性和可燃性，极易引发火灾，造成难以挽回的损失。

3.2 实验室"三废"基础知识

【案例引入】意大利核物理实验室事件

　　意大利格兰·萨索国家实验室是意大利国家核物理研究院所属的四大国家实验室之一，距罗马和拉奎拉120km左右。它是意大利的地下物理研究中心，由于进出容易、规模大和极好的岩石掩盖，使格兰·萨索实验室成为世界上物质稳定性、太阳中微子和原始磁单极研究以及大量多学科间研究项目研究的重要实验室。目前有来自29个国家的1100名科学家在该实验室从事科研实验活动。

　　2016年8月，格兰·萨索实验室将50L有毒化学溶剂二氯甲烷排入地下水中，造成永久性重度污染的风险。导致泰拉莫省32个市地下水遭到污染，70万人的饮用水安全受到影响。事发后，意大利政府共投入8000万欧元，用以改善被污染的水资源，且该实验室大量科学研究被迫中断甚至中止。

3.2.1 实验室危险废弃物的界定

　　根据《国家危险废物名录（2021年版）》，实验室危险废弃物属于以下三种类别：HW49其他废物类别非特定行业、HW 29含汞废物类别非特定行业、HW01医疗废物类别卫生行业中产生的废弃物。主要有化学危险废弃物和医疗危险废弃物两种。

　　（1）化学危险废弃物　　见表3-1。

表3-1　实验室化学危险废弃物

危险废物类别	行业来源	废物代码	危险废物	危险特性
HW 49 其他废物	非特定行业	900-041-49	含有或沾染毒性、感染性危险废物的废弃包装物、容器、过滤吸附介质	T/In
		900-047-49	生产、研究、开发、教学、环境检测（监测）活动中，化学实验室产生的含氰、氟、重金属无机废液及无机废液处置产生的残渣、残液，含矿物油、有机溶剂、甲醛有机废液，废酸、废碱，具有危险特性的残留样品，以及沾染上述物质的一次性实验用品（不包括按实验室管理要求进行清洗后的废弃的烧杯、量器、漏斗等实验室用品）、包装物（不包括按实验室管理要求进行清洗后的试剂包装物、容器）、过滤吸附介质等	T/C/I/R
		900-999-49	被所有者申报废弃的，或未申报废弃但被非法排放、倾倒、利用、处置的，以及有关部门依法收缴或接收且需要销毁的列入《危险化学品目录》的危险化学品（不含该目录中仅具有"加压气体"物理危险性的危险化学品）	T/C/I/R
HW 29 含汞废物	非特定行业	900-023-29 900-024-29	生产、销售及使用过程中产生的废含汞荧光灯管与其他废含汞电光源，及废含汞电光源处置过程中产生的废荧光粉、废活性炭和废水处置污泥	T
			生产、销售及使用过程中产生的废含汞温度计、废含汞血压计、废含汞真空表、废含汞压力计、废氧化汞电池和废汞开关	T

（2）实验室医疗危险废弃物　见表3-2。

表3-2　实验室医疗危险废弃物

危险废物类别	行业来源	废物代码	危险种类	危险特性	危险特征	危险废物种类
HW 01 医疗废物	卫生行业	841-001-01	感染性废物	In	携带病原微生物、具有引发感染性疾病传播危险的医疗废物	病原体的培养基、标本和菌种、毒种保存液；各种废弃的医学标本；废弃的血液、血清等
		841-002-01	损伤性废物	In	能够刺伤或者割伤人体的废弃的医用锐器	医用针头；医用锐器等
		841-003-01	病理性废物	In	诊疗过程中产生的人体废弃物和医学实验动物尸体等	废弃的人体组织；医学实验动物的组织、尸体等
		841-004-01	化学性废物	T/C/I/R	具有毒性、腐蚀性、易燃易爆性的废弃的化学物品	医学影像室、实验室废弃的化学试剂；废弃的化学消毒剂；废弃的含汞温度计、血压计等
		841-005-01	药物性废物	T	过期、淘汰、变质或者被污染的废弃的药品	废弃的一般药物、细胞毒性药物和遗传毒性药物、废弃的疫苗等

（3）实验室危险废弃物含义　化学实验室危险废弃物指学校、科研院所、检测单位及企业等单位的实验室，在进行科研、教学、检测等活动中产生的具有腐蚀性、毒性、易燃性、反应性和感染性等危险特性的废弃物。主要有废气、废液、废渣（固体废弃物）三种。例如，试剂与样品的挥发物；实验室废液与废弃的液态试剂；固态化学试剂、沾染试剂的容器或包装物、废弃针头等。

3.2.2　化学实验室"三废"知识介绍

3.2.2.1　实验室废气

【案例引入】废气中毒事件

　　2021年7月，浙江某公司在停产期间进行废水收集池清理作业时发生一起中毒事故。该公司1名员工下池底进行清淤时吸入有害气体晕倒，另4名工友施救时相继中毒。事发后，公安、消防、应急管理、120急救等部门及社会救援组织第一时间赶赴现场开展救援。其中3人经医院全力抢救无效死亡，2人救治后有待长期康复。

（1）废气的概念　实验室废气是指试剂与样品的挥发物、分析过程中间产物、泄漏气体等。

（2）废气的分类　实验室废气分为无机废气 、有机废气等。

无机废气主要包括：氮氧化物、硫酸雾、氯化氢、二氧化碳、二氧化硫、氯气、溴蒸气、氨气等。

有机废气主要包括：醇酚类废气、醚酯类废气、醛酮类废气、芳香类废气、羧酸类废气。

（3）废气的特点

① 种类繁多，成分复杂；

② 量小分散，立体污染；

③ 排放间歇、累积量多。

（4）废气的危害　无机废气中有很多都是含硫化合物、含氮化合物和含卤素化合物，人体如果吸入过多，轻者头疼恶心，重者则会休克。

有机废气对人危害尤其严重。如芳香胺类有机废气可致癌，二苯胺、联苯胺等进入人体可以造成缺氧症；有机氮化合物可致癌；有机磷化合物能降低血液中胆碱酯酶的活性，使神经系统发生功能障碍；有机硫化合物中低浓度硫醇可引起不适，高浓度可致人死亡；含氧有机化合物，吸入高浓度环氧乙烷可致人死亡；丙烯醛对黏膜有强烈的刺激；戊醇可以引起头痛、呕吐、腹泻等；苯类有机物损害人的中枢神经，造成神经系统障碍，当苯蒸气浓度过高时（空气中含量达2%），可以引起致死性的急性中毒；多环芳烃有机物有强烈的致癌性。苯酸类有机物能使细胞蛋白质发生变形或凝固，致使全身中毒。腈类有机物可引起呼吸困难，严重窒息、意识丧失甚至死亡。

为了实验室操作人员的人身安全，在产生有毒有害气体的实验操作时要在通风柜内进行，这是保证室内空气质量和人员健康安全的有效办法。

3.2.2.2　实验室废液

【案例引入】高校实验室废液污染事件

某高校化学楼部分实验室随意倾倒化学废液，在2个月左右的时间内，该校化学楼内管道连续被腐蚀漏水，严重影响了化学楼内的正常教学科研秩序。该化学楼内管道与办公室、实验室下水道相通，废液的异味散发到了室内，严重影响了师生的身体健康。

（1）废液的概念　实验室废液泛指液体废弃物。其中，具有毒性、腐蚀性、可燃性、反应性或其他危险性的化学废液属于危险废液，其浓度或数量足以影响人体健康和造成环境污染。

化学废液主要为液态的失效试剂、中间产物以及各种高浓度的洗涤液。

（2）废液的分类　实验室废液分为一般实验废水和危险化学废液两种。

一般实验废水包括：蒸馏与回流实验用水，分析与合成实验用水，清洗仪器与清扫实验用水等。

危险化学废液分为无机废液、有机废液两大类。无机废液包括：重金属废液，酸碱类废液，含汞类废液，含氰类废液，含氟类废液等；有机类废液包括：一般有机溶剂，油脂类废液，含氧化剂、还原剂废液等。具体废液分类如图3-2所示。

（3）废液的特点　种类繁多，成分复杂；量大集中，毒害性强；污染性强，物质之间相互关联。

（4）废液的危害　危险化学废液若不经过无害化处置，随意排放进入饮用水体，不仅会严重污染环境，而且因为其排放的积累，导致环境污染状况日益恶化。一旦危险化学废液进入水体，经过渗透作用，有害成分会使土壤成分与结构发生改变，而土壤中生长的植物在吸收了有害成分后同样会被污染，最终导致大面积土壤无法耕种。废酸、废碱直接排入河流中，如果排入量较小，短时间内可能不会带来肉眼观察出的明显影响，但是日积月累，河流的自身分解系统无法消纳，将使河流的酸碱性变化，从而使河流中生存的鱼虾、水草等生物死亡。如果重金属盐进入江河，就会富集在鱼类体内，将通过食物链不断积累，最后危害人类，这是任何人都无法逃避的。大多的有机溶剂，具有剧毒的化学废液可使人致癌，直接任意排放将会给人类造成非常严重的后果。

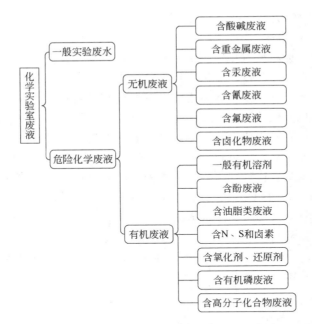

图3-2　化学实验室废液分类图

3.2.2.3　实验室废渣

【案例引入】固体废弃物处置事件

某高校化学实验室在新校区搬迁整理化学品时，清理出来大量过期的化学试剂，很多固体试剂还没有标签，这些没有标签的试剂按照剧毒类废弃物的价格进行处置，费用多达两百多万元，给学院造成极大的经济损失。

这次事件教训表明，废弃试剂一定要保证标签正常清晰，以便后续处置；试剂不宜大量无计划购置，从源头上减少资源浪费。

（1）废渣的概念　废渣广泛定义为固体废弃物，实验室废渣是指在实验与科研活动中产生的丧失原有利用价值或者虽未丧失利用价值但被遗弃的固体废物。

（2）废渣的分类　实验室废渣分为一般固体废弃物和危险固体废弃物两种。

一般固体废弃物包括：废弃的实验用口罩、手套、称量纸、滤纸、脱脂棉等。

危险固体废弃物包括：具有危险特性的实验产物、失效的固体废弃试剂，盛装过危险化学品的空容器，沾染危险化学品的实验耗材、碎玻璃器皿以及废弃针头等。

（3）废渣的特点与危害　种类繁多，成分复杂，危害性大。尤其是易燃易爆、易发生化学反应的危险化学品，一旦储存、操作或者处理不当，将导致严重的伤害事故和污染事故。

目前，部分高校实验室的环境令人担忧，实验过程产生的废气无阻直排、废液随下水道直排、试剂瓶随意丢弃，导致实验区异味难闻，直接对实验室周边环境造成严重污染，威胁师生和公众的健康安全，存在巨大安全隐患。实验室废液随意倾倒和废气直接排放容易带来意外伤害和区域环境污染，需要相关部门与领导予以高度重视，完善实验室规章制度，依据国家环保法律法规对实验室"三废"进行安全规范化处置。

3.3　实验室"三废"收集处置原则

3.3.1　实验室"三废"收集储存原则

　　某高校在收集废液时没有遵守废弃物收集储存技术规范，在一个废液桶内混杂了多种不同性质的废液，并且在收集后将废液桶长期搁置。结果在一次倾倒废液过程中发生燃烧，用了6个灭火器才将火扑灭。这次事故中实验室危险废液未能及时分类收集储存，且将许多废弃物收集在一个废液桶中是非常危险和错误的；此外将废液放置时间过长，不能定期处理也存在较大安全隐患。

　　将实验室废弃物进行分类收集，是实验室废弃物安全处理的前提条件，也是国家法律法规的要求。根据实验室特点及产生废弃物的种类不同，结合国际标准和国家相关法律规范，对实验室废弃物进行分类、收集和储存。目前涉及实验室废弃物安全管理的法律和规范主要有：

　　①《国家危险废物名录（2021年版）》；
　　②《中华人民共和国固体废物污染环境防治法》（中华人民共和国主席令第四十三号）；
　　③《环境保护图形标志　固体废物贮存（处置）场》（GB 15562.2—1995）；
　　④《危险废物贮存污染控制标准》（GB 18597—2001）；
　　⑤《危险废物收集贮存运输技术规范》（HJ 2025—2012）；
　　⑥《实验室废弃化学品收集技术规范》（GB/T 31190—2014）；
　　⑦《教育部国家环境保护总局关于加强高等学校实验室排污管理的通知》教技〔2005〕3号等。

3.3.1.1　分类收集储存原则

　　实验室废弃物依据不同废弃物的性质进行分类收集，严禁将危险废弃物与生活垃圾混装。性质相同或相近相容的废弃物应收集在一起，性质不同或不相近不相容的废弃物应分门别类进行收集储存，以方便废弃物后续的转存、转运、利用和安全处置。实验室常见危险废弃物的危险标识与标识用语见表3-3和表3-4。

表3-3　实验室常见危险废弃物的危险标识

废弃物种类	危险分类
废酸类	刺激性/腐蚀性（视其强度而定）
废碱类	刺激性/腐蚀性（视其强度而定）
一般有机溶剂	易燃性
卤化溶剂	毒性
油-水混合物	有害性
汞与氰化物溶液	剧毒性
重金属	有害/毒性

表3-4　实验室常见危险废弃物标识用语

序号	危险用语	序号	危险用语
1	干燥时容易爆炸	26	吸入后会中剧毒
2	振动、摩擦、接触火焰或其他火源即可能爆炸	27	沾及皮肤后会中剧毒
3	振动、摩擦、接触火焰或其他火源极易爆炸	28	吞食后会中剧毒
4	形成极度敏感的爆炸性金属化合物	29	遇水即放出毒气
5	加热可能引起爆炸	30	使用时，可以变得高度易燃
6	不论是否与空气接触都容易爆炸	31	与酸接触后即放出毒气
7	可能引起火警	32	与酸接触后即放出剧毒气体
8	与可燃物料接触可能引起火警	33	有累积效果的危险
9	与可燃物料混合时容易爆炸	34	引致灼伤
10	易燃	35	引致严重灼伤
11	高度易燃	36	刺激眼睛
12	极度易燃	37	刺激呼吸系统
13	极度易燃的液化气体	38	刺激皮肤
14	遇水即产生强烈反应	39	有对人体造成非常严重及永不复原的损害的危险
15	遇水即放出高度易燃气体	40	可能对人体造成永不复原的损害
16	与助燃物质混合时容易爆炸	41	可能对眼睛造成严重损害
17	在空气中会自动燃烧	42	吸入后可能引起敏感
18	使用时，可能产生易燃/爆炸性气体及空气混合气体	43	沾及皮肤后可能引起敏感
19	可能产生容易爆炸的过氧化物	44	在密封情况下加热可能爆炸
20	吸入后会对人体有害	45	可能引致癌症
21	沾及皮肤后会对人体有害	46	可能造成遗传性的基因损害
22	吞食后会对人体有害	47	可能引致先天性缺陷
23	吸入后会中毒	48	长期接触可能严重危害健康
24	沾及皮肤后会中毒	49	当潮醒时，在空气中会自动燃烧
25	吞食后会中毒		

3.3.1.2　记录收集储存原则

实验室人员在离开实验室前，要及时收集产生的废弃物，以免留下安全隐患。及时做好废弃物收集台账记录，标注危险废弃物产生的实验室、联系电话，危险废弃物的名称、成分、性质和贮存日期等标识信息。待废弃物收集容器达到储存所需量，移至专用储存室储存，不得在实验室内大量积聚化学废弃物。原则上，废液在实验室的停留时间不应超过6个月。

3.3.1.3　安全收集储存原则

收集实验室废弃物要选择没有破损或不会被废液腐蚀的容器，明确实验室废弃物的性质和特点，针对不同废弃物采取不同的收集储存方式，以保证在收集、储存过程中不会发生起火、爆炸、泄漏、腐蚀等危害人身安全和环境污染事故，特别注意：

① 酸不能与活泼金属（如钠、钾、镁）、易燃有机物、氧化性物质、接触后产生有毒气

体的物质（如氯化物、硫化物及次卤酸盐）收集在一起；

② 强碱不能与强酸、铵盐、挥发性胺等收集在一起；

③ 易燃物不能与有氧化作用的酸或易产生火花、火焰的物质收集在一起；

④ 过氧化物、氧化铜、氧化银、氧化汞、含氧酸及其盐类、高氧化价的金属离子等氧化剂不能与还原剂（如锌、碱金属、碱土金属、金属的氢化物、低氧化价的金属离子、醛、甲酸等）收集在一起；

⑤ 含有过氧化物、硝酸甘油之类爆炸性物质的废液，要谨慎地操作，并应尽快处置；能与水作用的废弃物应放在干冷处并远离水；

⑥ 不要把金属和流体废溶液放在一起；

⑦ 与空气易发生反应的废弃物（如黄磷等）放在水中并盖紧瓶盖；

⑧ 对硫醇、胺等会发出臭味的废液和会产生氢氰酸、磷化氢等有毒气体的废液以及易燃性大的二硫化碳、乙醚之类废液，要把它加以适当地处置，防止泄漏，并应尽快进行处置。

3.3.1.4　标识明确储存原则

实验室废弃物大多含有易燃易爆、有毒有害组分，收集贮存废弃物的容器和场所必须明确标识（见图3-3），明确废弃物与储存场所的性质、状态与危害等信息，以便于安全管理及后续安全有效处置。实验室废弃物标识底色为醒目的橘黄色，字体为黑体字，具体参照GB 18597—2001《危险废物贮存污染控制标准》。

图3-3　危险废弃物标识图

3.3.1.5　相容收集储存原则

实验室废弃物要依据不同性质进行分类收集，不具有相容性的废弃物应分别收集，不相容废弃物的收集容器不可混贮。各实验室要根据本实验室产生的废弃物情况列出废弃物相容表，悬挂于实验室明显处，并公告周知。实验室不同危险废弃物种类与一般容器的化学相容性、常见危险废弃物相容表及部分不相容危险废弃物表分别见表3-5、表3-6、表3-7。

表3-5　废弃物种类与一般容器的化学相容性

	容器或衬垫的材料							
	高密度聚乙烯	聚丙烯	聚氯乙烯	聚四氟乙烯	软碳钢	不锈钢		
						OCr$_{18}$Ni$_9$（GB）	Mo$_3$Ti（GB）	9Cr$_{18}$M$_0$V（GB）
酸（非氧化）如硼酸、盐酸	R	R	A	R	N	*	*	*
酸（氧化）如硝酸	R	N	N	R	N	R	R	*
碱	R	R	A	R	N	R	*	R
铬或非铬氧化剂	R	A*	A*	R	N	A	A	*
废氰化物	R	R	R	A*-N	N	N	N	N
卤化或非卤化溶剂	*	N	N	*	A*	A	A	A
金属盐酸液	R	A*	A*	R	A*	A*	A*	A*
金属淤泥	R	R	R	R	R	*	R	*
混合有机化合物	R	N	N	A	R	R	R	R
油腻废物	R	N	N	R	A*	R	R	R
有机淤泥	R	N	N	R	R	*	R	*
废油漆	R	N	N	R	R	R	R	R
酚及其衍生物	R	A*	A*	R	N	A*	A*	A*
聚合前驱物及产生的废物	R	N	N	*	R	*	*	*
皮革废物（铬鞣溶剂）	R	R	R	R	N	*	R	*
废催化剂	R	*	*	A*	A*	A*	A*	A*

A：可接受；N：不建议使用；R：建议使用。*：因变异性质，请参阅个别化学品的安全资料。

3.3.1.6　专用收集储存原则

　　建立专用危险废弃物储存室，基础必须防渗，符合安全与环保要求，设有通风、监控、报警系统。储存危险废弃物的容器要采用密闭式且不能与废弃物发生化学反应，盛装危险化学废液的废液桶要置于盛漏托盘上面，以免废液漏出发生污染与危害。收集好废液必须拧紧盖子，保证废液桶内液面与废液桶顶部留有10cm以上距离。储存室大门应张贴危险废弃物门牌及警示标识，储存室内张贴危险废弃物管理制度、危险废弃物意外事故防范措施、应急预案和危险废弃物储存库房管理规定等。

表3-6 常见危险废弃物相容表（见彩插）

反应类编号	反应类编号																			说明	反应颜色	结果
1	酸、矿物（非氧化性）	1																					
2	酸、矿物（氧化性）		2																				产生热
3	有机酸			3																			起火
4	醇类、二机醇及酸类				4																		产生无毒性和不易燃性气体
5	农药、石棉等有毒物质					5																	产生有毒气体
6	酰胺类						6																产生易燃气体
7	胺、脂肪族、芳香族							7															爆炸
8	偶氮化合物、重氮化合物和联胺								8														剧烈聚合作用
9	水									9													或许有害性但不稳定
10	碱										10												
11	氰化物、硫化物和氟化物											11									示例		产生热并起火及产生有毒气体
12	二磺氨基碳酸盐												12										注一：易爆物包括溶剂、废弃爆炸物、石油废弃物等
13	酯类、醚类、酮类													13									注二：强氧化剂包括铬酸、氯酸、双氧水、硝酸、高锰酸等
14	易爆类（注一）														14								
15	强氧化剂（注二）															15							
16	烃类、芳香族、不饱和烃																16						
17	卤化有机物																	17					
18	一般金属																		18				
19	铝、钾、锂、镁、钙、钠等易燃金属																			19			

表3-7 部分不相容危险废物表

不相容危险废物		混合时会产生的危险
甲	乙	
氰化物	酸类、非氧化	产生氰化氢、吸入少量可能会致命
次氯酸盐	酸类、非氧化	产生氯气，吸入可能会致命
铜、铬及多种重金属	酸类、氧化，如硝酸	产生二氧化氮、亚硝酸盐，可刺激眼目及烧伤皮肤
强酸	强碱	可能引起爆炸性的反应及产生热能
氨盐	强碱	产生氨气，吸入会刺激眼目及呼吸道
氧化剂	还原剂	可能引起强烈及爆炸性的反应及产生热能

3.3.2　实验室"三废"安全处置原则

【案例引入】危险废弃物处置事件

2017年12月，山东某公司在处置危险废物时，危废处置中心作业人员向1号投料坑违规直接倾倒含有硫化氢的危险废物，造成投料坑内积聚大量硫化氢等有毒有害气体。一工人违章进入投料坑内捡拾坠落的危险废物桶，吸入有毒气体中毒死亡，其他作业人员未按规定采取安全防护措施盲目违章施救，导致事故后果扩大，造成5人死亡、12人受伤，直接经济损失约450万元。

3.3.2.1　源头减量产生原则

① 优化管理机制：建立集中购买、总量管理、跟踪检测及合理储存制度，按需购买化学试剂，减少闲置与报废。

② 优化实验项目：充分考虑试剂和产物的毒性及整个过程产生的三废对环境的污染情况，尽量排除和减少对环境污染大、毒性大、危险大以及处理困难的实验项目，选择低毒、污染小且后处理容易的实验项目。

③ 推广微型实验：尽可能采用微型实验，以减轻末端"三废"处置压力。

④ 使用总结经验：把产生最少废弃物品的过程写进现有实验草案，以此来减少废弃物的最终量。

⑤ 优化实验过程：在实验过程中，尽量综合一些中间产物、附带物质，使它们的毒性消失。

⑥ 代用品的选择：实验中尽量利用无害和利于处理的代用品，代替会排出有害废液的药品。

⑦ 兼顾实验首末：尽量利用无害或易于处理的代用品，把处理危险物品作为实验的最后一个步骤。

3.3.2.2　绿色化学处置原则

① 防止产生废弃物原则：从源头制止污染，而不是在末端治理污染，防止产生废弃物要比产生后再去处理和净化好得多；

② 原子经济原则：合成方法应具备"原子经济性"原则，使反应过程中所用的物料最大限度地转化为终极产物，尽量采用毒性小的化学合成路线；

③ 产品安全性原则：设计的化学产品不仅具有所需的性能，还应具有最小的毒性，尽可能避免使用辅助物质，如溶剂、分离剂等；

④ 能量消耗低原则：应考虑到能源消耗对环境和经济的影响，尽量少地使用能源，生产过程尽可能在常温和常压下进行；

⑤ 减少衍生物原则：尽量避免或减少多余的衍生反应、减少副产品；

⑥ 降解设计原则：设计可降解的产物，产物在使用后应可降解为无害的物质，而不会在环境中累积；

⑦ 原材料回收原则：尽量采用可再生的原料，特别是用再生物质代替石油和煤等矿物原料；

⑧ 回收再利用原则：实验室废弃物尽可能回收再利用，减少对环境的污染和处理费用；

⑨ 使用催化剂原则：使用高选择性的催化剂，催化剂优于当量试剂；

⑩ 预防分析原则：反应物的选择应使其着火、爆炸事故发生的可能性降至最低，并在化

学反应过程中进行实时分析、全程监控，及时把控危害物质的形成。

3.3.2.3　及时定期处置原则

为了降低环境风险，消除安全隐患，避免实验室废物收集储存过程中发生意外事故，应对收集储存的实验室废弃物进行及时定期清理。实验室废弃物要尽可能回收利用，或者对其进行简单的浓缩，能够经过预处理后直接进入市政废物处理系统，如污水处理厂、垃圾处理厂、危废处理厂等的实验室废弃物，应及时转运处理，防止安全事故发生。

3.4　实验室废气的安全处置

【案例引入】城市毒气弥漫事件

2010年7月，广东一城市绿化带处有烧焦枯萎现象，周边刺激性气味浓度很高，有化学品倾倒痕迹。倾倒物通过下水道扩散数公里，扩散的气体侵入行人的眼睛后，眼睛禁不住刺激流泪；鼻子吸气时会有呛感甚至刺鼻感；气体吸入肺部有发烧的感觉；张开口吸气，会感觉口涩有作呕感。经该市环保监测局对异味源周边余液及受污染土壤进行快速监测，初步断定为三氯乙烯、二氯乙烷等含氯有机气体，属于中等毒性物质。

实验室废气的安全处置不仅仅局限于保障实验室内空气清洁，还要确保排出的废气不会对周围的环境造成污染，不能影响实验室周边的环境空气质量；既要做到无毒、无味、不易燃、不易爆、不含病原体等要求，又不得使实验室周边环境大气中有害物质的浓度超过国家规定的最高容许浓度。因此，化学实验室要按规定安装通风、排毒设施，对产生刺激性气味和有毒有害气体的实验操作，必须在通风柜中进行，并保证通风良好。

3.4.1　吸收法

吸收法指的是采用合适的液体作为吸收剂来处置废气，达到除去其中有毒害气体目的的方法。吸收法一般分为物理吸收法和化学吸收法两种。比较常见的吸收剂有水、酸性溶液、碱性溶液、有机溶剂和氧化剂溶液。它们可以用于净化含有 SO_2、Cl_2、NO、H_2S、SiF_4、HF、NH_3、HCl、酸雾、汞蒸气、各种有机蒸气以及沥青烟等废气。这些溶液在吸收完废气后又可以用于配制某些定性化学试剂的母液。

吸收法优点：效率高、工艺简单可靠、运行成本低；缺点：应用范围受限，设备安装基础要求高。

3.4.2　吸附法

吸附是一种常见的废气处理方法，此方法是让废气与特定的固体吸收剂充分接触，通过固体吸收剂表面的吸附作用，使废气中含有的污染物质（或吸收质）被吸附而达到分离的目的。此法一般适用于废气中的低浓度污染物质的净化。例如，若要吸收几乎所有常见的有机和无机气体，可以选择将适量活性炭或者新制取的木炭粉放入有残留废气的容器中（图3-4）。

若要选择性吸收H_2S、SO_2及汞蒸气，就要用硅藻土。若要选择性吸收NO_2、CS_2、H_2S、NH_3、CCl_4、烃类等气体，就要用到分子筛。

图3-4　活性炭吸附示意图

3.4.3　燃烧法

燃烧法指的是通过燃烧的方法来去除有毒有害气体。这是一种有效的处置有机气体的方法，尤其适合处置排量大而浓度比较低的苯类、酮类、醛类、醇类等各种有机废气。如对于CO尾气的处置，还有对H_2S的处置等，一般都会采用此法。

3.4.4　回流法

回流法指的是对于易液化的气体，通过特定的装置使挥发的废气，在通过装置时可以在空气的冷却下，液化为液体，再沿着长玻璃管的内壁回流到特定的反应装置中。如在制取溴苯时，可以在装置上连接一根足够长的玻璃管，使产生的溴化氢气体液化而进行废液回收处理。

3.4.5　颗粒捕集法

颗粒捕集法指的是去除或捕集那些以固态或液态的形式存在于空气中的颗粒污染物，这个过程一般称为除尘。除尘的工艺过程是先将含有微尘的气体引进具有一种或几种不同作用力的除尘器中，从而使颗粒物相对于运载气流产生一定的位移，从而达到从气流中分离出来的目的，然后颗粒物沉降到捕集器表面上被捕集。根据颗粒物的分离原理、除尘装置一般可以分为过滤式除尘器、机械式除尘器、湿式除尘器。

3.4.6　催化氧化法

（1）光催化氧化　利用紫外光照射锐晶型纳米二氧化钛颗粒等催化剂所激发电子跃迁能量，催化氧化环境中存在的有机气态污染物，将有机物氧化成CO_2和H_2O及无机小分子物质，如图3-5所示。

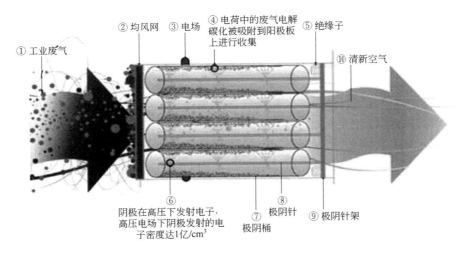

图3-5　光催化氧化示意图（见彩插）

（2）等离子催化氧化　是在外加电场的作用下，通过介质放电产生大量高能粒子，高能粒子与有机污染物分子发生一系列复杂的化学反应，从而将有机污染物降解为无毒无害物质的过程，如图3-6所示。

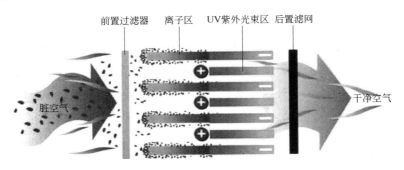

图3-6　等离子催化氧化示意图（见彩插）

3.5　实验室无机废液的安全处置

【案例引入】日本水俣病事件

　　1939年，日本氮肥公司的合成乙酸厂在日本九州的"水俣小镇"生产氯乙烯，产生的废液采用直排放方式进入"水俣小镇"西侧海湾。由于该公司在生产氯乙烯和乙酸乙烯时，使用了含汞的催化剂，因而废液中含有大量的汞。这些含汞废液进入水俣湾后经过某些生物的转化，形成大量的有机汞，有机汞在海水、底泥和鱼类中富集，又经过食物链使人中毒。1950年，在水俣湾附近的渔村中，出现了一些莫名其妙的疯猫，它们一开始走路摇摇晃晃，还不时出现抽筋麻痹等症状，最后跳入海中溺死。五六年以后，该地区出现了与猫症状相似的病人，患者开始时只是口齿不清、步履蹒跚，继而面部痴呆、全身麻木、耳聋眼瞎，最后变成精神失常，直至躬身狂叫而死。至1991年，此水俣病事件累计有1004人死亡，上万人受害，成千上万的渔民因此失业，此次事故震惊了世界。

3.5.1　酸碱废液的安全处置

无机化学实验、有机化学实验、分析化学实验及一些科研项目的研究过程中，通常会使用或产生相应的酸碱废液，直接排放会造成水体pH值改变，腐蚀实验室管道。一般在处理这类废液时，先测定其浓度，如果浓度较低，可大量加水稀释后进行排放；如果浓度过高，可进行酸碱中和至pH值呈中性后再排放。这样既达到处理目的，亦节约废液处置成本。

3.5.2　重金属废液的安全处置

3.5.2.1　氢氧化物沉淀法

以铬金属废液的安全处置为例：金属铬对人体几乎不产生有害作用，但溶液中的六价铬有毒。如果废液中含有六价铬，可用硫酸亚盐、铁屑、二氧化硫等还原剂将废液中六价铬离子还原成三价铬离子，再加碱调整pH值，使三价铬形成氢氧化铬沉淀除去。

具体方法是：在含铬废液中加入H_2SO_4调节溶液的pH值在2～3，分批少量加入$NaHSO_3$晶体至溶液由黄色变成绿色为止（此时，Cr^{6+}全部还原成Cr^{3+}），再用NaOH或$Ca(OH)_2$调pH值至7～9，将Cr^{3+}以$Cr(OH)_3$形式沉淀析出。然后加混凝剂，使$Cr(OH)_3$沉淀除去。反应方程式为：

$$4H_2CrO_4+6NaHSO_3+3H_2SO_4 \longrightarrow 2Cr_2(SO_4)_3+3Na_2SO_4+10H_2O \qquad (3-1)$$

$$Cr_2(SO_4)_3+6NaOH \longrightarrow 2Cr(OH)_3\downarrow+3Na_2SO_4 \qquad (3-2)$$

式（3-1）为还原反应，若pH值在3以下，反应在短时间内即结束。式（3-2）为中和反应，若pH值在7.5～8.5范围内进行，则Cr^{3+}即以$Cr(OH)_3$形式沉淀析出。但如果pH值升高，则会生成$Cr(OH)_4^-$，沉淀再次溶解。

3.5.2.2　硫化物沉淀法

以锰金属废液的安全处置为例：在废液中加入NaS、NaHS或H_2S溶液，充分搅拌后，许多重金属离子可以形成硫化物沉淀。由于大多数金属硫化物的溶解度一般比氢氧化物的溶解度小很多，所以采用硫化物沉淀法可使重金属得到较完全的去除。用硫化物沉淀法处理锰金属废液，其离子方程式为：

$$Mn^{2+}+S^{2-} \longrightarrow MnS\downarrow$$

由于硫化物沉淀比较细，沉淀较困难，常常需要投加凝聚剂和助凝剂以加强去除效果，常用的凝聚剂为$FeCl_3$和$Al_2(SO_4)_3$，助凝剂为聚丙烯酰胺。

与氢氧化物沉淀法相比，硫化物沉淀法可以更完全地去除重金属离子，但处理费用较高，硫化物沉淀困难，因此使用并不广泛，有时仅作为氢氧化物沉淀法的补充方法使用。此外，在使用过程中还应注意避免造成硫化物的二次污染问题，要检查滤液有无S^{2-}，如果含有S^{2-}时，要用H_2O_2将其氧化、中和后才可排放。

3.5.2.3　膜分离技术

膜分离技术是利用一种特殊的半透膜，在外界压力作用下，在不改变溶液中物质化学形态的基础上，将溶剂和溶质进行分离或浓缩的方法。膜分离技术是在对含重金属废液进行适当前处理如氧化、还原、吸附等手段之后，将废液中的重金属离子转化为特定大小的不溶态微粒，然后通过滤膜将重金属离子过滤除去。

膜分离技术包括反渗透、超滤、电渗析、液膜、渗透蒸发等，在重金属废液处理中具有技术可靠、操作费用低、占地面积小、不需加化学试剂、不产生废渣、不会造成二次污染的优点；但对浓缩重金属离子浓度有一定限度，膜分离效率随时间衰退需定期更换，而且某些微粒不能完全除去。

随着膜技术在废液领域研究的进一步深入，将膜技术与其他工艺组合起来处理重金属废液，同时发挥各自的长处，取得了较好效果。胶束强化超滤是最近发展起来的与表面活性剂技术相结合的方法。当表面活性剂浓度超过其临界胶束浓度时，大的两性聚合物胶束形成，溶液经过超滤膜时，吸附有大部分金属离子和有机溶质的胶束被截留，透过液可回收利用，含重金属的浓缩液则进一步被电解，可回收重金属。

3.5.2.4　电解法

电解法是利用电极与重金属离子发生电化学作用，使废液中重金属离子通过电解在阳、阴两极上分别发生氧化还原反应使重金属富集，然后进行处理的方法。电解法是集氧化还原，分解和沉淀为一体的处理方法，包括电凝聚、电气浮、电解氧化和还原等多种净化过程。按照阳极类型不同，电解法可分为电解沉淀法和回收重金属电解法。

电解沉淀法主要用于含铬废液的处理，一般采用铁板作为阴极和阳极，在酸性含铬废液和导电介质氯化钠作用下，铁阳极不断溶解，产生的Fe^{2+}在酸性条件下，将Cr^{6+}还原成Cr^{3+}。阴极主要是H^+还原为H_2。随着电解反应的进行，废液的pH值不断上升，重金属Cr^{3+}和Fe^{3+}形成稳定的氢氧化物沉淀。在电解沉淀法中，也有应用废铁屑填充层代替铁板作阳极，以减少操作费用。回收重金属电解法主要用来处理不含铬的废液，阳极使用惰性电极，通过电化学作用，贵金属沉积到阴极板上而回收。

电解法工艺成熟，设备简单，占地面积小，无二次污染，操作方便，可以回收有价金属。但电耗大，出水水质差，废液处理量小，不适合处理低浓度废液。

3.5.2.5　铁氧体沉淀法

铁氧体指的是一类复合的金属氧化物，它的化学通式为M_2FeO_4或者是$MOFe_2O_3$（其中M代表的是其他金属），一般呈现尖晶石状的立方结晶构造。铁氧体的形成最佳条件一般是要提供给其足量的Fe^{2+}和Fe^{3+}，其$[Fe^{2+}]:[Fe^{3+}]=1:2$（摩尔比），最理想的pH值条件为8.0～9.0；铁氧体特有的包裹和夹带作用，可以使重金属离子在进入铁氧体的晶格后形成复合的铁氧体。复合的铁氧体一般会具备很强的稳定性，只要在一般的酸碱条件下，就能一次性脱除废液中的各种金属离子，如对Cr^{3+}、Fe^{3+}、Pb^{2+}、As^{3+}、Zn^{2+}、Hg^{2+}、Cd^{2+}、Mn^{2+}、Cu^{2+}等都有不错的脱除效果，使那些包含在废弃液中的有害的重金属都不会浸出。

3.5.2.6　溶剂萃取法

溶剂萃取法是利用重金属离子在有机相和水中溶解度不同，使重金属浓缩于有机相的分离方法。一般来说，有机溶剂的亲水性愈大，其与水做两相萃取的效果就愈不好，这是因为它能使比较多的亲水性的杂质随之而出，这样对有效成分的进一步精制有很大的影响。对于那些低浓度有机物的水溶液废弃液，可采用与其互不相溶的具有挥发性质的溶剂来进行萃取分离，然后再焚烧。

常见的有机溶剂有磷酸三丁酯、三辛基氧化磷、三辛胺、油酸和亚油酸等。萃取法处理重金属废液设备简单、操作简便，萃取剂中重金属离子含量高，有利于进一步回收利用，但萃取剂价格昂贵。

3.5.2.7 生物方法

运用生物方法去除水中的重金属离子是生物技术的一个新的应用领域。生物方法是利用菌体、藻类及一些细胞提取物等微生物细胞，将溶液中的重金属离子吸附到细胞表面，通过细胞膜将重金属离子运输到细胞体中积累起来，然后通过一定的方法使金属离子从微生物体内释放出来，以降低重金属离子的浓度，从而消除重金属离子对环境的污染。

生物方法具有如下特点，操作的pH值和温度条件范围宽；处理效率高、节能、运行费用低；在低浓度下，金属可以被选择地去除；易解吸，可回收重金属；来源丰富，可利用从工业发酵工厂及废液处理厂中排放出的大量微生物菌体吸附处理重金属。目前生物方法研究尚处于经验和实验室研究阶段，在实用化和工业化应用中还存在着许多有待解决的问题，主要是微生物对重金属离子的去除能力不够大，在去除过程中达到平衡的时间比较长。

3.5.2.8 离子交换树脂法

离子交换树脂法是重金属离子与离子交换树脂发生离子交换，以除去或者回收重金属的方法。它是在固相离子交换剂和液相电解质溶液间进行的，树脂性能对重金属去除有较大影响。常用的离子交换树脂有阳离子交换树脂、阴离子交换树脂、螯合树脂和腐殖酸树脂等。

离子交换树脂法是种重要的重金属废液治理方法，具有处理量大、出水水质好、可回收水和重金属资源的优点。缺点是树脂易受污染或氧化失效，再生频繁，离子交换树脂价格昂贵，再生也需要很高的费用。因此，一般废液处理上很少使用，但它用于处理量小、毒性大、有回收价值的重金属是不错的方法。

3.5.2.9 光催化法

光催化法是利用光催化剂表面的光生电子或空穴等活性物种，通过氧化或还原反应去除水中的重金属离子的方法。目前，实验室常用的光催化剂有TiO_2、ZnO、WO_3等，其中TiO_2以良好的光催化热力学和动力学优势应用最广。纳米TiO_2，能将高氧化态银、铂、汞等重金属离子吸附于表面，利用光生电子将其还原为细小的金属晶体，并沉积在催化剂表面，这样既消除了废液的毒性，又可从含重金属废液中回收重金属。

光催化法是一种环境友好型水处理方法，在常温常压下进行，无毒性、耗能低、选择性好、快速高效等，在重金属废液处理中前景广阔。但从实际应用的角度出发还存在着许多问题，如重金属离子在光催化剂表面的吸附率低，光催化剂的吸光范围窄等。

3.5.3 含汞废液的安全处置

汞属于剧毒物质，常温下以液态存在。含汞的废液经微生物作用后，会变成毒性更大的有机汞。因此，处理时必须做到充分安全。根据国家《污水综合排放标准》（GB 8978—1996），当汞的浓度达到0.05mL/L以下才允许对外排放。

含汞废液通常采用吸附法进行处置：吸附法处理含汞废液主要是通过吸附材料的高比表面积的蓬松结构或者特殊功能基团对水中重金属离子进行物理或化学吸附。活性炭因其特殊的孔隙结构具有巨大的比表面积、较多的表面化合物和良好的机械强度而成为常用的吸附剂之一。活性炭对重金属离子的吸附包括重金属离子在活性炭表面的离子交换吸附、重金属离子与活性炭表面的含氧官能团之间的化学吸附以及重金属离子在活性炭表面沉积而发生的物理吸附。

具体操作：先稀释废液，使Hg浓度在1μL/L以下。然后加入NaCl，调整pH值至6左右，加入过量的活性炭，搅拌约2h，然后过滤，保管好滤渣。此法也可以直接除去有机汞。

3.5.4　含氰废液的安全处置

含氰废液的处理一般采用氯碱法，因为氰与汞一样都属于剧毒物质，故处理要在通风柜内进行。含氰类废液处理前要制成碱性，不要在酸性情况下直接放置。对含有重金属的含氰废液，在分解氰基后，要进行相应重金属的处理。

氯碱法处理含氰类废液原理：用含氯氧化剂将氰基分解为N_2和CO_2。反应按如下两个阶段进行：

$$NaCN+NaOCl \xrightarrow{pH>10} NaOCN+NaCl \tag{3-3}$$

$$2NaOCN+3NaOCl+H_2O \xrightarrow{pH=8} N_2\uparrow+3NaCl+2NaHCO_3 \tag{3-4}$$

式（3-3）反应在pH值大于10的条件下进行。若pH值在10以下就加入氧化剂，则会发生如下反应：

$$HCN+NaOCl \xrightarrow{pH<10} CNCl\uparrow+NaOH$$

废液处理过程中因产生刺激性很大的有害气体CNCl，因而处理时必须特别注意。对式（3-4）反应，如果pH值过高，则反应时间过长，故调整pH在8左右时进行。除氯碱法处理含氰类废液外，还可以采用电解氧化法（对含氰化物2g/L以上的高浓度废液较为有效）；普鲁士蓝法（以生成铁氰化合物的形式使之沉淀的方法，此法处理含有大量重金属的废液，较为有利）；臭氧氧化法（用Cu、Mn离子加快反应，在pH为11~12下进行反应，即可把有害废液转变为无害）。其中以氯碱法应用最广。

3.5.5　含氟废液的安全处置

含氟类废液一般采用化学沉淀法。由于氟化物对玻璃具有腐蚀作用，所以含氟类废液一般盛放在聚四氟乙烯容器内，加入石灰乳将废液pH值调节为碱性，并加以充分搅拌，形成氟化钙沉淀，放置一夜后进行过滤，滤液作含碱废液处理，若同时加入明矾，共沉淀效果则更佳。反应方程式为：

$$Ca^{2+}+2F^- \longrightarrow CaF_2\downarrow$$

除了化学沉淀法处理含氟废液外，还可以采用吸附法、电渗析法、电凝聚法、反渗透膜法、离子交换法和液膜法等方法。

3.5.6　含卤化物废液的安全处置

将含$AlBr_3$、$AlCl_3$、$SnCl_4$及$TiCl_4$等无机类卤化物的废液，放入大号蒸发皿中，撒上高岭土-碳酸钠（1∶1）的干燥混合物。待它充分混合后，喷洒1∶1的氨水，至没有NH_4Cl白烟放出为止。

将溶液中和后放置，过滤沉淀物。检查滤液有无重金属离子。若无，则用大量水稀释后，即可排放。

3.6　实验室有机废液的安全处置

【案例引入】危险废液倾倒事故

2021年4月，山东一边区车辆违规倾倒危险废液，倾倒点为面积120m²的水泥池，致现场人员中毒晕倒，一人送医后经抢救无效死亡。在倾倒点的下风向200m处进行有害气体检测，检出结果显示属于有机物中毒。倾倒点最近的村庄距倾倒点约3km，倾倒物未对周边群众安全造成重大影响。

3.6.1　一般有机废液的处置方法

3.6.1.1　回收稀释法

实验室一般有机溶剂，在对实验没有妨碍的情况下，要本着安全节约的原则，尽量回收反复使用。

对可溶于水的有机溶剂，因容易成为水溶液流失，回收时要加以注意；对甲醇、乙醇及醋酸之类的有机溶剂，因能被细菌作用分解，故对这类有机溶剂的稀溶液，经用大量水稀释后，即可排放。

3.6.1.2　焚烧法

有机物一般会具有非常好的可燃性质，因此对于这些有机溶剂、有机残液或废料液等通常采取焚烧法来进行处理。采用焚烧法处理有机废液指的是在高温的条件下对有机物进行氧化分解，促使其生成水、CO_2等对环境无害的产物，然后将这些产物排入大气中。

通常化工行业排放的有机废液都采用焚烧法来进行最终的处置，对于那些难以燃烧的污染物质，可将其与可燃性高的物质混合后再燃烧。但在此操作过程中要特别注意，防止燃烧不完全产生新的毒性物质或燃烧产生的毒气逸出，从而造成对环境的二次污染。

3.6.1.3　吸附法

对难以燃烧的物质和含水的低浓度有机废液，常采用吸附法进行处理。吸附剂可选用活性炭、硅藻土、矾土、层片状织物、聚丙烯、聚酯片、氨基甲酸乙酯泡沫塑料、稻草屑等。用这些吸附溶剂吸附有机废液后，与吸附剂一起进行焚烧处理。

3.6.1.4 水解法

对容易发生水解的酯类和部分有机磷化合物，可加入NaOH或Ca(OH)$_2$，在室温或加热下进行水解。水解后的废液无毒害时，把它中和、稀释，即可排放。如果水解后的废液含有有害物质时，用吸附等适当的方法加以处理。

3.6.1.5 溶剂萃取法

对含水的低浓度废液，用与水不相混合的正己烷之类挥发性溶剂进行萃取，分离出溶剂层后，把它进行焚烧。再用吹入空气的方法，将水层中的溶剂吹出。对形成乳浊液之类的废液，不能用溶剂萃取法处理，只能用焚烧法处理。

3.6.1.6 氧化分解法

对易氧化分解的含水低浓度有机类废液中，用H$_2$O$_2$、KMnO$_4$、NaClO、H$_2$SO$_4$+HNO$_3$、HNO$_3$+HClO$_4$、H$_2$SO$_4$+HClO$_4$及废铬酸混合液等物质，将其氧化分解，然后按上述无机类实验废液的处理方法加以处理。

3.6.1.7 光催化降解法

光催化降解法是在太阳紫外线和可见光作用下，有机污染物在合适催化剂作用下发生转化、降解或矿化，生成易被生物降解的小分子、CO$_2$和无机离子。大量研究表明，半导体二氧化钛以其无毒、催化活性高、氧化能力强、稳定性好的优点成为合适的环保型光催化剂。利用太阳光，在二氧化钛催化下，多种有机溶剂被氧化分解成CO$_2$、水和无机盐。

与现有的吸附、焚烧、生物氧化等环保技术相比，光催化降解法具有成本低、矿化率高、二次污染少等优势，有望成为下一代环保新技术。

3.6.2 其他有机废液的安全处置

3.6.2.1 含酚废液的安全处置

此类废液包含的物质：苯酚、甲酚、萘酚等。对其浓度大的可燃性物质，可用焚烧法处理。而浓度低的废液，则用吸附法、溶剂萃取法或氧化分解法处理。

低浓度含酚废液中加入次氯酸钠或漂白粉，酚氧化后生成二氧化碳。H$_2$O$_2$用于处理苯酚、甲酚、氧代酚等酚类化合物效果较好。在室温、pH为3～6和FeSO$_4$催化剂条件下，H$_2$O$_2$可快速破坏酚结构，氧化过程中先将酚环分裂为二元酸，最后生成CO$_2$和H$_2$O$_2$，苯酚被H$_2$O$_2$氧化的反应方程式为：

$$C_6H_5OH+14H_2O_2 \longrightarrow 6CO_2+17H_2O$$

3.6.2.2 含石油、动植物性油脂废液的安全处置

含石油、动植物性油脂的废液包括：苯、己烷、二甲苯、甲苯、煤油、轻油、重油、润滑油、切削油、机器油、动植物性油脂及液体和固体脂肪酸等物质的废液。对其可燃性物质，用焚烧法处理。对其难于燃烧的物质及低浓度的废液，则用溶剂萃取法或吸附法处理。对含机油之类的废液，含有重金属时，燃烧后要保管好焚烧残渣。

3.6.2.3 含N、S及卤素废液的安全处置

卤素类废液包含的物质：吡啶、喹啉、甲基吡啶、氨基酸、酰胺、二甲基甲酰胺、二硫化碳、硫醇、烷基硫、硫脲、硫酰胺、噻吩、二甲基亚砜、氯仿、四氯化碳、氯乙烯类、氯苯类、酰卤化物，以及含N、S、卤素的染料、农药、颜料及其中间体等。

对其可燃性物质，用焚烧法处理。但必须采取措施除去由燃烧而产生的有害气体（如SO_2、HCl、NO_2等）。对多氯联苯类物质，因难以燃烧而有一部分直接被排出，要加以注意。对难于燃烧的物质及低浓度的废液，用溶剂萃取法、吸附法及水解法进行处理。但对氨基酸等易被微生物分解的物质，经用水稀释后，即可排放。

3.6.2.4 含无机酸、碱、盐及氧化剂、还原剂废液的安全处置

此类废液包括：含有硫酸、盐酸、硝酸等酸类和氢氧化钠、碳酸钠、氨等碱类，以及过氧化氢、过氧化物等氧化剂与硫化物、联氨等还原剂的有机类废液。

首先，按无机类废液的处理方法，把它分别加以中和。然后，若有机类物质浓度大时，用焚烧法处理（保管好残渣）。能分离出有机层和水层时，将有机层焚烧，对水层或其浓度低的废液，则用吸附法、溶剂萃取法或氧化分解法进行处理。但是，对其易被微生物分解的物质，用水稀释后，即可排放。

3.6.2.5 含有机磷废液的安全处置

此类废液包括：含磷酸、亚磷酸、硫代磷酸及磷酸酯类、磷化氢类以及磷系农药等物质的废液。

对其浓度高的废液进行焚烧处理（因含难于燃烧的物质多，故可与可燃性物质混合进行焚烧）。对浓度低的废液，经水解或溶剂萃取后，再用吸附法进行处理。

3.6.2.6 含天然及合成高分子化合物废液的安全处置

此类废液包括：含有聚乙烯、聚乙烯醇、聚苯乙烯、聚二醇等合成高分子化合物，以及蛋白质、木质素、纤维素、淀粉、橡胶等天然高分子化合物的废液。

对其含有可燃性物质的废液，用焚烧法处理。而对难以焚烧的物质及含水的低浓度废液，经浓缩后，将其焚烧。但对蛋白质、淀粉等易被微生物分解的物质，其稀溶液可不经处理即可排放。

3.7 实验室废水的节能处置工艺

【案例引入】高校冷却水回收循环利用节能事件

某高校针对有机化学实验室蒸馏与回流冷却水直排造成水资源极大浪费的现状，研究改变这一现状的可行性方案。以有机化学实验室和实训厂房的大型吸收、精馏、传热等生产装置为试点，应用现代化工工艺技术和电子应用技术，将100多个实验、实训工位直排冷却水系统改造为闭路回收循环利用教学系统，并在此基础上进行智能化改造，实现了冷却水的智能回收利用及实验节耗计算。通过节能计算比

较，每年实现节约淡水资源千吨以上，实现了高校化学实验室节能减排、智能管控、安全环保以及立德树人等多赢利益。

实验室废水处理一般有两种：一是净化处理，二是循环利用。净化处理就是利用物理、化学或生物的方法将废水中所含的污染物质分离出来，将其转化为无害物质，从而使废水得以无害排放。循环利用是对净化后的实验室废水可加以工艺技术改造，使其在实验过程中多次循环使用，从而实现实验室的节能减排与绿色环保。这里重点介绍一种化学实验室冷却水回收循环利用教学系统实现实验室节能减排的工艺技术。

3.7.1　冷却水回收循环利用教学系统的工艺设计

工艺设计目的：运用现代化工工艺技术原理，将冷却水直排方式改造为闭路循环方式，使冷却水有效回收并进行重复利用，起到化学实验室节能减排、降耗环保、科研创新的颠覆性优势。

3.7.1.1　1个实验工位的回流与蒸馏工艺

图3-7是1个实验工位的回流与蒸馏装置工艺图。改造前冷却水分别由回流与蒸馏装置的冷凝管底部进入，从冷凝管顶部流出，然后经下水管路直接排入下水；改造后，冷却水分别由回流与蒸馏装置的冷凝管底部进入，从冷凝管顶部流出，然后沿改造后的排水管路流入实验台下面的回水槽，由离心泵再次送入上水系统，重新进入冷凝管底部进行冷却，以实现1个工位冷却水回收循环利用目的。

图3-7　1个实验工位的回流与蒸馏装置工艺图

3.7.1.2　30个实验工位的回流与蒸馏工艺

图3-8是30个实验工位的回流与蒸馏装置工艺图（图中虚线表示智能控制管路）。有机实验室共有5个实验台，每个实验台有6个工位，共30个工位，每个工位在工艺流程图中用"o"

表示。其改造设计工艺原理为：先将自来水经阀门VA101引入自制水箱 V101中达到所需液位（高于各回水槽的最高液位），以保证送水泵P102靠压差正常输送冷却水。实验时，打开液晶控制面板的电源开关，离心泵P102启动，在压差的作用下将水箱V101中的冷却水输送至5个实验台（V103、V104、V105、V106、V107）30个工位的上水系统，此时冷却水由各工位的冷凝管底端进入，从冷凝管的顶端流出，然后分别流入5个实验台下面对应的5个回水槽（V110、V111、V112、V113、V114）中。当回水槽内的水位达到一定高度时，通过液位传感器传递给离心泵P101，离心泵P101启动将回水槽内的水输送回水箱 V101中，如此实现冷却水回收循环利用教学系统的目的。

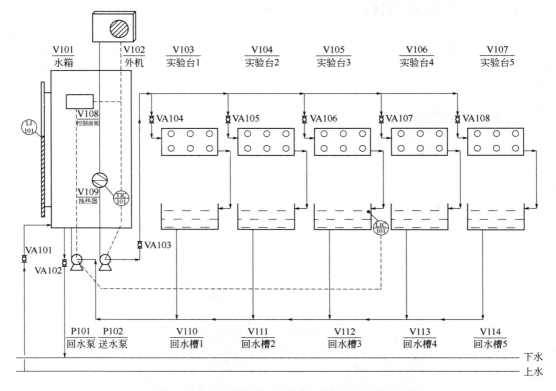

图3-8　30个实验工位的回流与蒸馏装置工艺图

3.7.2　冷却水回收循环利用教学系统的智能化改造

智能化改造目的：运用现代电子技术实施冷却水智能回收循环利用管控模式，在化学实验室形成节能减排、安全环保和科研创新的理念，实现在实验教学场所培养学生创新精神，提升学生人文素养，陶冶学生高尚情操的三全育人目的。

3.7.2.1　冷却水箱的智能化改造

图3-9是冷却水箱的工作原理图，在实验室墙角安装此不锈钢水箱：外形1900×400×1200（单位毫米，以下同），框架采用25×38不锈钢方管焊接，水箱采用SUS304不锈钢板制成，保证盛装冷却水不能生锈。钢板厚1.2cm，水箱下部设置供水口、回水口和排污口，盘绕全铜材

质散热片，配置温度传感器，外连1.5P空调室外制冷机。此冷却水水箱可根据回水温度以全自动方式开启制冷模式：当水箱内冷却水温度高于设置的冷却水温度时，液晶控制器会自动启动空调制冷系统进行制冷；当水箱内冷却水温度低于设置的冷却水温度时，液晶控制器会自动关闭空调制冷系统，从而实现水箱液晶控制系统的温度智能化管控。

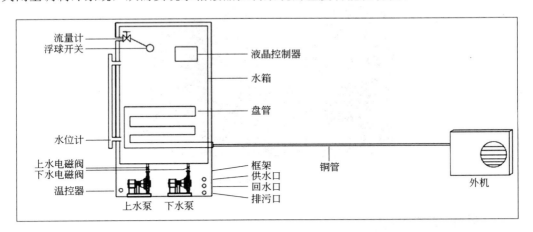

图3-9 冷却水箱工作原理图

3.7.2.2 给排水管路的智能化改造

对有机化学实验室30个实验工位的上下水系统进行改造：首先拆除现有试验台一侧的底柜，按照工艺流程图的工艺设计原理，在现有的5个实验台水槽对面加装循环水管路，管路由80个6分管径的日丰管连接而成，同时配置5个300×200×300型号的回水储槽，在中间回水储槽内侧安装液位传感器。在水箱下面安装两台QY20-1DS型号的不锈钢离心泵，分别用于送水和回水。在两个离心泵的泵口分别配置电磁阀，其中送水泵一端与冷却管相连以实现冷却水的温度管控；回水泵一端与液位传感器相连以实现液位传感输送。改造完成后重新将底柜安装好。两个离心泵分别与送水管路、回水管路和液晶控制面板之间形成智能控制管路，并在运转过程中实时计量系统的送水量、回水量及节水量。

3.7.3 智能系统模型制作

制作冷却水循环利用教学系统的缩小版模型（如图3-10所示）：外形规格长宽高为：1000×500×840（单位：cm），设备底板离地高度20cm，框架采用25cm×38cm不锈钢方管焊接而成。台下左侧为水箱，采用SUS304不锈钢板制成，板厚1.2cm；台下右侧内部为全铜材质散热片连接微型制冷设备，由液晶控制器自动控制循环水水温；台下右侧外部为各连接电路管线，中间安装循环泵，此循环泵一端与制冷设备连接，另一端与水箱连接。系统工作时，离心泵将水箱中的水输送至制冷器设备制冷，冷却到所需温度后进入上水系统，从台上蒸馏装置的冷凝管底部进入，从冷凝管的顶部流出，然后流回水箱进行循环利用。离心泵通过循环输送自然实现能耗节约，监测系统记录水温同时记录冷却水的用水量与节水量。系统模型侧面安装供电插座，底脚安装耐用方向轮，具有满足一整套蒸馏和回流实验工位操作的冷却水回收循环利用功能。系统模型结构简单，功能齐全，灵活方便，可在同类院校之间进行科研交流与推广。

图3-10　冷却水循环利用教学系统模型

3.7.4　节能工艺小结

（1）此化学实验室量身打造的冷却水回收循环利用教学系统，通过校企合作方式进行设计、安装、调试、运行，实现了高校化学实验室回流、蒸馏及有机合成实验过程中水冷却的节水降耗。

（2）在生活环境场所，本系统可杜绝直排冷却水与地下污染物接触所引发的二次污染，无形中提高了人们生活与环保质量；在科研与实验教学场所，本系统可杜绝由于水龙头未关或水管破裂导致大量走水所引起的安全事故，具有安全环保、技术创新、节能减排、能力培养、素质提升、场所育人等多赢利益。

（3）根据冷却水回收循环利用教学系统的实际运行情况，需要在以后的教学实践中加以调节与改善，如：每个实验台的每个工位冷却水流量调节，冷却水管路的结垢与腐蚀处理，每学期实验用后的废水冲厕循环利用等。在智能系统的模型展示与科研交流中，不断优化、推广与实践，实现更佳的能量优化与技术创新，从而在高等院校领域为还原我国的绿水青山添砖加瓦。

3.8　污水综合排放国家标准

实验室无机废液和有机废液根据废液具体成分，采用有针对性的处理方法进行安全处置，处置后的废液应达到中华人民共和国国家标准《污水综合排放标准》（GB 8978—1996）后才能排放。

3.8.1　第一类污染物最高允许排放浓度标准

《污水综合排放标准》（GB 8978—1996）中规定的第一类污染物最高允许排放浓度见表3-8。

表3-8　第一类污染物最高允许排放浓度　　　　　　　　　　单位：mg/L

序号	污染物	最高允许排放浓度
1	总汞	0.05
2	烷基汞	不得检出
3	总镉	0.1
4	总铬	1.5
5	六价铬	0.5
6	总砷	0.5
7	总铅	1.0
8	总镍	1.0
9	苯并[a]芘	0.00003
10	总铍	0.005
11	总银	0.5

3.8.2　第二类污染物最高允许排放浓度标准

《污水综合排放标准》（GB 8978—1996）中规定的第二类污染物最高允许排放浓度见表3-9。

表3-9　第二类污染物最高允许排放浓度　　　　　　　　　　单位：mg/L

序号	污染物	适用范围	一级标准	二级标准	三级标准
1	pH	一切排污单位	6～9	6～9	6～9
2	色度（稀释倍数）	一切排污单位	50	80	—
3	悬浮物（SS）	采矿、选矿、选煤工业	70	300	—
		脉金选矿	70	400	—
		边远地区砂金选矿	70	800	—
		城镇二级污水处理厂	20	30	—
		其他排污单位	70	150	400
4	五日生化需氧量（BOD$_5$）	甘蔗制糖、苎麻脱胶、湿法纤维板、染料、洗毛工业	20	60	600
		甜菜制糖、酒精、味精、皮革、化纤浆粕工业	20	100	600
		城镇二级污水处理厂	20	30	—
		其他排污单位	20	30	300
5	化学需氧量（COD）	甜菜制糖、合成脂肪酸、湿法纤维板、染料、洗毛、有机磷农药工业	100	200	1000
		味精、酒精、医药原料药、生物制药、苎麻脱胶、皮革、化纤浆粕工业	100	300	1000
		石油化工工业（包括石油炼制）	60	120	—
		城镇二级污水处理厂	60	120	500
		其他排污单位	100	150	500
6	石油类	一切排污单位	5	10	20
7	动植物油	一切排污单位	10	15	100
8	挥发酚	一切排污单位	0.5	0.5	2.0
9	总氰化合物	一切排污单位	0.5	0.5	1.0

续表

序号	污染物	适用范围	一级标准	二级标准	三级标准
10	硫化物	一切排污单位	1.0	1.0	1.0
11	氨氮	医药原料药、染料、石油化工工业	15	50	—
		其他排污单位	15	25	—
12	氟化物	黄磷工业	10	15	20
		低氟地区（水体含氟量<0.5mg/L）	10	20	30
		其他排污单位	10	10	20
13	磷酸盐（以P计）	一切排污单位	0.5	1.0	—
14	甲醛	一切排污单位	1.0	2.0	5.0
15	苯胺类	一切排污单位	1.0	2.0	5.0
16	硝基苯类	一切排污单位	2.0	3.0	5.0
17	阴离子表面活性剂（LAS）	一切排污单位	5.0	10	20
18	总铜	一切排污单位	0.5	1.0	2.0
19	总锌	一切排污单位	2.0	5.0	5.0
20	总锰	合成脂肪酸工业	2.0	5.0	5.0
		其他排污单位	2.0	2.0	5.0
21	彩色显影剂	电影洗片	1.0	2.0	3.0
22	显影剂及氧化物总量	电影洗片	3.0	3.0	6.0
23	元素磷	一切排污单位	0.1	0.1	0.3
24	有机磷农药（以P计）	一切排污单位	不得检出	0.5	0.5
25	乐果	一切排污单位	不得检出	1.0	2.0
26	对硫磷	一切排污单位	不得检出	1.0	2.0
27	甲基对硫磷	一切排污单位	不得检出	1.0	2.0
28	马拉硫磷	一切排污单位	不得检出	5.0	10
29	五氯酚及五氯芬钠（以五氯酚计）	一切排污单位	5.0	8.0	10
30	可吸附有机卤化物（AOX）（以Cl计）	一切排污单位	1.0	5.0	8.0
31	三氯甲烷	一切排污单位	0.3	0.6	1.0
32	四氯化碳	一切排污单位	0.03	0.06	0.5
33	三氯乙烯	一切排污单位	0.3	0.6	1.0
34	四氯乙烯	一切排污单位	0.1	0.2	0.5
35	苯	一切排污单位	0.1	0.2	0.5
36	甲苯	一切排污单位	0.1	0.2	0.5
37	乙苯	一切排污单位	0.4	0.6	1.0
38	邻二甲苯	一切排污单位	0.4	0.6	1.0
39	对二甲苯	一切排污单位	0.4	0.6	1.0
40	间二甲苯	一切排污单位	0.4	0.6	1.0
41	氯苯	一切排污单位	0.2	0.4	1.0
42	邻二氯苯	一切排污单位	0.4	0.6	1.0
43	对二氯苯	一切排污单位	0.4	0.6	1.0
44	对硝基氯苯	一切排污单位	0.5	1.0	5.0
45	2,4-二硝基氯苯	一切排污单位	0.5	1.0	5.0

续表

序号	污染物	适用范围	一级标准	二级标准	三级标准
46	苯酚	一切排污单位	0.3	0.4	1.0
47	间甲酚	一切排污单位	0.1	0.2	0.5
48	2,4-二氯酚	一切排污单位	0.6	0.8	1.0
49	2,4,6-三氯酚	一切排污单位	0.6	0.8	1.0
50	邻苯二甲酸二丁酯	一切排污单位	0.2	0.4	2.0
51	邻苯二甲酸二辛酯	一切排污单位	0.3	0.6	2.0
52	丙烯腈	一切排污单位	2.0	5.0	5.0
53	总硒	一切排污单位	0.1	0.2	0.5
54	粪大肠菌群数	医院[①]、兽医院及医疗机构含病原体污水	500个/L	1000个/L	5000个/L
		传染病、结核病医院污水	100个/L	500个/L	1000个/L
55	总余氯(采用氯化消毒的医院污水)	医院[①]、兽医院及医疗机构含病原体污水	<0.5[②]	>3（接触时间=1h）	>2（接触时间=1h）
		传染病、结核病医院污水	<0.5[②]	>6.5（接触时间=1.5h）	>5（接触时间=1.5h）
56	总有机碳（TOC）	合成脂肪酸工业	20	40	—
		苎麻脱胶工业	20	60	—
		其他排污单位	20	30	—

① 指50个床位以上的医院。

② 加氯消毒后须进行脱氯处理，达到本标准。

注：1. 其他排污单位，指除在该控制项目中所列行业以外的一切排污单位。

2. 排入《地面水环境质量标准》（GB 3838）Ⅲ类水域（划定的保护区和游泳区除外）和排入《海水水质标准》（GB 3097）中二类海域的污水，执行一级标准；排入《地面水环境质量标准》（GB 3838）中Ⅳ、Ⅴ类水域和排入《海水水质标准》（GB 3097）中三类海域的污水，执行二级标准；排入设置二级污水处理厂的城镇排水系统的污水，执行三级标准。

3.9　实验室废渣的安全处置

【案例引入】实验室固体废物违规操作事件
　　某高校学生在做完实验后，将粘有少量金属钠的纸屑直接扔入水槽，结果金属钠遇水放出氢气，剧烈燃烧，引燃纸屑，使在场学生手部受到轻微烫伤。幸好水槽旁边没有摆放其他易燃化学试剂，没有引起进一步的恶性事故。本次事件中，操作学生没有意识到少量金属钠也会与水发生剧烈反应，未做无害化处理就直接扔弃于水槽，属于安全意识淡薄、对危险化学品的危害性认识不足而违规操作，导致实验室安全事故发生。

3.9.1　固体废物安全处置的注意事项

　　① 黏附有害物质的滤纸、包药纸、废活性炭及塑料容器等，不要丢入垃圾箱内，要分类收集；

　　② 不用的药品试剂可交还仓库保存或用合适的方法处理；

　　③ 废弃玻璃物品单独回收至专用的桶与盒中，废弃注射器针头统一放入专用容器内，注射管放入垃圾箱内；

④ 干燥剂和硅胶可用垃圾袋装好后放入带盖垃圾桶内，其他废弃的固体药品包装好后集中放入纸箱内，与化学废液一起转存到专用废弃物储存室内放置，由专业回收公司定期处理，其中剧毒品与易爆危险品要先做好预处理。

3.9.2　一般固体废物的处置方法

3.9.2.1　焚烧法

焚烧法是高温分解和深度氧化的综合过程，通过焚烧可以使可燃性固体废物氧化分解，达到减少容积、去除毒性、回收能量及副产品的目的。

焚烧法是城市垃圾资源化、减量化、无害化的一项重要有效措施，适用于不宜回收利用其有用组分、具有一定热值的危险废物。易爆废物不宜进行焚烧处置。焚烧设施的建设、运营和污染控制管理应遵循"危险废物焚烧污染控制标准"及其他有关规定。

焚烧法优点：把大量有害的废物分解成为无害的物质，并可以处理各种不同性质的废物，焚烧后可减少废物体积的90%，便于填埋处理；缺点：投资较大，焚烧过程排烟造成二次污染，设备腐蚀现象严重。

3.9.2.2　填埋法

土地填埋法是从传统的堆放和填埋处置发展起来的一项最终处置技术。因其工艺简单、成本较低、适于处置多种类型的废物，是一种处置固体废物的主要方法。

土地填埋处置种类很多，采用的名称也不尽相同。按法律规范分卫生填埋和安全填埋，安全土地填埋可用于处置各种工业固体废物。按填埋地形特征可分为山间填埋、平地填埋、废矿坑填埋；按填埋场所状态分厌氧填埋、好氧填埋。卫生土地填埋适于处置一般固体废物。用卫生填埋来处置城市垃圾，不仅操作简单，施工方便，费用低廉，还可同时回收甲烷气体，在国内外被广泛采用。

3.9.2.3　固化法

固化法处理废弃物是利用物理或化学方法将有害固体废物固定或包容在惰性固体基质内，使之呈现化学稳定性或密封性。其中固化所用的惰性材料称为固化剂，有害废物经过固化处理所形成的固化产物称为固化体。

对固化处理的基本要求：①有害废物经过固化处理后所形成的固化体应具有良好的抗渗透性、抗浸出性、抗干湿性、抗冻融性及足够的机械强度等，最好能作为资源加以利用；②固化过程中材料和能量消耗要低，增容比要低；③固化工艺过程简单，便于操作。

常用的固化方法有水泥固化法、石灰固化法、热塑性材料固化法、有机聚合物固化法、自胶结固化法和玻璃固化法。

3.9.3　其他固体废物的安全处置

3.9.3.1　金属汞的安全处置

实验室最常见的汞来自温度计和水银压力计，若不小心打破将金属汞散落在实验室里，应立即开窗通风，及时用滴管或用在硝酸汞酸性溶液中浸过的薄铜片将汞收集到玻璃器皿中用水覆盖。散落在地面上的汞颗粒可撒上硫黄粉，生成毒性较小的硫化汞后再清除；或喷上用盐酸酸化过的高锰酸钾（体积比5∶1000），过1～2h后清除；或喷上20%氯化铁水溶液，干后再清除。

3.9.3.2　钾、钠等碱金属的安全处置

钾和钠是化学性质非常活泼的碱金属，遇水剧烈反应并有助燃氢气生成。因此实验室处理钾、钠废渣时，应缓慢滴加乙醇将所有金属反应完全，这样所产生的热量不足以使放出的氢气燃烧，生成的醇钠可用来洗涤玻璃仪器或加水生成氢氧化钠后再用酸中和。

3.9.3.3　含有爆炸性残渣的安全处置

对于实验过程中使用或产生的有可能引起爆炸的废物残渣，如卤氮化合物、过氧化物等，不能在实验室里随便放置，应将其及时销毁。处理卤氮化合物废渣的方法是加入氨水，使其溶液pH值呈碱性，这样就可以把它们销毁。处理过氧化物废渣的方法是：加入一定的还原剂（如硫酸亚铁、盐酸羟胺或亚硫酸钠），利用还原的方法把它们销毁。

银镜反应、乙炔银（亚铜）等在水中较稳定，但干燥受热或震动会发生爆炸，所以实验完毕后应立即加硝酸或浓盐酸把其分解掉。

 课后习题

一、单选题

1. 危险废弃物起源于（　　）事件。

A．日本的水俣病事件　　　　　　　　B．意大利核物理研究院事件

C．美国的拉夫运河事件　　　　　　　D．黎巴嫩贝鲁特大爆炸事件

2. 下列不属于危险废弃物危险特性的是（　　）。

A．腐蚀性　　　　　　　　　　　　　B．感染性

C．挥发性　　　　　　　　　　　　　D．毒性

3. 代表腐蚀性与感染性的符号是（　　）。

A．In与R　　　　　　　　　　　　　B．C与In

C．R与In　　　　　　　　　　　　　D．C与T

4. 代表毒性与反应性的符号是（　　）。

A．T与C　　　　　　　　　　　　　B．C与R

C．I与R　　　　　　　　　　　　　D．T与R

5. 判断是否为危险废弃物的标准首要根据（　　）来判断。

A．国家危险废物名录

B．巴塞尔公约

C．由主管行政部门组织专家认定

D．是否具有T、C、I、R、In的危险特性

6. 处理使用后的废液时，下列（   ）是错误的。

A. 不明的废液不可混合收集存放
B. 废液不可任意处理
C. 禁止将水以外的任何物质倒入下水道
D. 少量废液可直接倒入下水道

7. 危险废弃物及废液应（   ）。

A. 倒入水槽中
B. 交有资质的单位处理
C. 倒入垃圾桶中
D. 任意弃置

8. 用过的废洗液应（   ）。

A. 直接倒入下水道
B. 作为废液交相关部门统一处理
C. 用来洗厕所
D. 随意处置

9. 各实验室在运送化学废弃物到校区临时收集中转仓库之前，可以（   ）。

A. 堆放在走廊上
B. 堆放在过道上
C. 集中分类存放在实验室内，贴好物品标签
D. 集中存放在实验室内，贴好物品标签

10. 当有汞（水银）溅出时，应（   ）。

A. 用水擦
B. 用拖把拖
C. 扫干净后倒入垃圾桶
D. 收集水银，用硫黄粉盖上统一处理

11. 关于实验室安全责任体系叙述错误的是（   ）。

A. 各级单位需要层层落实安全责任制
B. 一旦出现问题能追责到具体人员
C. 不需要职能部门参与，学院直接对学校负责
D. 能够提高管理和实验人员的责任心

12. 下列废弃物（   ）会危害人体健康，引起水俣病。

A. 汞   B. 铬   C. 铅   D. 砷

13. 含重金属（   ）的废弃物会危害人体健康，在日本曾引发骨痛病。

A. 钡   B. 镉   C. 铅   D. 锰

14. 危险废物的最终安全处置，必须遵循的原则是（   ）。

A. 区别对待、分类处置、严格管制
B. 集中处置原则
C. 无害化处置原则
D. 以上三个都是

15. 含有（   ）的废液不能与有机物混合。

A. 酸
B. 碱
C. 过氧化物
D. 氯化物

16. 含有（   ）的废液不能与强碱混合。

A. 铵盐
B. 羟基酸
C. 次氯酸盐
D. 酸

17. 实验室废液的净化方法一般可分为物理法、化学法、物理化学法、生物化学法四类，下列属于物理法的是（   ）。

A. 离心分离
B. 离子交换
C. 生物膜法
D. 反渗透

18．下列物质可以作为絮凝沉淀法的絮凝剂的是（　　）。

A．石灰

B．铁盐

C．铝盐

D．以上都可以

19．采用氢氧化物沉淀法处理含有六价铬的废弃液时，需先将六价铬由氧化还原反应还原成为三价铬，pH值必须控制在（　　）。

A．pH<3　　　　　B．pH<7　　　　　C．pH>7　　　　　D．pH>10

20．焚烧法处理有机废弃液指的是在高温条件下对有机物进行氧化分解，促使其生成水、CO_2等对环境无害的产物，然后将这些产物排入大气中，此时COD的去除率通常可以达到（　　）及以上。

A．50%　　　　　B．70%　　　　　C．80%　　　　　D．99%

二、多选题

1．对人的眼和呼吸道黏膜有刺激作用的有毒气体包括（　　）。

A．氯气

B．氨气

C．二氧化硫

D．一氧化碳

2．能造成人体缺氧，引起各种疾病，而且会引发火灾等危险事故的气体有（　　）。

A．氯气

B．硫化氢

C．甲烷

D．一氧化碳

3．实验室危险废弃物处置时需注意（　　）。

A．应尽量从源头上减少危险废弃物的产生

B．应根据废弃物的性质，分类收集，存放在安全地方

C．定期集中处置

D．少量废弃物可以与普通垃圾一起处置，液体危险废弃物不可排入下水道

4．收集贮存危险废弃物时需要做到的注意事项是（　　）。

A．需注意有些废液不能混合

B．使用无破损且不会被废液腐蚀的容器进行收集

C．对会产生臭味，氰和硫化氢等有毒气体的废液，以及易燃性大的废液，要作前处理，防止泄漏，并尽快处理

D．含有放射性物质的废弃物，用另外的方法收集，必须严格按照有关规定，严防泄漏，谨慎地进行处理

5．含有（　　）的废液不可以和酸混合。

A．氧化物

B．硫化物

C．次氯酸盐

D．重金属

6．下列属于易爆炸废弃物的是（　　）。

A．过氧化物

B．硝酸甘油

C．次氯酸盐

D．氢氟酸

7．属于无机废液的是（　　）。

A．含汞废液

B．HCl废液

C．含氟废液

D．含卤化物废液

8．硫化物沉淀法主要是针对组成成分中含有（　　）较多的无机废弃液。

A．钠　　　　　B．汞　　　　　C．铅　　　　　D．镉

9. 焚烧法处理有机废弃液时需考虑的因素有（　　）。

A. 防止燃烧不完全产生新的毒性物质或燃烧产生的毒气逸出

B. 注意燃烧是否完全

C. 注意燃烧的温度、燃烧时区域的停留时间和物质的混合状况

D. 避免造成对环境的二次污染

10. 对于高浓度有机废弃液的处理方法主要有（　　）。

A. 焚烧法　　　　　　　　　　　B. 氧化分解法

C. 生物化学处理法　　　　　　　D. 溶剂萃取法

11. 化学实验室废弃物收集储存说法正确的是（　　）。

A. 分类收集原则　　　　　　　　B. 标识明确原则

C. 相容性原则　　　　　　　　　D. 及时收集原则

12. 下列物质属于危险废弃物的是（　　）。

A. 含汞废液　　　　　　　　　　B. 废弃试剂

C. 沾染试剂的容器或包装物　　　D. 一般固体废物

13. 实验过程中不小心将水银温度计打碎，正确的操作是（　　）。

A. 戴上防护手套收集后扔入下水池

B. 打开门窗和排风系统保证空气流通

C. 用滴管将汞收集到试剂瓶中用水覆盖

D. 撒上硫黄粉，生成毒性较小的硫化汞后再清除

14. 实验室处理钠渣正确的操作是（　　）。

A. 戴上防护手套将钠渣扔入下水池

B. 戴上防护手套将钠渣放入煤油中待用

C. 缓慢滴加乙醇将所有金属反应完全

D. 将处置中生成的醇钠用来洗玻璃仪器

15. 实验室处理废弃物的绿色化原则包括（　　）。

A. 防止产生废弃物原则　　　　　B. 原子经济原则

C. 减少衍生物原则　　　　　　　D. 原材料回收原则

三、判断题

1. 危险废物是指列入国家危险废物名录或者根据国家规定的危险废物鉴别标准和鉴别方法认定的具有危险特性的废物，具有毒性、腐蚀性、易燃性、爆炸性、反应性或感染性等特性。（　　）

2. 危险废物可通过摄入、吸入、皮肤吸收、眼接触面引起毒害，还会带来因重复接触导致的长期中毒、致癌、致畸、致突变等长期危害。（　　）

3. 实验室产生的废液如果危险性和毒害性不是很大，可以排放到远离居民住宅区并且空旷的地方。（　　）

4. 废液随意排放必然污染地下水、地表水，导致水生动物遭殃，沿途流域居民生活以及人们的生命健康也必定会受到严重影响。（　　）

5. 过期失效的化学药品可以和生活垃圾一起被处理。（　　）

6. 实验室危险废弃物的危害主要是对人体健康的危害，对环境的危害不大，因为自然界存在大量微生物，可以快速地分解代谢这些废弃物。（　　）

7．根据不同废物的危害程度与特性要区别对待，分类管理。对危害性极大的危险废物，处置上应比一般废物更为严格并实行特殊控制。（　　）

8．收集实验室危险废弃物时，应该把浓硫酸、磺酸、烃基酸、聚磷酸等酸类与其他的酸混合收集，然后再集中处理。（　　）

9．有毒废弃物可以通过皮肤吸收、消化道吸收及呼吸道吸收等三种方式对人体健康产生危害。（　　）

10．对硫醇、胺等会发出臭味的废液和会产生氰基和硫化氢等有毒气体的废液，以及易燃性大的二硫化碳、乙醚之类的废液，要加以适当的前处理，防止泄漏，尽快处理。（　　）

11．分解氰基时加入次氯酸钠进行处理，会产生游离氯，用硫化物沉淀法处理废液会生成水溶性的硫化物，但这类处理方式产生的废水已经基本无害，可以排放。（　　）

12．处理废液时，为了节约处理所用的药品，可将废铬酸混合液用于分解有机物，将废酸和废碱互相中和。（　　）

13．铵盐和挥发性胺应该与碱混合进行集中处理。（　　）

14．收集好的废液应该贴好标签放在安全地方储存，保存地点也要有废液存放标志。（　　）

15．实验室产生的废液包括一般实验废水和化学实验废液，一般实验废水不能进行多次重复利用，重复利用存在安全隐患。（　　）

16．硫化物沉淀法一般是采用Na_2S或者$NaHS$把废弃液中的一些重金属转化为难以溶于水的金属硫化物，随后与$Fe(OH)_3$共同沉淀而使其得以分离。（　　）

17．活性炭吸附法通常用在去除生物法或物理法、化学法都不能去除的微量并且呈溶解状态的一类有机物。（　　）

18．实验室废液的净化方法一般可分为物理法、化学法、物理化学法、生物化学法四类，一般只能独立使用一种方法，不能联合使用，否则成本太高，效果也不好。（　　）

19．危险性小且毒性小的废液保存地点不需要设立废液存放标志。（　　）

20．实验室里的有机废弃液通常都含有大量的实验残液和废弃溶剂，它的主要成分是烷烃类、芳香类或表面活性剂，而且废弃液的浓度很高，非常适合用絮凝沉淀法进行处理。（　　）

21．铁氧体沉淀法主要适用于含有多种重金属离子的无机废弃液，复合的铁氧体在一般的酸碱条件下，就能脱除废弃液中的各种金属离子，比如对Pb^{2+}、As^{3+}、Zn^{2+}、Hg^{2+}、Cd^+、Mn^{2+}、Cu^{2+}等都有不错的脱除效果。（　　）

22．有机物一般会具有非常好的可燃性质，因此对于这些有机溶剂、有机残液或废料液等通常采取焚烧法来进行处理。（　　）

23．乳浊液酯类的废弃液不能用焚烧法处理，而是要用生物化学处理方法来处理。（　　）

24．生物化学处理法常适用于对高浓度的有机废弃液的初步处理，一般是让微生物利用污染物质作为营养物质进行生长，使废液中呈现溶解或胶体状态的有机污染物质转化成为无害的污染物质，从而使废液得到净化。（　　）

25．吸收法是废气处理的方法之一，处理时常见的吸收溶液有水、酸性溶液、碱性溶液和氧化剂溶液，有机溶液不能用作吸收剂，否则会增加污染物处理量。（　　）

26．吸收法可用来处理含有SO_2、Cl_2、NO_2、H_2S、NH_3、各种有机蒸气以及沥青烟等废气。（　　）

27．固体废弃物常见的处理方法有焚化法和掩埋法。（　　）

28．固体废弃物只要深埋在远离人类聚居的指定地点，掩埋之前就不需要进行无害化处理，但必须对掩埋地点做记录。（　　）

29．金属钠不可随意扔进垃圾桶或者倒入水池下水道，沾有金属钠屑的滤纸也不能扔到垃圾桶中。（　　）

30．无机酸类废液，实验室可以收集后进行如下处理，将废酸慢慢倒入过量的含碳酸钠或氢氧化钠的水溶液中，再用大量水冲洗。（　　）

第4章

实验室安全操作规程

在正确操作的前提下，实验室中使用的各种设备都没有危险。但是，如果操作错误，可以说所有装置都是危险装置。特别是那些可能导致重大事故的设备，必须具有足够的专业知识，并按照操作说明小心操作。在操作危险装置时，一般需要注意的问题是：

① 使用设备所需的能量越高，设备的危险性就越大。使用高温、高压、高转速、高负荷设备时，必须采取足够的保护措施，小心操作。

② 对于不了解其性能的装置，在使用前应仔细准备，并尽可能检查装置的各个部分。

③ 需要熟练操作的设备必须掌握其基本操作才能操作。如果随意操作，很容易造成重大事故。一些需要复杂操作的仪器应由经过专门培训和授权的操作员使用。

④ 实验装置使用后应妥善清洁。如果发现任何问题，必须立即修复，否则应通知下一个使用者。

4.1 电气装置安全防护

电气装置使用中所引发的安全事故主要有电击和电气灾害两大类。

4.1.1 电击

电击，俗称触电，是指人体因接触带电部件而受到身体伤害的事件。这是最直接的电气事故，通常是致命的。根据接触带电部件的不同，电击可分为直接电击和间接电击。

4.1.1.1 直接电击

在正常操作过程中与带电导体接触引起的电击称为直接电击。例如，电工在检修配电盘时意外接触带电相线，或在插拔电源插头时接触到尚未与电触点分离的插头金属片，属于直接触电。大多数直接冲击都是单相冲击，也就是说，当人体接触到地面或其他接地导体时，身体的另一部分接触到单相带电体。此时，人体承受的电压为单相电压；少数直接冲击为两相冲击，即人体两部分同时接触两相带电体时，人体承受线电压；此外，还有阶跃电压冲击，即当电网或电气设备发生接地故障时，流入地面的电流在土壤中形成电位，地面也以接地点为中心形成径向电位差分布。如果行走时前后腿之间的电位差达到危险电压，将导致触电。

在直接触电事故中，70%以上是单相触电，因此预防单相触电应是安全工作的重点；然而，在两相电击中，人体承受的电压高于单相电击，因此两相电击更危险。

4.1.1.2　间接电击

在正常运行过程中，由于某种原因（主要是故障），用危险电压接触不带电部分而引起的触电，称为间接触电。由于绝缘损坏导致设备漏电和TN-C系统中性线断开导致设备外壳带电而引起的触电均为间接触电。间接电击发生的情况远较直接电击多，电击强度的差异较大，防护措施更为复杂。

电击的危险程度取决于通过人体的电流量和电击时间的长短，但也与当时的电路状况有关。同时，因触电者的体质、年龄和性别也会有所不同。由于当时不同的状态，即使是同一个人也会产生不同的影响。

4.1.1.3　电击的基本预防原则

直接接触电击的基本预防原则是防止有意或无意接触危险带电部件，即对高压、高电流设备的带电或通电部分用绝缘材料覆盖，并划定危险区域，周围设置围栏，防止人员进入安全距离。

间接接触电击（即故障状态下的电击）约占电击死亡事故的50%，而此类电击在尚未造成死亡的伤害中所占比例要大得多。接地、接零、增强绝缘、电气隔离、非导电环境、等电位连接、安全电压和漏电保护都是防止间接接触触电的技术措施。预防间接接触电击主要应做到以下几点：

① 所有电气设备应安装地线。对于具有高压和电流的设备，接地电阻应小于几欧姆。

② 如果直接接触带电设备或带电部件，请穿戴绝缘橡胶靴、橡胶手套和其他防护设备。但是，除非干扰操作，否则通常需要切断电源，并用电气检查工具或接地棒检查设备。只有在确认设备未通电后，才能进行操作。虽然电源被切断，但有时会留下静电，因此应注意。

③ 高压大电流试验不得单独一人进行，至少2～3人进行，并规定作业现场的安全信号系统，避免设备故障。要防止当电源开关被切断维修时，其他人不知道情况，关闭开关造成触电。

④ 高空作业时，应佩戴安全带等安全设备。

4.1.1.4　发生电击事故的注意事项

① 发现有人触电应设法使其尽快脱离电源。

② 使触电人脱离电源的同时，还应防止触电人脱离电源后发生二次伤害。如应采取措施预防触电人在解脱电源时从高处坠落。

③ 使触电人脱离电源后，若其呼吸停止，心脏不跳动，必须立即就地进行抢救。

④ 救护工作应持续进行，不能轻易中断，即使在送往医院的过程中，也不能中断抢救。

⑤ 如触电人触电后已出现外伤，处理外伤不应影响抢救工作。

⑥ 对触电人急救期间，千万不要给触电者打强心针或拼命摇动触电者，以免触电者的情况更加恶化。

⑦ 夜间发生触电事故时，切断电源会同时使照明失电，应考虑切断后的临时照明，如应急灯等，以利于救护。

⑧ 当抢救者面色好转、嘴唇逐渐红润、瞳孔缩小、心跳和呼吸恢复正常，即表明抢救有效。

4.1.2　高校实验室常见电气事故与预防措施

4.1.2.1　常见电气事故

电气设备是大学化学实验室科研和教学中不可缺少的重要组成部分。与企业等其他部门相比，高校实验室电气事故有其自身的原因和特点。

① 插头与接线板引发的事故：

a．易燃物压入插座或灰尘落入插座孔内，造成短路和发热燃烧。

b．使用裸电线头代替插头插入插座通常会导致短路或强烈火花，并导致火灾或爆炸。

c．临时电线随意连接，由于电线过长，容易被机械挤压或被化学试剂腐蚀，损坏绝缘层，造成短路，导致触电或火灾事故。

d．插头、插座或接线板严重过载。

e．插头、插座或接线板质量太差。

② 违章操作：对实验室内的供电、用电设备，没有按照使用说明书的要求进行操作与使用。主要体现在以下几个方面：

a．学生担任电工，在实验室内随意更换或维修电源设备和电路，容易造成触电事故、短路事故和火灾。

b．科研实验用电气设备未按电气设备要求接线。对于新安装的设备，如果没有阅读手册就急于找到插座通电，很容易导致严重的电气事故。

c．使用电气设备时，没有防护装置。即使人们离开实验室，电气设备仍在运行，或者电气设备即使不运行也仍通电。在这种情况下，一旦设备发生故障，很容易引发火灾。

③ 在有易燃易爆危险品的实验室内，启动电气设备或插拔设备插头时产生的电火花点燃室内达到爆炸极限的混合气体，引发事故。

④ 实验室内的电源设备、线路和电气设备未得到有效维护和检修，或线路或设备的质量和安装质量有缺陷，导致事故发生。

4.1.2.2　电气事故的预防措施

为防止这些电气事故的发生，必须采取安全防护措施：

① 操作和使用电气设备时，手必须保持干燥，以减少触电风险。

② 不要用手握住带电或可能带电的电器。

③ 通常不允许双手同时触碰电器，因为一旦触电，单手碰触可以减少电流通过心脏的可能性，增加抢救的机会。

④ 不能用测试笔测试高压。

⑤ 实验室内电源的所有外露部分应配备绝缘装置，电源开关应配备绝缘箱，电线接头必须用绝缘带或护套缠绕。所有电气设备的金属外壳应接地。

⑥ 损坏的接头或绝缘不良的电线应及时更换。不要用手直接接触绝缘不良的带电设备。

⑦ 移动电热套、恒温磁力搅拌器等电气设备时，必须先切断电源，保护好电线，避免磨损或断裂。

⑧ 修理或安装电气设备时，必须先切断电源。最好不要单独一人进行，至少2～3人进行。应在明显位置放置"禁止合闸，有人工作"的警告标志。

⑨ 每个实验室应规定最大允许电流，并配备主电源开关。当工作停止时，必须关闭主开关。

4.2 精密仪器装置安全操作规程

4.2.1 电子天平

电子天平如图4-1所示。

【操作规程】

（1）开机

① 调节水平：调节两只水平调节螺丝，使水平泡处于正中央位置，每更换一次位置都需要调节水平泡。

② 接通电源，预热30min（首次称量，天平需预热至少60min），天平自检（显示屏上）出现"Off"时，自检结束，单击【On】键，天平处于可操作状态。

（2）校准

①天平首次使用之前、放置地点变更之后及在操作一段时间后均需进行校准。

②接通电源，天平上无称量物，按住【Cal】键不放，直到在显示屏上出现【Cal】字样后松开该键，所需的校准砝码值会在显

图4-1　电子天平

示屏上闪烁。放上100g校准砝码（放在秤盘的中心位置），天平自动进行校准。当"100.000g"闪烁时，移去砝码。当在显示屏上短时间出现（闪烁）信息"CAL done"，紧接着又出现"0.000g"时，天平的校准结束。天平回到称量工作方式，等待称量。

（3）称量

① 简单称量：在天平显示"0.000g"时，样品放于秤盘上，关闭玻璃门，待数值稳定后，读取显示屏数据即为所称物品的质量值。

② 减量法称量：戴上称量手套，将适量试样装入称量瓶中，盖好瓶盖，打开天平玻璃侧门，将装有试样的称量瓶置于天平托盘上，称得称量瓶与试样的质量为m_1。取出称量瓶，举放于另一试样容器上方，瓶口稍微向上倾斜，然后轻轻敲击称量瓶使样品缓慢落入试样容器中，当倾出的试样接近所需质量时，缓慢竖起称量瓶，使瓶口试样落回瓶内，盖好瓶盖，再次称量，得质量m_2。两次称量之差就是称量试样的质量，即$m = m_1 - m_2$。如此继续，可称取多份试样。

③ 称量完毕，取出称量物品，关好天平门，并认真填写仪器使用记录。

（4）关机

① 按住"Off"键至显示屏显示"Off"，松开该键。

② 拔下电源插头，把天平盘上的残留样品用天平刷清扫干净。

【注意事项】

① 称量挥发性、腐蚀性物品时需放入具盖容器中称量;

② 经常检查天平的防潮硅胶,若发现变成红色,应及时更换;

③ 天平载重不得超过其最大负荷(检测室电子天平最大负荷为100g)。

4.2.2　紫外-可见分光光度计

紫外-可见分光光度计如图4-2所示。

【操作规程】

(1)适用范围　本设备可广泛运用于化工、制药、生化、冶金、轻工业、纺织、材料、环保、医学化验及教育等行业,是分析试验行业中重要的控制仪器之一,是常规实验室的必备仪器。主要功能有:光度测量、定量测量、光谱扫描、蛋白质测量、多波长测量。

图4-2　紫外-可见分光光度计

(2)操作步骤

① 测量前准备。

a. 开机自检。确认仪器光路中无阻挡物,关上样品室盖,打开仪器电源开始自检。

b. 预热。仪器自检完成后进入预热状态,若要精确测量,预热时间需在30min以上。

c. 确认比色皿。在将样品移入比色皿前先确认比色皿是干净、无残留物的,若测试波长小于400nm,请使用石英比色皿。

② 光度计模式(光度测量)。

a. 进入光度计模式。在主界面,按数字键"1"或上下键选择"光度计模式"后按"ENTER"进入。

b. 设置测量模式。按功能键设置测量模式,上下键选择"吸光度"、"透过率"或"含量"模式,按"ENTER"确认。如果选定的测量模式为"吸光度"或"透过率",直接跳到e.。

c. 设置浓度单位。按功能键设置浓度单位,按"ENTER"确认,如果没有你想要的单位则选自定义,数字键输入自定义浓度单位后按"ENTER"确认。

d. 设置波长。按"GOTO λ"进入,数字键输入波长值,按"ENTER"走到设定的波长值。

e. 校准100%T/0Abs。将参比置于参考光路和主光路中,按"100%T/0Abs"校准100%T/0Abs。

f. 将参比置于参考光路中,标准样品置于主光路中,按功能键开始标样测量,数字键输入标样含量,按"ENTER"确认后标样浓度值会显示在屏幕上。

g. 测量样品。将参比置于参考光路中,样品置于主光路中,测量。

h. 按"PRINT"打印测量结果。

③ 定量测量。

a. 进入定量测量。在主界面选择"定量测量"后按"ENTER"进入。

b. 设置浓度单位。

c. 建立标准曲线或调用已存储的标准曲线。如果在本机当中已经建立并存储有标准曲线,则可以在"拟合曲线"界面,从"OPEN"进入文件选择状态,按上下键选择,按"ENTER"键打开。如需建立曲线,可输入回归方程或用标准样品标定,建立标准曲线。

d．按"ESC"返回样品测量界面。

e．校准100%T/OAbs。将参比置于参考光路和主光路中，按"100%T/OAbs"校准100%T/OAbs。

f．利用标准曲线测量样品。将样品置于主光路中，按"START/STOP"测量，结果将显示在数据列表中，重复本操作完成所有样品测量。

g．打印数据。按"PRINT"打印测量结果。

h．删除数据。按上下键移动"＊"选中测量值后按"CLEAR"清除该值。

i．保存数据。测量完成后，按"SAVE"提示保存，数字键输入要保存的文件名，按"ENTER"保存。

【注意事项】

① 仪器安装应避开高温高湿环境；

② 避免仪器受外界磁场干扰；

③ 远离腐蚀性气体；

④ 仪器应放置在稳定的工作台上；

⑤ 电源应有良好的接地；

⑥ 稳定的电源电压。

4.2.3　气相色谱仪

气相色谱仪如图4-3所示。

【操作规程】

① 打开载气阀，调节载气压力到0.3MPa，打开空气发生器、氢气发生器和气体净化器电源开关。

② 打开主机电源开关、自动进样器电源开关、NPD加热电源开关（在使用NPD检测器的情况下）。

③ 打开FL9510反控工作站：

a．如果使用FID检测器，在FID项目上点击右键，选择设置当前项目，选择仪器通道1，仪器即按照设定的温度和仪器条件开始工作；

b．如果使用NPD检测器，在NPD项目上点击右

图4-3　气相色谱仪

键，选择设置当前项目，选择仪器通道2，仪器即按照设定的温度和仪器条件开始工作；

c．如果使用ECD检测器，在ECD项目上点击右键，选择设置当前项目，选择仪器通道2，仪器即按照设定的温度和仪器条件开始工作。

④ 仪器温度升到设定值，如果使用FID检测器，进行仪器点火操作。

⑤ 仪器温度升到设定值，如果使用NPD检测器，按住NPD加热电源[+]键，设定电流显示值到2.5A，松开按键，仪器自动控制电流到设定值，此时再以0.01A为单位往上增加电流值，直到工作站上显示电压值比基本电压值高10mV，即NPD检测器进入工作状态。

⑥ 设定自动进样器工作条件，自动进样器的进样口位置参数已经设置好，进样口1对应毛细柱进样器，进样口2对应填充柱进样器，此时只需根据样品设置仪器进样条件等参数即可。

⑦ 基线平稳，进行分析作业。

⑧ 分析完毕，在关机项目上点击右键，选择设置当前项目，即柱箱、检测器、进样器等加热区关闭加热。

⑨ 如果使用NPD检测器，此时需要按住NPD加热电源[−]键，将电流值调到0，松开按键，仪器自动控制电流到设定值。

⑩ 柱箱温度降到80℃以内，其余加热区温度降到100℃以内，关闭主机电源开关、自动进样器电源开关、NPD加热电源开关。

⑪ 关闭载气阀，空气发生器和氢气发生器电源开关。

【工作站操作】

① 打开N-2000在线工作站，点击采样通道1。

② 在采样通道1窗口包括实验信息、方法及数据采集三个功能栏。点击实验信息，根据需要输入实验标题、实验人姓名、实验单位等相关信息；方法功能栏包括采样控制、积分、组分表、谱图显示、报告编辑及仪器条件，而上述项目又包括一些选项，请根据实验所需进行编辑。

③ 单击数据采集，再点击查看基线按钮，待基线平直后即可进样。

④ 将试样注入色谱仪，同时按下采集数据按钮（或按下遥控开关）。待峰出完后，按下停止采集按钮。

⑤ 数据处理：方法（归一法）→组分表→谱图→打开自己的文件→全选→填峰名、校正因子→采用→预览→打印。

⑥ 分析完毕后，将柱温、热导池温度、进样器温度设到50℃，桥流设为零；使用热导检测器，应在热导池温度降至100℃以下后，先关闭主机电源，再关闭载气开关阀。

【注意事项】

① 必须使用进样针进样，单手使用，避免用力过大将针体抽离针筒，若抽离则无法循环使用，进样前检查进样针是否能正常使用。

② 点火使用专用点火器，严禁使用打火机等明火。

③ 先打开气源，通气20min后再打开气相色谱仪进行实验；气路系统要定期进行密封性检查；气路布置要合理，气瓶间不要与仪器相隔得太远，若气路太长或弯曲会增加气体的阻力，易发生泄漏现象；仪器使用的样品量是很少的，一般不会产生空气污染，特别是使用质量型的检测器时，样品经火焰燃烧后排放，所以一般不需要采用专门的通风设备。但使用浓度型检测器分析有害物质时，仪器只对样品进行分离而未破坏样品的组分，此时需要使用管路将仪器放空，气体从仪器的放空口排至室外。

④ 实验完毕后，工作站开启"关机"模式，等待温度均降到50℃后再关闭气相色谱仪，防止烫伤。仪器运行中其加热区温度较高，在关机以后其加热区的受热部位会在一定的时间内保持一定的温度。为防止烫伤应避免与其接触，若需更换部件时一定要待仪器温度降低以后，或使用隔热手套或其他隔热保护层才能与其接触。

⑤ 拆掉仪器某些盖板部件时可能使一些电器部位暴露出来，在这些面板上一般都有危险的标志。在拆掉面板之前，一定要注意先拔掉电源插头。

⑥ 常用的有机溶剂存放要远离仪器，应储存在防火的通风柜中，对有毒和易燃物品应有明显标志。

4.2.4　液相色谱仪

液相色谱仪如图4-4所示。

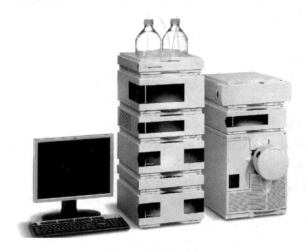

图4-4　液相色谱仪

【操作规程】

① 首先将色谱仪电源打开，让仪器进行预热。

② 进行样品前处理，以及流动相进行过滤和脱气，过滤流动相时使用溶剂过滤器，有机试剂使用有机膜，水使用水系膜。过滤完后对其进行脱气处理，需要15～20min。

③ 甲醇处理完后将其接入液路，然后将P3000泵的放空阀打开，并启动泵让甲醇充满液路，并保证没有气泡，然后关闭放空阀。也可借助外力（使用洗耳球或注射器）在放空阀处将液体吸过来再启动泵，这样可以省时间。走30min，停止泵，等待泵没有压力，换10%甲醇水溶液冲洗30min以上；停泵，等待压力降至0左右；换流动相冲洗，查看管路中有无气泡，保证没有气泡的情况下，启动泵。

④ 双击CXTH-3000色谱工作站→点击CXTH-3000（中文版）→出现提示关闭即可→出现色谱数据处理及仪器控制面板界面。

⑤ 在色谱数据处理及仪器控制面板界面中设置所分析样品的色谱条件，如果使用单泵操作时，先确定所用泵是A泵还是B泵。点开时间程序中查看有无，有，打［√］；无，为［　］。

⑥ 设置参数

a. 在基本控制栏中设置波长（nm），然后点击［!］确认，时间常数、量程切换都为2［切记开灯不要点］；

b. 设定流速（mL/min）后点击［!］确认；

c. 设定最小压力为0，最大压力为35，如果数据已经符合，就不要改动；

d. 确定管路有无气泡，如果没有气泡，点击电脑上的第一个绿色图标（启动图标）。

⑦ 做样品之前，保证仪器先用色谱甲醇走30min，采集基线。把满屏量程改至100，其他参数不变，查看基线走直后，停止采集，进样。

⑧ 如果分析的样品流动相中含有酸、盐，必须用甲醇：水为（10：90）及（20：80）的

甲醇水溶液过渡40min左右。即先用色谱纯甲醇走基线30min，停止泵，换上甲醇水溶液走基线40min，再停止泵，更换为流动相。

（注意：每走一步都要先确认管路中无气泡后，才能启动泵。）

⑨ 等待流动相基线走直后方可进样，所进样品必须用0.45μm有机系滤头过滤。进样之前，需手动停止泵（点击停止采集红色图标），待变成绿色的图标后，把进样阀扳到LOAD状态，样品匀速推进后，迅速扳下进样阀（INJECT），自动采集数据。

⑩ 等待图谱出完后，基线走直，停止，保存图谱。以此类推进样。

⑪ 样品分析结束后，先停止泵，换甲醇水溶液或甲醇冲洗仪器，冲至所做样品前的压力，即可停止泵，关机。

⑫ 梯度程序操作

a．打开梯度混合器；

b．在打开的工作站中的仪器控制面板中，点击时间程序，打开后，在"运行时不使用基本控制中的参数，而使用本页的程序前"打［√］，总运行时间不变；

c．设定参数，见表4-1。

表4-1　设定参数

时间	流速/(mL/min)	A	B	C	D	波长/nm	归零	量程
0	1.00	50	50	0	0	按标准	是	2

d．设置好后，点击第一绿色图标采集基线，泵即可启动，走30min后，按停所有泵，换上甲醇水溶液或流动相；

e．如果分析的样品流动相中含有酸、盐，必须用甲醇：水为（10：90）及（20：80）的甲醇水溶液过渡40min左右，即先用色谱纯甲醇走基线30min，停止泵，换上甲醇水溶液走基线40min，再停止泵，更换为流动相；

f．设置所分析样品的梯度条件（按照国家标准），设置好后点仪器控制面板中的文件，另存设置，即可保存梯度条件，如果已存梯度条件，可打开仪器控制面板中的文件，引进设置，即可；

g．条件设置好后，点击采集基线即可，启动泵，把满屏量程改至100，查看基线，基线走直后进样；

h．进样前，先按停止采集（红色图标），变为绿色后，把过滤好的样品进入液相色谱，由LOAD状态进样后，迅速扳下至INJECT状态，自动采集图谱；

i．等待图谱出完后，基线走直，停止采集（点击红色图谱），保存图谱，进入第二针，以此类推；

j．样品分析完后，冲洗仪器同上（先用甲醇水溶液冲洗40min后，最后用甲醇冲洗至测定前的压力即可），停所有泵，关机。

【谱图处理】

① 做标准曲线：

a．先打开已经做好的谱图，从低浓度到高浓度依次处理。比如先调查8mg/L的图谱→点文件项→点打开→找所存位置的8mg/L的图谱打开→输入最小峰面积→点击黄色图标再处理（如有处理不掉的峰，点击对已检测出的峰进行手动取消或恢复）→点击定量计算后→点击定量组分（自动填全部套峰时间），填写组分名称、浓度后→点击定量方法，选择计算校正因子（标准样品）后→点击定量计算后→点击定量结果中"当前表存档"，提示入档成功，档中现有1档数据，点击确定。

b．以此类推其他浓度，都存档成功后→点击定量方法→点工作曲线，点击计算后，点击显示，查看标准曲线是否合格，如合格，点击文件→存为模板，即可。

② 样品处理：

a．调出样品色谱图，输入最小峰面积→点黄色图标再处理→如有处理不掉的峰，点击对已检测的峰进行手动取消或恢复→点击定量计算后→点击定量组分（自动填全部套峰时间），填写组分名称→调出曲线→点定量方法，选择多点校正（基于工作曲线）后→点击定量计算后→点击定量结果，查看样品浓度即可代入公式计算。

b．如果不需要标准曲线的，直接打开色谱图，鼠标应在峰中间，右击后点击峰尺寸，点看峰面积，代入公式计算。

【注意事项】

① 将色谱工作站CXTH-3000打开，将各项参数设置好，然后点击采集基线按钮，这时如果基线比较平直了，就可以停止采集基线，可以将待测的样品打到进样阀里（样品必须用0.45μm滤头过滤，过滤后方可进样）。将进样阀的手柄扳至LOAD位置，把过滤好的标样用进样针匀速推进，扳到INJECT 位置。因为进样阀有触发线连接工作站，所以扳阀的同时色谱工作站已经进行谱图采集的操作了。等待图谱出完后，按红色的图标进行手动停止，保存图谱。再以此类推进样。

② 采样结束后可以对谱图及定量结果进行相关操作，并得出结果，如果需要打印可以将谱图数据进行打印。

③ 实验结束后，还需要用纯甲醇对整个液路进行冲洗，也就是将流动相更换成纯甲醇，检查管路中有无气泡，如有气泡进行排气；无气泡直接启动泵，运行30min左右。如果实验过程中流动相配制中含有缓冲盐的话，需要先用10%的甲醇水溶液冲洗30min以上，然后再用纯甲醇冲洗。

4.2.5　红外光谱仪

红外光谱仪如图4-5所示。

【操作规程】

（1）开机步骤

① 按主机后侧的电源开关，开启主机，加电后进行自检过程（约30s），主机加电后至少要等待15min，等电子部分和光源稳定后，才能进行测量；

② 开启电脑，运行操作软件，检查电脑与主机通信是否正常；

③ 红外光谱仪需在每天使用前进行校正，校正

图4-5　红外光谱仪

方法是：单击"采集"菜单下的"实验设置"选择"诊断"观察各项指标是否正常，选择"光学台"观察增益值是否在可接受范围内。

（2）红外样品的制备

① 液体样品：以试样易溶有机溶剂，制成1%～10%浓度的溶液，注入适宜厚度的液体池中测定，常用溶剂有二氯乙烷、四氯化碳、三氯甲烷、二硫化碳、己烷及环己烷等（不可用水作试样溶剂），使用完毕后，用相应溶剂立即将液体池清洗干净。

② 固体样品：取样品1～1.5mg与KBr 200～300mg（样品与KBr的比约为1∶200）于玛瑙研钵中研磨成混合均匀如面粉状的粉末，用小药匙转入制片模具中于油压机16～18MPa压力下保持5min，撤去压力后取出制成的供试片，目视检测，片子应呈透明状，然后装入样品架待测。

③ ATR法：直接将待测少量纤维置于晶体（硒化锌ZnSe）材料上方，采用点对点采样技术，并旋紧OMNI采样器固定钮，给予适当的压力，使纤维与晶体材料紧密接触，红外光束在晶体内发生衰减全反射后，通过样品的反射信号获得其有机成分的结构信息，得到样品的红外吸收光谱图。

（3）测试光谱　设定扫描次数和分辨率，选择自动增益。采集背景→采集样品→保存光谱；关机：保存信息，点击关闭操作软件，关闭计算机，按主机电源键关闭主机，接着关闭显示器、打印机。

【注意事项】

① 为防止仪器受潮而影响使用寿命，室内要始终保持清洁、干燥；压片用的模具用后应立即清洗干净并擦干，置干燥器中保存，以免锈蚀。

② 采样器使用时，对于热、烫、冰冷、强腐蚀性的样品不能直接置于晶体上进行测定，以免Ge晶体出现裂痕和腐蚀。对尖、硬且表面粗糙的样品不适合用OMNI采样器采样，否则极易刮伤晶片，甚至使其碎裂。

③ 不得随意改变参数，测试结果由实训室专用U盘拷贝。

4.2.6　原子吸收分光光度计

原子吸收分光光度计如图4-6所示。

【操作规程】

（1）开机　依次打开打印机、显示器、计算机，等计算机完全启动后，打开原子吸收主机电源。

（2）仪器联机初始化

① 在计算机桌面上双击AAwin图标，出现窗口，选择联机方式，点击确定；

② 选择工作灯和预热灯，点击下一步，出现设置元素测量参数窗口；

③ 根据需要更改光谱带宽、燃气流量、燃烧器高度等参数，设置完成后点击下一步；

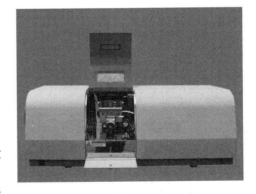

图4-6　原子吸收分光光度计

④ 寻峰，弹出寻峰窗口，寻峰过程完成后，点击关闭，点击下一步，点击完成。

（3）设置样品　点击样品，弹出样品设置向导窗口：

① 选择校正方法，曲线方程和浓度单位，输入样品名称和起始编号，点击下一步；

② 输入标准样品的浓度和个数，点击下一步；

③ 可以选择需要或不需要空白校正和灵敏度校正，然后点击下一步；

④ 输入待测样品数量、名称、起始编号，以及相应的稀释倍数等信息。

（4）设置参数　点击参数，弹出测量参数窗口：

① 常规：输入标准样品、空白样品、未知样品等的测量次数、测量方式，输入间隔时间和采样延时（一般均为1s）；

② 显示：设置吸光值最小值和最大值（一般为0～0.7）以及刷新时间（一般300s）；

③ 信号处理：设置计算方式以及积分时间和滤波系数（火焰积分时间一般为1s，滤波系数为0.3～0.8）。

（5）火焰吸收的光路调整　火焰吸收测量方法如下：点击仪器下的燃烧器参数，弹出燃烧器参数设置窗口，输入燃气流量和高度，点击执行，看燃烧头是否在光路的正下方，如果有偏离，更改位置中相应的数字，点击执行，反复调节。

（6）测量

① 依次打开空气压缩机的风机开关、工作开关，调节压力调节阀，使得空气压力稳定在0.2～0.25MPa后，打开乙炔钢瓶主阀，调节出口压力在0.05～0.06MPa，点击点火，等火焰稳定后首先吸喷纯净水；

② 点击测量下的测量，开始，吸喷空白溶液校零，依次吸喷标准溶液和未知样品，点击开始，进行测量，测量完成后，点击终止，完成测量，退出测量窗口；

③ 点击视图下的校正曲线，查看曲线的相关系数，决定测量数据的可靠性，进行保存或打印处理。

（7）关机过程　依次关闭乙炔钢瓶主阀、空压机工作开关，按放水阀，排空压缩机中的冷凝水，关闭风机开关、AAwin软件、原子吸收主机电源，退出计算机Windows操作程序，关闭打印机、显示器和计算机电源。盖上仪器罩，检查乙炔、氧气、冷却水是否已经关闭，清理实验室。

【注意事项】

① 如果开机顺序不对，可能出现COM口被占用，无法联机的现象，这时需要关闭原子吸收主机电源开关，重新启动计算机，再开启原子吸收主机电源开关，联机。

② 如果在工作灯位置没有元素灯，或原子化器挡光，可能造成初始化过程中的波长电极初始化失败。

③ 点火前后，乙炔钢瓶压力可能有变化，注意调节出口压力及燃气流量。

4.2.7　阿贝折射仪

阿贝折射仪如图4-7所示。

【操作规程】

（1）仪器安装　将阿贝折射仪安放在光亮处，但应避免阳光的直接照射，以免液体试样受热迅速蒸发。用超级恒温槽将恒温水通入棱镜夹套内，检查棱镜上温度计的读数是否符合要求，一般选用（20.0±0.1）℃或（25.0±0.1）℃。

图4-7　阿贝折射仪

（2）加样（样品为20℃）　旋开测量棱镜和辅助棱镜的闭合旋钮，使辅助棱镜的磨砂斜面处于水平位置，若棱镜表面不清洁，可滴加少量丙酮，用擦镜纸顺单一方向轻擦镜面（不可来回擦）。待镜面洗净干燥后，用滴管滴加适量试样于辅助棱镜的毛镜面上，迅速合上辅助棱镜，旋紧闭合旋钮。若液体易挥发，动作要迅速，或先将两棱镜闭合，然后用滴管从加液孔中注入试样（注意切勿将滴管折断在孔内）。

（3）调光　转动镜筒使之垂直，调节反射镜使入射光进入棱镜，同时调节目镜的焦距，使目镜中十字线清晰明亮。调节消色散补偿器使目镜中彩色光带消失。再调节读数旋钮，使明暗的界面恰好同十字线交叉处重合。

（4）读数　从目镜中读出刻度盘上的折射率数值。

【注意事项】

阿贝折射仪是一种精密的光学仪器，使用时应注意以下几点：

① 使用时要注意保护棱镜，清洗时只能用擦镜纸而不能用滤纸等。加试样时不能将滴管口触及镜面。对于酸碱等腐蚀性液体不得使用阿贝折射仪测量。

② 每次测定时，试样不可加得太多，一般只需加2～3滴即可。

③ 要注意保持仪器清洁，保护刻度盘。每次实验完毕，要在镜面上加几滴丙酮，并用擦镜纸擦干。最后用两层擦镜纸夹在两棱镜镜面之间，以免镜面损坏。

④ 读数时，有时在目镜中观察不到清晰的明暗分界线，而是畸形的，这是由于棱镜间未充满液体；若出现弧形光环，则可能是由于光线未经过棱镜而直接照射到聚光透镜上。

⑤ 若待测试样折射率不在1.3～1.7范围内，则阿贝折射仪不能测定，也看不到明暗分界线。

【维护保养】

为了确保仪器的精度，防止损坏，请注意维护保养：

① 仪器应置放于干燥、空气流通的室内，以免光学零件受潮后生霉。

② 当使用腐蚀性液体时应及时做好清洗工作（包括光学零件、金属零件以及油漆表面），防止侵蚀损坏。仪器使用完毕后必须做好清洁工作，放入木箱内应存有干燥剂（变色硅胶）以吸收潮气。

③ 仪器使用前后及更换样品时，必须先清洗揩净折射棱镜系统的工作表面。

④ 经常保持仪器清洁，严禁油手或汗手触及光学零件，若光学零件表面有灰尘可用高级鹿皮或长纤维的脱脂棉轻擦后用风吹去，如光学零件表面沾上了油垢应及时用乙醇、乙醚混合液擦干净。

⑤ 仪器应避免强烈振动或撞击，以防止光学零件损伤及影响精度。

4.2.8　熔点仪

熔点仪如图4-8所示。

【操作规程】

① 开机后仪器即处于复位状态，在复位状态时可利用"+、−"两个键设置预置温度为低于待测样品熔点约10℃，此时数码管显示的为预置温度。"+、−"键按下后其上面对应的指示灯亮，表示修改过预置温度，约3s后自动熄灭，此时仪器已经记录下了本次预置值，下次开

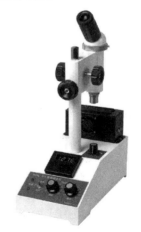

图4-8　熔点仪

机时预置温度即为本次预置值。若指示灯没有熄灭时按了其他键，则本次预置温度值不被记忆，下次开机时预置温度为上次预置值。

② 温度预置好后按下准备键，仪器即处于准备状态，准备灯亮。仪器开始以15℃/min的快速率升温至预置温度，到达预置温度后，延时约1min，使液体处于稳定的温度状态，蜂鸣器报警，提示此时传温液已是预置温度，放入样品。此时把装有样品的毛细管插在样品架上，放入传温液并利用支架上的磁铁吸牢。样品装入毛细管中的量约3mm高，样品应放置在尽量接近铂电阻温度计的陶瓷或玻璃部分中间的位置。

③ 样品放好后，按下测量键，仪器即处于测量状态，开始以设定速率等速升温。可通过传温液杯前放置的放大镜观察样品的熔化过程。当样品熔化时可利用初熔、终熔键记录初熔点、终熔点的值，在测试状态下，每按一次初熔（终熔）键，即记录下当前温度为初熔（终熔）点，同时对应的指示灯亮，测量完毕回到准备或复位状态时可用初熔（终熔）键读出刚记录下的初熔（终熔）点的值。

④ 熔点测出后，按下准备键，液体即开始降温至温度预置值，传温液至预置值后延时约两分钟后蜂鸣器报警，提示目前传温液温度已达到预置温度，可进行下次测量。

⑤ 蜂鸣器的报警可按下除测量、复位键盘以外的任意键终止，终止后液体的温度不变化仍维持在预置温度上，只有按下测量键后仪器才开始以设置速率等速升温。

⑥ 液体的升温速率是指仪器处在测量状态时的升温速率，可随时用升温速率设定键修改，其状态循环变化，修改后如在测量状态即按现设值等速升温。

⑦ 任意时刻按下复位键仪器都将停止加热，传温液将自然冷却到环境温度。

【注意事项】

① 测量时初熔点、终熔点键可重复按下，但只保留最后一次按键时的温度值。

② 初熔点键、终熔点键也可用于测量两个样品的熔点，初熔点记录一个样品的熔点值，终熔点记录另一个样品的熔点值。

4.3　高压仪器装置安全操作规程

高压装置是由高压发生器、高压反应器、高压流体输送器等各种单元器械组合而成的聚合体。

一旦高压装置破裂，碎片将高速飞出，同时气体将急剧喷出形成冲击波，这将对人员、实验装置和设备造成重大损害。同时，它经常导致使用的气体或周围放置的药物燃烧或爆炸，造成严重的次生灾害。

在使用高压装置时，一般应注意以下几点：

① 充分界定实验目的，熟悉实验操作条件。应选择适合实验目的和操作条件要求的装置、仪器类型和设备材料。

② 采购或加工上述仪器设备时，应选用质量合格的产品，并注明所用压力、温度和所用化学品的性质等。

③ 确保安装安全设备和安全设施。当估计实验特别危险时，应使用遥测和遥控仪器进行

操作。同时，应定期检查安全仪表。

④ 即使设备因停电等原因失去功能，也要提前采取措施，避免发生事故。

⑤ 高压装置使用的压力应在其试验压力的2/3范围内（但在压力试验期间，压力试验应在其工作压力的1.5倍下进行）。

⑥ 实验室的三面用厚的防护墙围起来，另一面用薄的通风墙围起来。屋顶梁也应由轻质材料制成。

⑦ 确保高压设备在高于其正常压力的压力下使用时不会泄漏。此外，如果发生空气泄漏，还必须防止其滞留。注意频繁地室内通风。

⑧ 对于实验室内的配套电气设备，应根据所用气体的不同性质选择合适的防爆设备。

⑨ 实验室仪器设备的布置应提前充分考虑事故造成的损坏。

⑩ 应在实验室外部和周围悬挂标志，以便外部人员清楚地知道实验内容和使用的气体。

⑪ 由于高压试验的高风险性，必须在熟悉各种装置和仪器的结构和使用方法的基础上，谨慎操作。

在化学实验室中，常用的高压装置主要包括高压釜、高压储气瓶和一般受压的玻璃仪器。

4.3.1　高压储气瓶

高压储气瓶如图4-9所示。

图4-9　高压储气瓶（见彩插）

为了使用方便，通常将气体压缩存储于钢瓶中，这种气瓶称为储气瓶，简称气瓶。GB/T 13005—2011《气瓶术语》中对气瓶的定义是：公称容积不大于3000L，用于盛装气体的移动式压力容器。

瓶装气体可分为单一气体、混合气体和特殊气体。其中，单一气体可分为永久性气体、液化气体和溶解气体。就结构而言，气瓶大致可分为无缝气瓶和焊接气瓶。实验室使用的气瓶大多是底部凹面的无缝气瓶。大多数气瓶由钢制成，即钢瓶。然而，也有铝合金气瓶、铜合金气瓶、镍合金气瓶和复合材料气瓶。

（1）气瓶安全附件　除瓶身结构外，还包括爆破片、防振圈、瓶帽、瓶阀等安全附件。

① 爆破片：爆破片安装在钢瓶阀门上，爆破压力略高于钢瓶内气体的最大温升压力。它

是一种气瓶安全泄压装置，用于防止气瓶内气体的热膨胀面在高温（如火灾）情况下破裂和爆炸。

② 防振圈：防振圈是瓶体的一种保护装置，用于防止在填充、使用和搬运过程中由于滚动、振动和碰撞而损坏气瓶壁。

③ 瓶帽：是瓶阀的保护装置，可防止瓶阀在搬运过程中因碰撞而损坏，保护出风口螺纹不受损坏，防止灰尘、水分、油脂等杂物落入瓶阀内。

④ 瓶阀：瓶阀是控制气体流量的装置。它通常由黄铜或钢制成。用于填充可燃气体的钢瓶的气体出口螺纹为左旋；装有助燃气体的钢瓶的气体出口螺纹为右旋。瓶阀的结构能有效防止可燃气体和不可燃气体的错装。

（2）气瓶的主要技术参数　气瓶的主要技术参数包括公称工作压力、水压试验压力、设计压力与许用压力、公称容积、气瓶的最高使用温度与最低使用温度。

① 气瓶公称工作压力。对于盛装永久气体的气瓶，公称工作压力是指在基准温度时（一般为20℃）所盛装气体的限定充装压力。对于盛装液化气体的气瓶，公称工作压力是指温度为60℃时瓶内气体压力的上限值。

根据《气瓶安全技术规程》（TSG 23—2021）的规定，气瓶的公称工作压力已经系列化。盛装高压液化气体的气瓶，其公称工作压力不得小于8MPa。盛装有毒和剧毒危害的液化气体的气瓶，其公称工作压力的选用应适当提高。

② 水压试验压力、设计压力与许用压力。钢质气瓶的水压试验压力是检验气瓶强度的耐压试验压力，根据《钢质无缝气瓶》（GB 5099—2017）、《钢质焊接气瓶》（GB 5100—2020）的规定，钢瓶的水压试验压力为公称工作压力的1.5倍。

钢质气瓶的设计压力是用于设计计算瓶体壁厚的压力，设计压力的大小等于水压试验压力。

气瓶许用压力是允许气瓶承受的最高压力，它应不小于瓶内介质60℃时的介质压力。钢质气瓶的许用压力不得超过水压试验压力的0.8倍。

③ 气瓶的公称容积。气瓶的公称容积是指气瓶规程和标准规定的气瓶容积的分级系列，公称容积和公称工作压力一样是一个名义值，而不是准确的实际值。为安全计，气瓶的实际容积必须大于公称容积，允差为+5%。可见，公称容积虽是一个称谓的名义值，但限制得很严格，不能随便称呼。比如公称容积为40L的无缝气瓶，其实际容积应在40～42L之间。

为了便于管理，我国将气瓶的公称容积划分为大、中、小三类：12L（含12L）以下为小容积，12L以上至100L（含100L）为中容积，100L以上为大容积。

钢质无缝气瓶的容积，以40L气瓶为最常见，但也有小到0.4L大到80L的。钢质焊接气瓶的容积，作为溶解乙炔钢瓶，以40L钢瓶为最普遍，液氨与液氯气瓶以800L和400L最为普及。因为按液氯1.25kg/L的充装系数计算，它们的介质质量正好为1t和0.5t。液化石油气钢瓶的容积，以35.5L用量最多。因为以0.42 kg/L充装系数计算，此类气瓶正好充装15kg液化石油气，是一般家庭一个月的消耗量。

④ 气瓶的最高使用温度与最低使用温度。气瓶的最高使用温度是指气瓶在充装气体以后，可能达到的最高温度。根据《钢质无缝气瓶》（GB 5099—2017）、《钢质焊接气瓶》（GB 5100—2020）及《气瓶安全技术规程》的规定，60℃为气瓶的最高使用温度，-40℃为气瓶的最低使用温度。

⑤ 气瓶的颜色。《气瓶颜色标志》（GB 7144—2016）对气瓶颜色作了明确规定。例如：乙炔气瓶为白色、氮气瓶为黑色、氧气瓶为淡蓝色、氨气瓶为淡黄色、二氧化碳气瓶为铝白色。

（3）气瓶的标志　每个气瓶的肩部打有钢印，钢印的内容有：气瓶制造单位代号、实际容积（L）、气瓶编号、瓶体设计壁厚（mm）、水压试验压力（MPa）、制造单位检验标记和制造年月、公称工作压力（MPa）、监督检验标记、实际重量（kg）、寒冷地区用气瓶标志。

为确保安全，必须定期将各种气瓶送至指定部门进行技术检查。装有普通气体的气瓶应至少每三年检查一次；充有惰性气体的气瓶应至少每五年检查一次；充满腐蚀性气体的气瓶应至少每两年检查一次；如果对气瓶的质量有任何疑问，应提前检查。储存和使用超过一个检验周期的气瓶在使用前应进行检验。

（4）气瓶的存放安全

① 应置于专用仓库储存，须遵守国家危险品贮存法规，气瓶仓库应符合《建筑设计防火规范》的有关规定，必须配备有专业知识的技术人员，其库房和场所应设专人管理，配备可靠的个人安全防护用品，并设置"危险""严禁烟火"的标志。

② 仓库内不得有地沟、暗道，不得有明火和其他热源，仓库内应通风、干燥、避免阳光直射；储存仓库和储存间应有良好的通风、降温等设施，不得有地沟、暗道和底部通风孔，并且严禁任何管线穿过，应避免阳光直射，避开放射性射线源。应保证气瓶瓶体干燥。夏季应防止暴晒。

③ 盛装易进行聚合反应或分解反应气体的气瓶，必须根据气体的性质控制仓库内的最高温度、规定储存期限，并应避开放射线源。

④ 空瓶与实瓶应分开放置，并有明显标志，毒性气体气瓶和瓶内气体相互接触能引起燃烧、爆炸、产生毒物的气瓶，应分室存放，并在附近设置防毒用具或灭火器材。必须与爆炸物品、氧化剂、易燃物品、自燃物品、腐蚀性物品隔离贮存。

⑤ 气瓶放置应整齐，应保持直立放置，妥善固定，且应有防止倾倒的措施。

（5）气瓶在现场的安放、搬运及使用

① 气瓶在使用时必须稳固竖立或装在专用车（架）或固定装置上。

② 气瓶不得置于受阳光暴晒、热源辐射及可能受到电击的地方。气瓶必须距离实际焊接或切割作业点足够远（一般为5m），以免接触火花、热渣或火焰，否则必须提供耐火屏障。

③ 气瓶不得置于可能使其本身成为电路一部分的区域。避免与电动机车轨道、无轨电车电线等接触。气瓶必须远离散热器、管路系统、电路排线及可能供接地（如电焊机）的物体等。禁止用电极敲击气瓶，在气瓶上引弧。

④ 搬运气瓶时，应注意：

a. 关紧气瓶阀，而且不得提拉气瓶上的阀门保护帽。

b. 用吊车、起重机运送气瓶时，应使用吊架或合适的台架，不得使用吊钩、钢索或电磁吸盘。

c. 避免可能损伤气瓶、瓶阀或安全装置的剧烈碰撞。

d. 气瓶不得作为滚动支架或支撑重物的托架。

⑤ 气瓶应配置手轮或专用扳手启闭瓶阀。气瓶在使用后不得放空，必须留有不小于98～196kPa表压的余气。

⑥ 当气瓶冻住时，不得在阀门或阀门保护帽下面用撬杠撬动气瓶松动。应使用40度以下的温水解冻。

（6）气瓶的开启

① 气瓶阀的清理。

a．将减压器接到气瓶阀门之前，阀门出口处首先必须用无油污的清洁布擦拭干净，然后快速打开阀门并立即关闭，以便清除阀门上的灰尘或可能进入减压器的脏物。

b．清理阀门时操作者应站在排出口的侧面，不得站在其前面。不得在其他焊接作业点，或存在着火花、火焰（或可能引燃）的地点附近清理气瓶阀。

② 开启气瓶的特殊程序。减压器安在氧气瓶上之后，必须进行以下操作：

a．首先调节螺杆并打开顺流管路，排放减压器的气体。

b．其次，调节螺杆并缓慢打开气瓶阀，以便在打开阀门前使减压器气瓶压力表的指针始终慢慢地向上移动。打开气瓶阀时，应站在瓶阀气体排出方向的侧面而不要站在其前面。

c．当压力表指针达到最高值后，阀门必须完全打开以防气体沿阀杆泄漏。

4.3.2　受压下的玻璃仪器

供高压或真空试验用的玻璃仪器和装液态空气、液态氮气及液态氧气的杜瓦瓶等，都称为受压下的玻璃仪器。使用这类仪器时必须注意：

① 受压玻璃器皿的壁应足够坚固，避免使用薄壁材料或平底烧瓶。

② 使用高真空玻璃系统时，应使用两只手打开或关闭活塞，一只手握住活塞套筒，另一只手缓慢旋转内塞。确保玻璃系统的所有部件不会产生扭矩，以防止开裂。任何活塞的打开和关闭不得影响系统的其他部分，也不允许高温可形成爆炸性气体的混合物或爆炸性气体混合物进入高温区域。

③ 在拆卸或打开负压玻璃容器或系统之前，必须将其冷却至室温，并小心缓慢地释放空气。

④ 用于稳定供气流量压力的玻璃稳压瓶的外壳应用布套或细网套包裹。

4.4　高温（低温）仪器装置安全操作规程

在化学实验中，使用高温或低温装置的机会很多，并且还常常与高压、低压等严酷的操作条件组合。在这样的条件下进行实验，如果操作错误，除发生烧伤、冻伤等事故外，还会引起火灾或爆炸之类的危险。因此，操作时必须十分谨慎。

4.4.1　高温装置

（1）使用高温装置时的一般注意事项

① 注意高温对人体的辐射。

② 熟悉高温设备的使用并仔细操作。

③ 使用高温设备的试验应在防火建筑物或配备防火设施的房间内进行，并保持良好的室内通风。

④ 根据实验性质，应配备最合适的灭火设备，如干粉、泡沫或二氧化碳灭火器。

⑤ 当高温设备（如高温炉）必须放置在耐热性较差的试验台上进行试验时，设备与工作台之间应留有1cm以上的间隙，以防止工作台着火。

⑥ 应根据不同的工作温度选择合适的容器材料和耐火材料。然而，在选择时，还应考虑所需的工作环境和接触物质的性质。

⑦ 高温实验期间，请勿接触水。如果水在高温物体中混合，水将迅速蒸发，并发生所谓的水蒸气爆炸。当高温物质落入水中时，也会产生大量爆炸性水蒸气，到处飞溅。

⑧ 人体的防护。

a. 当使用高温设备时，有时候衣服可能会被烧坏。因此，我们应该选择容易脱掉的衣服。

b. 使用干燥手套。如果手套是湿的，导热系数会增加。同时，手套中的水分蒸发成蒸汽，可能导致烫伤。因此，最好用不易吸水的材料制作手套。

c. 当您需要长时间观察高温物质或高温火焰时，请佩戴防护眼镜。对于所用的眼镜，视力清晰的绿色眼镜比深色眼镜好。

d. 对于发射强紫外线的等离子体火焰和乙炔火焰的热源，除使用防护面罩保护眼睛外，还应注意保护皮肤。

e. 处理熔融金属或熔盐等高温液体时，请穿上皮靴等防护鞋。

（2）电炉使用时的注意事项

① 对于电线、配电盘、开关等电气设备，应充分考虑其安全措施。遵守使用电气设备的注意事项。

② 一些耐火材料在高温下会增加其导电性。在这种情况下，不要用金属棒或其他东西接触电炉材料，以避免触电。

（3）使用燃烧炉时的注意事项

① 当燃烧炉点火时，应在点火前喷出燃料，然后输送空气或氧气。如果违反点火顺序，通常会发生爆炸。

② 高压钢瓶供氧时，如高压气瓶使用中所述，注意管道系统，避免残留油等易燃物质。

③ 注意合理的炉膛结构，防止局部过热。

4.4.2　低温装置

在低温操作的实验中，作为获得低温的手段，有采用冷冻机和使用适当的冷冻剂两种方法。但是在实验室中，因为后一种方法较为简便，所以以往经常被采用。例如，将冰与食盐或氯化钙等混合制成的冷冻剂，大约可以冷却到-20℃的低温，且没有大的危险性。但是，采用-70～-80℃的干冰冷冻剂以及-180～-200℃的低温液化气体时，则有相当大的危险性。因此，操作时必须十分注意。

（1）使用冷冻机应注意的事项

① 使用大型冷冻机要按照《高压气体管理法》的有关规定进行操作。若不是经过国家考试合格的冷冻机作业操作者，不能进行运转及维修。

② 小型冷冻机虽然不受管理法的限制，但是，也必须遵照管理法的主要要求进行运转及维修。

③ 因冷冻机在相当高的压力下工作，故应购买保证质量的制造厂的合格产品。并且，也要安装安全装置。

④ 冷冻机通常用氨、氟利昂、甲烷、乙烷及乙烯等作冷冻剂。但是，这些冷冻剂必须经过适当的处理。

使用干冰冷冻剂应注意：干冰与某些物质混合，即能得到-60℃～-80℃的低温冷冻剂。但是，与其混合的大多数物质为丙酮、乙醇之类的有机溶剂，因而要求有防火的安全措施。并且使用时若不小心，用手摸到用干冰冷冻剂冷却的容器时，往往皮肤被黏冻于容器上而不能脱落，致使引起冻伤。因此，要加以充分注意。

由于低温液化气体能得到极低的温度及超高真空度，所以在实验室里也经常被使用。但是，因它具有一些危险性，因此，操作必须熟练并要小心谨慎。

（2）使用各种低温液化气体应注意的事项

① 使用液化气体及处理使用液化气体的装置时，操作必须熟练，一般要由二人以上进行实验。初次使用时，必须在有经验人员的指导下一起进行操作。

② 一定要穿防护衣，戴防护面具或防护眼镜，并戴皮手套等防护用具，以免液化气体直接接触皮肤、眼睛或手脚等部位。

③ 使用液化气体的实验室，要保持通风良好。实验的附属用品要固定起来。

④ 液化气体的容器要放在没有阳光照射、通风良好的地点。

⑤ 处理液化气体容器时，要轻快稳重。

⑥ 液化气体不能放入密闭容器中。装液化气体的容器必须开设排气口，用玻璃棉等作塞子，以防着火和爆炸。

⑦ 装冷冻剂的容器，特别是真空玻璃瓶，新的时候容易破裂。故要注意，不要把脸靠近容器的正上方。

⑧ 如果液化气体沾到皮肤上，要立刻用水洗去，而沾到衣服时，要马上脱去衣服。

⑨ 严重冻伤时，要请专业医生治疗。

⑩ 如果实验人员窒息了，要立刻把他移到空气新鲜的地方进行人工呼吸，并速找医生抢救。

⑪ 由于发生事故而引起液化气体大量气化时，要采取与相应的高压气体场合相同的措施进行处理。

4.5 玻璃仪器装置安全操作规程

4.5.1 试管

试管如图4-10所示。

【操作规程】

① 在常温或加热时，用作少量物质的反应容器；

② 盛放少量固体或液体，用于收集少量气体。

【注意事项】

① 应用拇指、食指、中指三指握持试管上沿处，振荡时要腕动臂不动；

② 作反应容器时液体不超过试管容积的1/2，加热时不超过1/3；

图4-10　试管

③ 加热前试管外面要擦干,加热时要用试管夹夹住;

④ 加热液体时,管口不要对着人,并将试管倾斜于桌面成45°;

⑤ 加热固体时,管底应略高于管口。

4.5.2　锥形瓶

锥形瓶如图4-11所示。

【操作规程】

① 加热液体;

② 作气体发生反应的反应器;

③ 在滴定和蒸馏实验中作液体接收器。

【注意事项】

① 盛液不能过多;

② 滴定时,只需振荡,不搅拌;

③ 加热时,需垫石棉网。

图4-11　锥形瓶

4.5.3　试剂瓶

试剂瓶如图4-12所示。

【操作规程】

① 广口瓶用于存放固体药品,也可用来装配气体发生器;

② 细口瓶用于存放液体试剂。

【注意事项】

① 不能加热,不能在瓶内配制溶液,磨口塞保持原配;

② 酸性药品、具有氧化性的药品、有机溶剂要用玻璃塞,碱性试剂要用橡胶塞;

③ 对见光易变质的药品要用棕色瓶。

图4-12　试剂瓶

4.5.4　滴瓶

滴瓶如图4-13所示。

【操作规程】

滴瓶是实验时盛装需按滴数加入的液体的容器,与胶头滴管配套使用。

【注意事项】

① 使用时胶头在上,管口在下;

② 滴管管口不能深入受滴容器;

③ 用过后应立即洗涤干净并插在洁净的试剂瓶内,未经洗涤的滴管严禁吸取其他试剂;

④ 滴瓶上的滴管必须与滴瓶配套使用。

图4-13　滴瓶

4.5.5　量筒

量筒如图4-14所示。

【操作规程】

① 量筒是用于度量液体体积使用的量器；

② 量筒倾斜握在手中，另一只手将待测液体倒入量筒内，视线与凹液面最低处相平齐。

【注意事项】

① 量筒不能加热，不能用作反应容器；

② 不能在其中溶解物质，不能用于稀释和混合液体。

图4-14　量筒

4.5.6　烧杯

烧杯如图4-15所示。

【操作规程】

① 常温或加热条件下作大量物质的反应容器；

② 配制溶液使用。

【注意事项】

① 反应体积不得超过烧杯容量的三分之二；

② 加热前将烧杯外壁擦干，烧杯底垫石棉网。

图4-15　烧杯

4.5.7　酒精灯

酒精灯如图4-16所示。

【操作规程】

实验室加热使用。

【注意事项】

① 加入的乙醇以灯的容积的1/2～2/3为宜，使用时用漏斗添加乙醇；

② 用火柴点燃，绝对不能用燃着的酒精灯去点燃另一酒精灯；

③ 熄灭时要用酒精灯灯盖盖灭，不可以用嘴吹灭。

图4-16　酒精灯

4.5.8　三角漏斗

三角漏斗如图4-17所示。

【操作规程】

用来过滤液体或向容器内倾倒液体。

【注意事项】

"一贴"：用水润湿后的滤纸紧贴漏斗壁。

"二低"：①滤纸边缘稍低于漏斗边缘；
　　　　　②滤液液面稍低于滤纸边缘。

"三靠"：①玻璃棒紧靠三层滤纸边；
　　　　　②烧杯紧靠玻璃棒；
　　　　　③漏斗末端紧靠烧杯内壁。

图4-17　三角漏斗

4.5.9　玻璃棒

玻璃棒如图4-18所示。

【操作规程】

① 溶解：用玻璃棒搅拌，加速物质的溶解速度。

② 过滤：使过滤液体沿玻璃棒流进过滤液中。

③ 蒸发：用玻璃棒不断搅拌液体，防止局部温度过高，造成液滴飞溅。

④ 测定溶液pH值：用玻璃棒蘸取待测溶液，将其沾在pH试纸上，呈色后与标准比色卡对照。

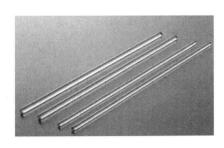

图4-18　玻璃棒

4.5.10　布氏漏斗

布氏漏斗（与抽滤瓶配套使用）如图4-19所示。

【操作规程】

用于减压过滤的一种瓷质仪器。

【注意事项】

① 漏斗底部平放一张比漏斗内径略小的圆形滤纸，并用蒸馏水润湿；

② 漏斗颈的斜口要面向抽滤瓶的抽滤嘴；

③ 抽滤过程中，若漏斗内沉淀物产生裂纹，要用玻璃棒压紧消除；

④ 滤液不能超过抽气嘴；抽滤结束时，切勿先关真空泵，要先撤掉真空管，以免发生倒吸。

图4-19　布氏漏斗

4.5.11　分液漏斗

分液漏斗如图4-20所示。

【操作规程】

① 用于互不相溶的液-液分离；

② 用于在制备反应中加入液体。

图4-20　分液漏斗

【注意事项】

① 不能加热，磨口旋塞必须是原配；

② 使用前必须查漏；

③ 塞上涂一薄层凡士林，旋塞处不能漏液；

④ 分液时，下层液体从漏斗管流出，上层液体从上倒出。

4.5.12 酸、碱式滴定管

滴定管如图4-21所示。

滴定管一般分为两种，酸式滴定管和碱式滴定管。酸式滴定管又称具塞滴定管，它的下端有玻璃旋塞开关，用来装酸性溶液、氧化性溶液及盐类溶液，不能装碱性溶液如NaOH溶液等。

碱式滴定管又称无塞滴定管，它的下端有一根橡胶管，中间有一个玻璃珠，用来控制溶液的流速，它用来装碱性溶液与无氧化性溶液，凡可与橡胶管起反应的溶液均不可装入碱式滴定管中，如$KMnO_4$溶液、碘液等。

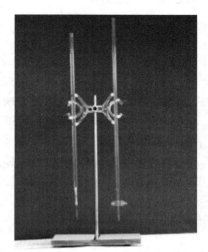

图4-21   滴定管

【操作规程】

（1）使用前的准备

① 检查试漏。先检查旋塞转动是否灵活，是否漏水。先关闭旋塞，将滴定管充满水，用滤纸在旋塞周围和管尖处检查；然后将旋塞旋转180度，直立两分钟，再用滤纸检查。如漏水，酸式滴定管涂凡士林；碱式滴定管使用前应先检查橡胶管是否老化，检查玻璃珠是否大小适当，若有问题，应及时更换。

② 滴定管的洗涤。滴定管使用前必须先洗涤，洗涤时以不损伤内壁为原则。酸式滴定管洗涤前，关闭旋塞，倒入约10mL洗液，打开旋塞，放出少量洗液洗涤管尖，然后边转动边向管口倾斜，使洗液布满全管。最后从管口放出（也可用铬酸洗液浸洗）。然后用自来水冲净，再用蒸馏水洗三次，每次10～15mL。

碱式滴定管的洗涤方法与酸式滴定管不同，碱式滴定管可以将管尖胶管与玻璃珠取下，放入洗液浸洗。管体倒立入洗液中，用洗耳球将洗液吸上洗涤。

③ 润洗。滴定管在使用前还必须用操作溶液润洗三次，每次10～15mL，润洗液倒入废液缸中。

④ 装液排气泡。酸式滴定管洗涤后再将操作溶液注入至零线以上，检查活塞周围是否有气泡。若有，开大活塞使溶液冲出，排出气泡。滴定剂装入必须直接注入，不能使用漏斗或其他器皿辅助。

碱式滴定管排气泡的方法：将碱式滴定管管体竖直，左手拇指捏住玻璃珠，使橡胶管弯曲，管尖斜向上约45°，挤压玻璃珠处胶管，使溶液冲出，以排除气泡。

⑤ 读数。放出溶液后（装满或滴定完后）需等待1～2min方可读数。读数时，将滴定管从滴定管架上取下，左手捏住上部无液处，保持滴定管垂直。视线与弯月面最低点刻度水平线相切。视线若在弯月面上方，读数就会偏高；若在弯月面下方，读数就会偏低。若为有色

溶液，其弯月面不够清晰，则读取液面最高点。

（2）使用方法

① 滴定操作。

酸式滴定管操作方法：滴定时，应将滴定管垂直地夹在滴定管夹上，滴定台应呈白色。滴定管离锥形瓶口约1cm，用左手控制旋塞，拇指在前，食指中指在后，无名指和小指弯曲在滴定管和旋塞下方之间的直角中。转动旋塞时，手指弯曲、手掌要空；右手三指拿住瓶颈，瓶底离台2~3cm，滴定管下端深入瓶口约1cm，微动右手腕关节摇动锥形瓶，边滴边摇使滴下的溶液混合均匀。

摇动锥瓶的规范方式为：右手执锥形瓶颈部，手腕用力使瓶底沿顺时针方向画圆，要求使溶液在锥形瓶内均匀旋转，形成漩涡，溶液不能有跳动；管口与锥形瓶应无接触。

碱式滴定管操作方法：滴定时，以左手握住滴定管，拇指在前，食指在后，用其他指头辅助固定管尖。用拇指和食指捏住玻璃珠所在部位，向前挤压胶管，使玻璃珠偏向手心，溶液就可以从空隙中流出。

② 滴定速度。液体流速由快到慢，起初可以"连滴成线"，之后逐滴滴下，快到终点时则要半滴半滴地加入。半滴的加入方法是：小心放下半滴滴定液悬于管口，用锥形瓶内壁靠下，然后用洗瓶冲下。

③ 终点操作。当锥形瓶内指示剂指示终点时，立刻关闭活塞停止滴定。取下滴定管，右手执管上部无液部分，使管垂直，目光与液面平齐，读出读数，读数时应估读一位。滴定结束，滴定管内剩余溶液应倒入废液缸中，洗净滴定管，收好备用。

【注意事项】

① 滴定时，左手不允许离开活塞，放任溶液自己流下；

② 滴定时目光应集中在锥形瓶内的颜色变化上，不要去注视刻度变化，而忽略反应的进行；

③ 一般每个样品要平行滴定三次，每次均从零线开始，每次均应及时记录在实验记录表格上，不允许记录到其他地方；

④ 使用碱式滴定管注意事项有：

a. 用力方向要平，以避免玻璃珠上下移动；

b. 不要捏到玻璃珠下侧部分，否则有可能使空气进入管尖形成气泡；

c. 挤压胶管过程中不可过分用力，以避免溶液流出过快。

⑤ 滴定也可在烧杯中进行，方法同上，但要用玻璃棒或电磁搅拌器搅拌。

4.5.13　移液管

移液管如图4-22所示。

【操作规程】

① 检查移液管的容量、端口、刻度线位置；

② 用纯净水和待测溶液各清洗移液管3次后使用；

③ 吸取溶液至刻度线以上约5mm，立即用右手的食指按住管口；

④ 略微放松食指（有时可微微转动吸管）使管内溶液慢慢从下口流出，直至溶液的弯月

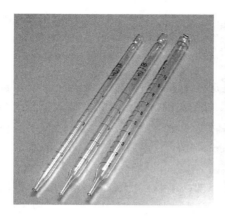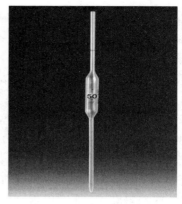

图4-22　移液管

面底部与标线相切为止，然后立即用食指压紧管口；

⑤ 将移液管小心地移入承接溶液的容器内，将移液管直立，承接容器倾斜30°～45°，移液管尖端紧靠容器内壁，放开食指，让溶液沿内壁自然流下，溶液下降至管尖时，再保持放液姿态停留15s后，再将移液管移去。

【注意事项】

① 若移液管管身标有"吹"字的，在溶液自然流下，流至尖端不流时，随即用洗耳球将残留溶液吹出；

② 吸出的溶液不能流回原瓶，以防稀释溶液；

③ 在移动移液管时，应将移液管保持垂直，不能倾斜。

4.5.14　容量瓶

容量瓶如图4-23所示。

【操作规程】

（1）使用前检查容量瓶

① 检查容量瓶和瓶塞的完好性，尤其是磨口处是否有破损；

② 要将瓶塞与瓶体用线连好；

③ 要检查标线是否离瓶口或瓶体太近；

④ 试漏，在瓶中放水到标线附近，塞紧瓶塞，使其倒立2min，用干滤纸片沿瓶口缝处检查，看有无水珠渗出。如果不漏，再把塞子旋转180°，塞紧，倒置，试验这个方向有无渗漏。

（2）以0.1mol/L Na$_2$CO$_3$溶液500mL为例说明溶液的配制过程

① 计算：Na$_2$CO$_3$物质的量为0.1mol/L×0.5L=0.05mol，Na$_2$CO$_3$摩尔质量为106g/mol，则Na$_2$CO$_3$质量为0.05mol×106g/mol=5.3g。

图4-23　容量瓶

② 称量：用分析天平称量5.300g，注意分析天平的使用。

③ 溶解：在烧杯中用100mL蒸馏水使之完全溶解，并用玻璃棒搅拌。

④ 转移、洗涤：把溶解好的溶液移入500mL容量瓶，由于容量瓶瓶口较细，为避免溶液洒出，同时不要让溶液在刻度线上面沿瓶壁流下，用玻璃棒引流。为保证溶质尽可能全部转

移到容量瓶中，应该用蒸馏水洗涤烧杯和玻璃棒三次，并将每次洗涤后的溶液都注入容量瓶中。轻轻振荡容量瓶，使溶液充分混合。

⑤ 定容：加水到接近刻度线1～2cm时，改用胶头滴管加蒸馏水到刻度线。定容时要注意溶液凹液面的最低处和刻度线相切，眼睛视线与刻度线呈水平，不能俯视或仰视，否则都会造成误差。

⑥ 摇匀：定容后的溶液浓度不均匀，要把容量瓶瓶塞塞紧，用食指顶住瓶塞，用另一只手的手指托住瓶底，把容量瓶倒转和摇动多次，使溶液混合均匀。

⑦ 贴标签：把配制好的溶液倒入试剂瓶中，盖上瓶塞，贴上标签。

【注意事项】

① 使用前切记查漏；

② 禁止用容量瓶进行溶解操作；

③ 不可装冷或热的液体，可装常温液体（20℃左右）；

④ 使用玻璃棒进行引流，切勿直接向容量瓶中倾倒液体；

⑤ 溶解用的烧杯和搅拌用的玻璃棒都要在转移后洗涤两三次；

⑥ 加水接近刻度线时改用胶头滴管进行定容。

4.5.15　抽滤瓶

抽滤瓶如图4-24所示。

【操作规程】

① 在组装仪器的时候，一定要先检查一下漏斗和抽滤瓶的中间的气密性，不要出现漏气情况；

② 修剪滤纸让滤纸能把所有的孔洞都盖住，开启一下抽气阀门观察滤纸和漏斗是不是紧密；

③ 检查一下抽气泵的开关，往里面倒入混合物，进行抽滤，直接通过漏斗的缝隙流下来。

图4-24　抽滤瓶

【注意事项】

① 漏斗下方的斜口要正对着吸滤瓶的支管口，抽干后拔掉橡胶管，把沉淀物倒干净；

② 要保证滤纸充分贴合；

③ 一定要保证仪器的气密性。

4.5.16　冷凝管

冷凝管如图4-25所示。

【操作规程】

冷凝管的内管两端有驳口，可连接实验装置的其他设备，让较热的气体流经内管而冷凝。外管则通常在两旁有一上一下的开口，接驳运载冷却物质（如水）的塑胶管。使用时，外管的下开口通常接水龙头、上

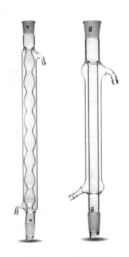

图4-25　冷凝管

开口连接下水，使水在冷凝管中由下向上动流，以达至较大的冷却功效。主要用于装配冷凝装置或有机物制备中的回流装置。

【注意事项】

① 冷却水低端进高端出，水与蒸气逆流，使冷凝管末端温度最低，使蒸气充分冷凝；

② 直接用玻璃管作冷凝的也比较常见，如实验室制硝基苯、制溴苯、制酚醛树脂等实验。

4.5.17　烧瓶

烧瓶如图4-26所示。

【操作规程】

① 应放在电热套上加热，使其受热均匀；加热时，烧瓶外壁应无水滴；

② 平底烧瓶不能长时间用来加热；

③ 不加热时，若用平底烧瓶作反应容器，无需用铁架台固定。

【注意事项】

① 注入的液体不超过其容积的2/3，不少于其体积的1/3；

② 加热时使用电热套，使均匀受热；

③ 蒸馏或分馏要与胶塞、导管、冷凝器等配套使用。

图4-26　烧瓶

4.5.18　称量瓶

称量瓶如图4-27所示。

图4-27　称量瓶

【操作规程】

① 称量样品：取称量瓶，称定质量后，打开磨口盖，加入所需称量样品，盖上磨口盖，称量总质量，即得样品质量；

② 干燥时失重、水分测定：取恒重后的称量瓶，打开磨口盖，加入规定量的样品，放至恒温干燥箱中，按规定干燥至恒重或连续两次称量之差小于5mg，取出并将磨口盖盖上，放置

于干燥器中，放冷至室温，称定质量，计算即得；

③ 使用完毕后，清洗干净，干燥备用。

【注意事项】

① 称量瓶使用前应洗净烘干，不用时应洗净，在磨口处垫一小纸，以方便打开盖子；

② 称量瓶的盖子是磨口配套的，不得丢失、弄乱；

③ 干燥时温度不能太高，易造成破裂；

④ 使用和清洗时应小心轻放。

4.5.19　表面皿

表面皿如图4-28所示。

【操作规程】

① 如作气室鉴定时，将两片表面皿，利用磨成的平面合成气室，用一张试剂浸湿的试纸，贴附在上面的一片表面皿上,被鉴定的化合物放在下面的一片表面皿上，必要时加温，观察反应中生成的气体，从试剂的颜色改变来鉴定气体；

② 如观察白色沉淀或混浊物时，可在表面皿底壁放一张黑纸，则白色生成物便可清晰可见；

图4-28　表面皿

③ 如作各种仪器盖子，只要利用它的弧形放在仪器口上，放稳即可，但要注意按仪器的口径选择表面皿；

④ 如作烧杯盖子，按烧杯容量选用不同直径的表面皿。

【注意事项】

① 先将表面皿洗净、烘干才能使用；

② 表面皿的用途很广，但无论代替何种仪器使用，均要按照各种仪器的使用方法使用。

4.5.20　量杯

量杯如图4-29所示。

【操作规程】

① 量取液体时应在室温下进行；

② 读数时，视线应与凹液面最低点水平相切；

③ 量取已知体积的液体，不能选择比已知体积过大的量杯，否则会造成误差过大；如量取15mL的液体，应选用容量为20mL的量筒，不能选用容量为50mL或100mL的量杯。

【注意事项】

① 不能加热，也不能盛装热溶液，以免炸裂；

② 不能用量杯配制溶液或进行化学反应。

图4-29　量杯

课后习题

一、单选题

1. 准确量取25.00mL KMnO₄溶液，可选用的仪器是（　　）。

A．25mL量筒　　　　　　　　　　B．25mL酸式滴定管

C．25mL碱式滴定管　　　　　　　D．有刻度的50mL烧杯

2. 某同学在实验报告中有以下实验数据，其中合理的是（　　）。

A．用分析天平称取11.7068g食盐

B．用量筒量取15.26mL HCl溶液

C．用广泛pH试纸测得溶液的pH是3.5

D．用标准NaOH溶液滴定未知浓度的HCl用去23.10mL NaOH溶液

3. 在下列叙述仪器"0"刻度位置正确的是（　　）。

A．在量筒的上端　　　　　　　　B．在滴定管上端

C．在移液管上端　　　　　　　　D．在容量瓶上端

4. 用标准的盐酸滴定未知浓度的NaOH溶液时，下列各操作中，无误差的是（　　）。

A．用蒸馏水洗净酸式滴定管后，注入标准溶液盐酸进行滴定

B．用蒸馏水洗涤锥形瓶后，再用NaOH溶液润洗，而后装入一定体积的NaOH溶液进行滴定

C．用碱式滴定管量取10.00mL NaOH溶液放入用蒸馏水洗涤后的锥形瓶中，再加入适量蒸馏水和2滴甲基橙试液后进行滴定

D．若改用移液管取待测液10.00mL NaOH溶液放入锥形瓶后，把留在移液管尖嘴处的液体吹入锥形瓶内，再加入1mL甲基橙指示剂后进行滴定

5. 某学生用碱式滴定管量取0.1mol·L⁻¹的NaOH溶液，开始时仰视液面读数为1.0mL，取出部分溶液后，俯视液面，读数为11.0mL，该同学在操作中实际取出的液体体积为（　　）。

A．大于10.0mL　　　　　　　　　B．小于10.0mL

6. 使用氢火焰离子化检测器，选用下列哪种气体作载气最合适（　　）。

A．H₂　　　　　　　　　　　　　B．He

C．Ar　　　　　　　　　　　　　D．N₂

7. 空心阴极灯为下列（　　）的光源。

A．原子荧光法　　　　　　　　　B．紫外-可见吸收光谱法

C．原子发射光谱法　　　　　　　D．原子吸收光谱法

8. 良好的气-液色谱固定液（　　）。

A．蒸气压低、稳定性好

B．化学性质稳定

C．溶解度大，对相邻两组分有一定的分离能力

D．A、B和C

9．在气-液色谱分析中，良好的载体（　　）。

A．粒度适宜、均匀，表面积大

B．表面没有吸附中心和催化中心

C．化学惰性、热稳定性好，有一定的机械强度

D．A、B和C

10．热导池检测器是一种（　　）。

A．浓度型检测器

B．质量型检测器

C．只对含碳、氢的有机化合物有响应的检测器

D．只对含硫、磷化合物有响应的检测器

11．载体填充的均匀程度主要影响（　　）。

A．涡流扩散　　　　　　　　　　　B．分子扩散

C．气象传质阻力　　　　　　　　　D．液相传质阻力

12．用红外吸收光谱法测定有机物结构时，试样应该是（　　）。

A．单质　　　　　　　　　　　　　B．纯物质

C．混合物　　　　　　　　　　　　D．任何试样

13．下列试剂：①氯水；②$AgNO_3$溶液；③$Na_2S_2O_3$溶液；④浓H_2SO_4；⑤HF溶液；⑥苯酚。应保存在棕色试剂瓶中的是（　　）。

A．④⑤⑥　　　　　　　　　　　　B．③④⑥

C．②③⑤　　　　　　　　　　　　D．①②③

14．下列有关中和滴定的操作：①用标准液润洗滴定管；②往滴定管内注入标准溶液；③检查滴定管是否漏水；④滴定；⑤滴加指示剂于待测液；⑥洗涤。正确的操作顺序是（　　）。

A．⑥③①②⑤④　　　　　　　　　B．⑤①②⑥④③

C．⑤④③②①⑥　　　　　　　　　D．③①②④⑤⑥

15．红外光谱法，试样状态可以是（　　）。

A．气体状态　　　　　　　　　　　B．固体状态

C．固体，液体状态　　　　　　　　D．气体，液体，固体状态都可以

16．使用热导池检测器时，应选用下列（　　）作载气，其效果最好。

A．H_2　　　　　　　　　　　　　B．He

C．Ar　　　　　　　　　　　　　　D．N_2

17．当油脂等有机物沾污氧气钢瓶时，应立即用（　　）洗净。

A．乙醇　　　　　　　　　　　　　B．四氯化碳

C．水　　　　　　　　　　　　　　D．汽油

18．回流和加热时，液体量不能超过烧瓶容量的（　　）。

A．1/2　　　　　　　　　　　　　B．2/3

C．3/4　　　　　　　　　　　　　D．4/5

19．严禁在化验室内存放总量大于（　　　）体积的瓶装易燃液体。

A．0L　　　　　　　　　　　　　　B．30L

C．20L　　　　　　　　　　　　　　D．25L

20．实验室高压气瓶摆放应为（　　　）。

A．直立　　　　　　　　　　　　　　B．直立固定

C．平放　　　　　　　　　　　　　　D．平放固定

二、多选题

1．大量集中使用气瓶，应注意（　　　）。

A．不必要设置符合要求的集中存放室

B．根据气瓶介质情况，采取必要的防火、防爆、防电打火（包括静电）、防毒、防辐射等措施

C．通风要良好，要有必要的报警装置

2．可燃性及有毒气体钢瓶一般不得进入实验楼内，存放此类气体钢瓶的地方应注意（　　　）。

A．阴凉通风　　　　B．严禁明火　　　　C．有防爆设施

D．密闭　　　　　　E．单独并固定存放

3．对于实验室内所用的高压、高频设备，应注意做到（　　　）。

A．定期检修

B．有可靠的防护措施

C．凡设备本身要求安全接地的，必须接地

D．定期检查线路，测量接地电阻

4．高温实验装置使用时，应注意的事项是（　　　）。

A．注意防护高温对人体的辐射

B．熟悉高温装置的使用方法，并细心地进行操作

C．不得已非要将高温炉之类高温装置置于耐热性差的实验台上进行实验时，装置与台面之间要保留一厘米以上的间隙，并加垫隔热层，以防台面着火

D．使用高温装置的实验，要求在防火建筑内或配备有防火设施的室内进行，并保持室内通风良好

5．实验室的微波炉使用时，应注意（　　　）。

A．微波炉开启后，会产生很强的电磁辐射，操作人员应远离

B．严禁将易燃易爆等危险化学品放入微波炉中加热

C．实验用微波炉严禁加热食品

D．对密闭压力容器使用微波炉加热时应注意严格按照安全规范操作

三、判断题

1．只要气瓶的耐压标准相同，就可以根据需要将实验室中的一种气瓶改装其他种类的气体。（　　　）

2．使用乙炔气瓶时，先关闭乙炔阀门再关闭其他仪器阀门。（　　　）

3．使用气瓶时，要用减压阀（气压表），各种气体的气压表不得混用，以防爆炸。（　　　）

4．实验仪器使用时，要有人在场，不得擅自离开。（　　　）

5．实验进行前，要了解实验仪器的使用说明及注意事项，实验过程中要严格按照操作规程进行操作。（　　）

6．实验结束，要关闭设备，断开电源，并将有关实验用品整理好。（　　）

7．实验过程中应尽量避免实验仪器在夜间无人看管的情况下连续运转。如果必须在夜间使用，应严格检查实验仪器的自控装置、漏电保护装置及空气开关等，保证其工作正常。（　　）

8．可以用烘箱干燥有爆炸危险性的物质。（　　）

9．含有高压变压器或电容器的电子仪器，对于使用者来说打开仪器盖是危险的。（　　）

10．凡涉及有害或有刺激性气体发生的实验应在通风柜内进行，加强个人防护，不得把头部伸进通风柜内。（　　）

第5章

实验室安全应急

实验室安全事故产生的原因主要有三：一是人的不安全行为，二是物的不安全状态，三是实验室管理上的缺陷。发生实验室安全事故，不仅危害广大师生生命安全，造成巨大的经济损失，而且易引起实验室工作人员的恐惧心理。因此应根据"安全第一，预防为主"的原则，从明确实验室安全基础应急设施与使用开始，有效采取实验室安全应急措施，以保障实验室工作人员安全，促进实验室各项工作顺利开展，防范安全事故发生。对可能引发的化学品事故、机械损伤事故、火灾爆炸等事故，要有充分的思想准备和应变措施，确保实验室在发生事故后，能科学有效地实施处理，切实有效降低事故的危害。

5.1 实验室安全应急设施与预案

5.1.1 实验室安全应急设施

实验室安全应急设施包括个人防护器具和安全应急设备。个人防护器具包括护目镜、口罩、实验服、防护手套等，具体已在第1章"1.6实验室个人防护"做了详细介绍。实验应急设备包括：视频监控系统（图5-1）、排风系统、化学品存放设施、感烟报警系统、消防应急系统（图5-2）和紧急喷淋系统（图5-3）等。实验室安全应急设施具体见表5-1。

5.1.2 实验室安全应急预案

应急预案又称应急计划，是针对可能的重大事故或灾害，为保证迅速、有序、有效地开展应急与救援行动、降低事故损失而预先制订的有关计划和方案。它是在辨识和评估重大危险、事故类型、发生的可能性、发生过程、事故后果及影响严重程度的基础上，对应急机构与职责、人员、技术、装备、设施（备）、物资、救援行动及其指挥与协调等方面预先作出的具体安排。它明确了在突发事件发生之前、发生过程中以及刚刚结束之后，谁负责做什么、何时做以及相应的策略和资源准备等。每个实验室中都张贴有事故应急预案，在进入实验室时要首先阅读应急预案，了解事故发生后的应急程序，包括如何报警、控制灾害、疏散、急救等。

图5-1　视频监控系统

图5-2　消防应急系统

图5-3　紧急喷淋系统

表5-1　实验室安全应急设施

洗眼器	紧急冲淋装置	防护墙或防护掩体
烟雾报警器	灭火沙箱	防火毯
应急灯	火灾报警系统	急救药箱
MSDS表	通风柜	事故应急预案说明
化学药品运送的提篮	盛放碎玻璃或尖锐物的容器	警示信号和标示

实验室发生事故后，若事态尚能控制，现场人员应积极进行抢救，阻止事态蔓延，控制事态发展；同时，应根据事件发展态势，酌情寻求专业救护人员支援，并立即将有关情况逐级上报实验室安全负责人、单位负责人、学校职能部门负责人等。若事态无法控制，现场人员（教师和学生）应及时、安全、快速撤离，并通知相关人员及时撤离。

事故现场是分析事故原因的重要依据，除特殊情况以外，应严格保护现场，任何人不得擅自清理事故现场；如果有实验记录和视频录像，也要进行妥善保存，不得进行涂改、毁坏。

5.2　实验室应急准备

5.2.1　为火灾准备

① 熟悉实验室周围的安全逃生通道；
② 了解火警警报及灭火器的位置，确保可以迅速使用灭火器具；
③ 切勿乱动任何火警侦查或者灭火装置；
④ 保持所有防火门关闭。

5.2.2　为实验室紧急事件准备

① 使用化学品前，须详细查阅化学品的安全技术说明书（MSDS）；
② 相关安全知识可以登录实验室安全管理平台学习；
③ 熟知实验室内安全设施所在位置；
④ 准备恰当且充足的急救物资；
⑤ 了解所用物品的潜在危险性，严格按照实验室操作规程实验；
⑥ 进入实验室前须接受实验操作培训和实验室安全教育；
⑦ 若对某种做法是否安全有怀疑，最好采取保守做法（响起警报，离开实验室，把处置工作留给专业人员）。

5.2.3　为损伤准备

① 学习简单的急救方法；

② 熟知紧急喷淋和洗眼器的位置；

③ 确保急救药物、器具充足有效，必要时准备特殊解毒剂；

④ 如需要使用氢氟酸或者氰化物等有毒物时，须先学习如何使用解毒剂。

5.2.4　安全事故报告程序准备

安全事故报告程序见图5-4。

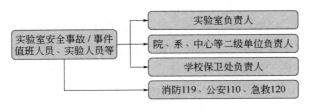

图5-4　安全事故报告程序

5.3　实验室事故应急处理

实验室关键的安全应急是预防应急，可以避免安全事故发生；其次是防止安全事故扩大，发现险情刚刚发生矛头之时，即将险情消灭于萌芽之中；第三是面对已经发生的险情采取应急措施。

当发生中毒、伤害、触电、火灾等险情时，先自行选用合适方法和技术进行事故应急处理，必要时拨打急救电话（119、120）求救，讲清报告人的姓名、事故地点、发生原因、危险情况以及可能会引起的后果。化学实验室常见中毒、灼伤、烧伤、划伤、触电、着火等安全事故，其事故应急介绍如下。

5.3.1　化学品事故应急处理

5.3.1.1　误食毒性化学品的应急处理

【案例引入】实验室进餐死亡事件

早在1949年，美国医学科学杂志曾报道了一件在实验室食用汉堡引发的惨案。1948年11月25日，一名年轻的化学家使用五氯化磷、盐酸、乙酰氯和重氮甲烷做了一些合成反应。不久他将反应的剂量扩大了许多，重新做了一遍实验。为了节省时间，尽快完成手头工作，他在实验室里吃掉了一块汉堡当作午饭。很快，这位年仅28岁的化学家开始出现类似感冒和上呼吸道感染的症状，抗生素治疗亦不能缓解病情，几天后他不治身亡。当事人无论如何都想不到这块汉堡加速了他生命的消逝，尽管他在通风柜里进行实验，但仍不经意地吸入了化学气体。其中，重氮甲烷具有良好的脂溶性和巨大的毒性，而他食用的那块很油腻的汉堡溶解了大量的重氮甲烷气体，无形间成为毒药的温床。这真是惨重的教训，实验室进餐的危险看不见、摸不着，是把杀人不见血的刀。

　　化学品中毒会损伤身体器官，如腐蚀性化学品会使皮肤、黏膜、眼睛、气管儿和肺受到严重损伤，铅、汞与芳香族有机物会使肝脏受到严重的损害。

　　一般化学品对人体的危害表现为急性中毒和慢性中毒两种类型。急性中毒指短时间内受到大剂量有毒物质的侵蚀对身体造成的损害，包括窒息、麻醉作用、全身中毒、过敏和刺激作用。慢性中毒是指在不引起急性中毒的剂量条件下，长期反复进入机体而出现的中毒状态或疾病状态，这种伤害通常是难以治愈的。

　　这里介绍的应急方法是针对急性中毒事件采取的急救措施。化学实验室误食毒性化学品大多不是食用毒物，而是将食物带入实验室，被有毒化学品沾染后食用而产生的中毒事件。当实验室发生误食毒性化学品中毒事件时，一般采取以下五种应急措施。

　　第一，降低或吸收化学品浓度。饮食牛奶、打溶的鸡蛋、面粉、淀粉、土豆泥的悬浮液以及水等降低胃中化学品的浓度，延缓毒物被人体吸收的速度并保护胃黏膜；也可在500mL蒸馏水中加入约50g活性炭，服用前再添加400mL蒸馏水，并充分摇动润湿，给患者分次少量吞服，一般10～15g活性炭大约可吸收1g毒物。

　　第二，催吐。适用于神志清醒的中毒者。用手指、筷子或者匙子按住患者喉头或舌根催吐。若不能做催吐，可在半杯水中加入15mL催吐剂，或者在80mL热水中加入溶解一茶匙食盐水催吐，或用5～10mL 5%的稀硫酸铜溶液加入一杯温水后催吐，催吐后火速送往医院治疗。强酸强碱中毒者不能采用催吐法。

　　第三，洗胃。洗胃是治疗常规，通常根据吞服的药物选择1∶5000高锰酸钾溶液、2%碳酸氢钠溶液、生理盐水或温开水，最后加入导泻药（一般为25%～50%的硫酸镁），以促进毒物排出。

　　第四，倾泻。可通过口服或胃管送入大剂量的泻药，如硫酸镁、硫酸钠等进行倾泻。

　　第五，吞服万能解毒剂（2份活性炭、1份氧化镁和1份丹宁酸混合而成的药剂），用时可将2～3茶匙此药剂加入1杯水调成糊状物吞服。

5.3.1.2　沾染毒性化学品的应急处理

　　立即脱去被污染的衣服、鞋袜等，并用大量水冲洗患处皮肤（禁用热水，冲洗15～30min），再用消毒剂洗涤伤处，涂敷能中和毒物的液体或保护性软膏。如果沾染毒性化学品的地方有伤痕，需迅速清除毒物，并请求医生进行治疗。如果毒性化学品能与水作用（如浓硫酸或者遇水放热的金属），应先用干布或其他能吸收液体的干性材料擦去大部分污染物，再用清水冲洗患处或涂抹必要的药物。

5.3.1.3　吸入毒性化学品的应急处理

　　首先保持中毒者呼吸畅通，并立即转移到有新鲜空气的地方，解开衣领让患者进行深呼吸，对休克者进行人工呼吸。待呼吸好转后，立即送医院治疗。注意：硫化氢、氯气和溴中毒不可进行人工呼吸，一氧化碳中毒不可使用兴奋剂。

5.3.1.4　化学品灼伤的应急处理

【案例引入】实验室浓硫酸灼伤事件

　　高校某大一学生在用量筒量取浓硫酸时，因麻痹大意未戴手套，不小心使浓硫酸沾到手指，该学生记得老师开学初强调的强酸腐蚀应急知识，于是走到水池旁边，打开水龙头冲洗了数分钟，觉得无事便继续实验。数分钟过后，该学生刚才被硫酸沾染的地方出现了红肿，方才告诉老师。老师指导他继续用水冲洗了十几分钟，然后用肥皂搓洗，再冲洗干净后，涂上2%NaHCO₃药液才相安无事。

危险化学品灼伤时，首先应迅速解除衣物，清除皮肤上的化学药品，并迅速用大量干净的水冲洗，再用能清除该药品的溶液或药剂处理。如果灼伤创面起水泡，均不宜把水泡挑破，如有水泡出血，可涂红药水或者紫药水。

① 酸灼伤：应立即用大量水冲洗或用甘油擦洗伤处，然后包扎，须根据具体情况进行处理。

a. 如果少量硫酸、盐酸、硝酸、复碘酸、氢溴酸、氯磺酸触及皮肤，立即用大量水冲洗10～20min，再用饱和NaHCO₃溶液或肥皂液洗涤。如沾有大量硫酸，则不能直接用水冲洗，而是先用干抹布抹去沾染的浓硫酸，然后用水清洗10～20min，再用饱和NaHCO₃溶液或稀氨水冲洗，严重时送医治疗。

b. 当皮肤被草酸灼伤，不宜使用饱和NaHCO₃溶液进行中和，这是因为碳酸氢钠碱性较强，会产生刺激，应当使用镁盐或钙盐进行中和。

c. 氢氰酸灼伤皮肤时，先用高锰酸钾溶液冲洗，再用硫化氨溶液冲洗。

② 碱灼伤：立即用大量的水冲洗，再用醋酸溶液冲洗伤处或在灼伤处撒硼酸粉，不同碱灼伤处理方法有一定差异。

a. 氢氧化钠或者氢氧化钾灼伤皮肤，先用大量水冲洗15min，再用1%硼酸溶液或2%乙酸溶液浸洗，最后用清水洗，必要时洗完以后加以包扎。

b. 当皮肤被生石灰灼伤时，则先用油脂类的物质除去生石灰，然后用水进行清洗。

③ 三氧化磷、三溴化磷、五氧化磷、五溴化磷等灼伤：立即用清水冲洗15min，再送医院治疗。受白磷腐蚀时，立即用1%硝酸银或2%硫酸铜溶液或浓的高锰酸钾溶液擦洗，然后用2%硫酸铜溶液润湿过的绷带覆盖在伤处，最后包扎。

④ 溴灼伤：溴灼伤是很危险的，被灼伤后的伤口一般不易愈合。当皮肤被溴液灼伤时，应立即用2%硫代硫酸钠溶液冲洗至伤处呈白色，再用大量水冲洗干净，包上纱布就诊；或者先用酒精冲洗，再涂上甘油；或直接用水冲洗后，用25%氨水、松节油、95%酒精（1∶1∶10）的混合液涂敷。碘触及皮肤时，可用淀粉物质如土豆涂擦，减轻疼痛，也能褪色。

⑤ 酚类化合物灼伤：先用酒精洗涤，再涂上甘油。例如苯酚沾染皮肤时，先用大量水冲洗，然后用70%乙醇和1mol/L氧化镁（4∶1）的混合液擦洗。

⑥ 碱金属灼伤：立即用镊子移走可见的钠块，然后用酒精擦洗，再清水冲洗，最后涂上烫伤膏。碱金属氰化物灼伤皮肤处理方法与氢氰酸灼伤类似，先用高锰酸钾溶液冲洗，再用硫化铵溶液冲洗。

⑦ 氢氟酸或氟化物灼伤：先用水清洗，再用5%的NaHCO₃溶液冲洗，最后用甘油和氧化镁（配比为2∶1）糊剂涂敷，或者用冰冷的硫酸镁溶液冲洗，也可涂松油膏。

⑧ 铬酸、重铬酸钾以及6价铬化合物灼伤：用5%硫代硫酸钠溶液清洗受污染的皮肤，还可用大量水冲洗，再用硫化铵的稀溶液冲洗。

⑨ 磷灼伤：一是要在水的冲淋下仔细清除磷粒，二是要用1%硫酸铜溶液冲洗，三是要用大量生理盐水或清水冲洗，四是用2%碳酸氢钠溶液湿敷，切忌暴露或用油脂敷料包扎。

⑩ 硫酸二甲酯灼伤：用大量水冲洗，再用5%的NaHCO₃溶液冲洗，不能涂油，不能包扎，应暴露伤处让其挥发，等待就医。

5.3.1.5 化学品进入眼睛的应急处理

当有化学品进入眼睛时，应立即提起眼睑，使毒物随泪水流出，使用洗眼器用大量流动清水彻底冲洗（图5-5），冲洗时要边冲洗边转动眼球，使结膜内的化学物质彻底洗出，冲洗

20～30min，如若没有冲洗设备或无他人协助冲洗时，可将头浸入脸盆或水桶中，浸泡十几分钟，可达到冲洗目的。

注意：

① 一些毒物会与水发生反应，如生石灰、电石等，若眼睛沾染此类物质则应先用沾有植物油的棉签或干毛巾擦去毒物，再用水冲洗；

② 冲洗时忌用热水，以免增加毒物吸收；

③ 切记不可使用化学解毒剂处理眼睛。

冲洗完毕涂抹适量的眼部护理液，将伤者送往医院救治。

图5-5　眼睛灼伤处理

5.3.2　烧伤应急处理

实验室若有烧伤，依烧伤情况分别进行应急处理。若是轻度烧伤，可用冷水冲洗15～30min，再以生理盐水擦拭，然后在伤处抹些烫伤药膏、万花油等。勿用药膏、牙膏涂抹，切勿刺破水泡。若是重度烧伤则应送医院就医。

5.3.3　冻伤应急处理

迅速脱离低温环境和冰冻物体，把冻伤部位放入40℃（不要超过此温度）的热水中浸20～30min。冻伤时，不可做运动或用雪、冰水等进行摩擦取暖。冻伤情况严重者，在对冻伤部位做复温的同时尽快就医。

5.3.4　玻璃仪器划伤应急处理

【案例引入】玻璃仪器划伤应急处理

某高校化学实验室没有将碎玻璃仪器单独回收，而是与普通垃圾混在一起倒入垃圾桶。由于普通垃圾中混有大量的废纸和废弃手套，将玻璃碎渣掩盖，清洁人员不知情一如既往清理垃圾被划伤，送往医院处理后才将血止住。

　　化学实验室玻璃仪器使用种类与数量繁多，若遇玻璃仪器破碎划伤身体事件，首先要进行止血，以防大量流血引起休克。原则上可直接压迫损伤部位进行止血，即使损伤动脉，也可用手指或纱布直接压迫损伤部位即可止血。玻璃仪器伤害一般有以下三种情况：

　　① 由玻璃片或玻璃管造成的外伤：首先必须检查伤口内有无玻璃碎片，以防压迫止血时将碎玻璃片压深。若有碎片，应先用消过毒的镊子小心地将玻璃碎片取出，再用消毒棉花和硼酸溶液或双氧水洗净伤口，再涂上红药水或碘酊（两者不能同时使用）并用消毒纱布包扎好。若伤口太深，流血不止，则让伤者平卧，抬高出血部位，压住附近动脉，并在伤口上方约10cm处用纱布扎紧，压迫止血，并立即送医院治疗。

　　② 由沾有化学品的碎玻璃片或管刺伤：应立即挤出污血，以尽可能将化学品清除干净，以免中毒。用净水洗净伤口，涂上碘酊后包扎。如化学品毒性大则应立即送医治疗。被带有化学品的注射器针头刺伤时可进行同样处理。

　　③ 玻璃碎屑进入眼睛造成的伤害：玻璃碎屑进入眼内绝不能用手搓揉，尽量不要转动眼球，可任其流泪。有时碎屑会随泪水流出。严重时，用纱布包住眼睛，将伤者紧急送医治疗。

5.3.5　机械性损伤的应急处理

　　实验室常发生的机械性损伤事故一般包括：割伤、刺伤、挫伤、撕裂伤、撞伤、砸伤、扭伤等。对于轻伤，处理的关键是清创、止血、防感染。当伤势较重，出现呼吸骤停、窒息、大出血、开放性或张力性气胸、休克等危及生命的紧急情况时，应临时施行心肺复苏、控制出血、包扎伤口、骨折固定等。

　　（1）轻伤处置

　　① 立即关闭运转机械，保护现场，向应急小组汇报。

　　② 对伤者同时进行消毒、止血、包扎、止痛等临时措施。

　　③ 尽快将伤者送医院进行防感染和防破伤风处理，或根据医嘱作进一步检查。

　　（2）重伤处置

　　① 立即关闭运转机械，保护现场，及时向现场应急指挥小组及有关部门汇报，应急指挥部门接到事故报告后，迅速赶赴事故现场，组织事故抢救。

　　② 对伤者进行包扎、止血、止痛、消毒、固定等临时措施，防止伤情恶化。如伤者有断肢等情况，及时用干净毛巾、手绢、布片包好，放在无裂纹的塑料袋或胶皮袋内，袋口扎紧，在口袋周围放置冰块、雪糕等降温物品，不得在断肢处涂酒精、碘酒及其他消毒液。

　　③ 迅速拨打120求救或送附近医院急救，断肢随伤员一起运送。

5.3.6　触电应急处理

　　触电事故有两个特点：一是无法预兆，瞬间即可发生；二是危险性大，致死率高。一旦发生触电事故，不要慌乱，一定要冷静正确处理。

　　触电事故应急处理原则：动作迅速，方法得当。

　　① 迅速让触电者脱离电源。人体触电后，很可能由于痉挛或昏迷紧紧握住带电体，不能自拔，此时应立即切断电源。如果电闸不在事故现场附近，立即用绝缘物体将带电导线从触电者身上移开，使触电者迅速脱离电源（图5-6）。要特别注意：未采取绝缘前，救助者不可徒手拉触电者，以防自己被电流击倒。

图5-6　用绝缘物体让触电者脱离电源

② 根据触电者伤情紧急施救。一般人触电后，会出现神经麻痹、呼吸中断、心脏停止跳动等征象，外表上呈现昏迷不醒的状态，但这不是死亡，所以应立即就地坚持正确抢救。如果触电者脱离电源后神志清醒，应使其就地躺平，严密观察；如果触电者神志不清，应就地仰面躺平，呼叫伤员或轻拍其肩部，以判定伤员是否意识丧失；如触电者无知觉，有呼吸和心跳，应立即送医；如触电者呼吸停止，但心跳尚存，应施行人工呼吸；如心跳停止，呼吸尚存，应采取胸外心脏挤压法；如呼吸、心跳均停止，则须同时采用人工呼吸法和胸外心脏挤压法进行抢救。

5.3.7　爆炸事故应急处理

① 实验室爆炸发生时，实验室负责人或安全员在其认为安全的情况下必须及时切断电源和管道阀门，避免爆炸事故进一步扩大；
② 所有人员（上课教师和学生）应听从临时召集人的安排，有组织地通过安全出口或用其他方法迅速撤离爆炸现场；
③ 应急预案领导小组负责安排抢救工作和人员安置工作。

5.3.8　放射性事故的应急处理

实验室若遇到放射源跌落、封装破裂等意外事故，应及时关闭门窗和所有的通风系统，立即向单位领导和上级有关部门报告。
启动应急响应，通知邻近工作人员迅速离开，严密管制现场，严禁无关人员进入，控制事故影响的区域，减少和控制事故的危害和影响。

5.3.9　火灾事故应急处理

① 发现火情，立即采取措施处理，防止火势蔓延并迅速报告。
② 确定火灾发生的位置，判断出火灾发生的原因，如压缩气体、液化气体、易燃液体、易燃物品、自燃物品等。

③ 明确火灾周围环境，判断出是否有重大危险源分布及是否会带来次生灾难发生。

④ 明确救灾的基本方法，用适当的消防器材进行扑救。包括木材、布料、纸张、橡胶以及塑料等的固体可燃材料的火灾，可采用水冷却法，但对资料、档案应使用二氧化碳、干粉灭火剂灭火。易燃可燃液体、易燃气体和油脂类等化学药品火灾，使用大剂量泡沫灭火剂、干粉灭火剂将液体火灾扑灭。带电电气设备火灾，应切断电源后再灭火，因现场情况及其他原因，不能断电，需要带电灭火时，应使用沙子或干粉灭火器，不能使用泡沫灭火器或水。可燃金属，如镁、钠、钾及其合金等火灾，应用特殊的灭火剂，如干沙或干粉灭火器等来灭火。

⑤ 依据可能发生的危险化学品事故类别、危害程度级别划定危险区，对事故现场周边区域进行隔离和疏导。

⑥ 视火情拨打"119"报警求救，并到明显位置引导消防车到达火灾现场。

5.3.10　剧毒化学药品丢失应急处理

① 当有人发现化学剧毒药品有丢失时，应立即向实验室负责人汇报；

② 实验室负责人得知情况后，首先要及时向实验室安全事故应急小组、院分管领导等汇报现场药品丢失情况，并安排至少两名专业人员留守现场，保护好现场，直至公安部门人员和保卫人员到达现场；

③ 实验室负责人向各级领导汇报情况完毕后，立即组织通知实验室安全员及相关实验员在半小时内到达现场；

④ 实验室安全员及相关实验员到达现场后，应在实验室安全事故应急小组办公室集合，不得离开，等待相关部门领导调查问询；

⑤ 相关部门领导全部到达现场后，实验室负责人与公安部门人员立即对实验室配带钥匙人员进行调查，了解实验室钥匙是否有丢失、被他人使用或复制现象；

⑥ 实验室负责人、实验室安全员对近期实验室人员出入、药品使用等情况立即进行详细检查，对实验室相关人员进行询问调查，了解掌握实际情况；

⑦ 实验室负责人、实验室安全员在人员询问调查完毕后，立即对实验室所有药品进行一次盘查，确认其他药品有无丢失现象，如有丢失现象，还需进一步进行深入调查；

⑧ 根据各方面线索对丢失药品流向做出判断，在最短时间内将丢失剧毒药品追回；

⑨ 整个事件处理完毕后，实验室负责人在24小时内，以书面形式报告实验室安全事故应急小组事件的全过程及专业采取的防范措施。

5.3.11　危险化学品泄漏事故应急处理

① 实验室内发生化学品泄漏事故时，当事人或在场人员立即拨打有关电话报警和联系实验室负责人、实验室安全员与负责人员，简要报告事故地点、类别和状况。

② 及时组织现场人员迅速撤离，同时设置警戒区，对泄漏区域进行隔离，严格控制人员进入。

③ 控制危险化学品泄漏的扩散，在事故发生区域内严禁火种，严禁开关电闸和使用手机等。

④ 进入事故现场抢险救灾人员需佩戴必要的防护用品，视化学品的性质、泄漏量大小及

现场情况，分别采取相应的处理手段。发生小量液体化学品泄漏时，可迅速用不同的物质和方法进行处理，防止泄漏物发生更大的反应，造成更大的危害。

⑤　如有伤者，要及时拨打120急救电话或及时送医院救治。如有实验员受伤，要及时通知安全事故应急小组的领导。

5.4　实验室急救技术

急救即紧急救治的意思，是指当有任何意外或急病发生时，施救者在医护人员到达前，按医学护理的原则，利用现场适用物资临时及适当地为伤病者进行的初步救援及护理，然后快速送医治疗。

5.4.1　休克昏迷处理技术

休克是因为机体遭受强烈的致病因素后，由于有效循环血量锐减，机体失去代偿，组织缺血缺氧，神经体液因子失调的一种临床症候群。休克可引发心力衰竭、急性肝肾功能衰竭、脑功能障碍等并发症，按病因分：失血性、烧伤性、创伤性、感染性、过敏性、心源性和神经源性。

当伤者有感觉头晕、口渴、呕吐、面色灰白、脉搏加快、呼吸微弱等症状，我们可以认为其有休克的可能性，给予适当的处理。将伤者平躺在地或在床，下肢应略抬高，以利于静脉血回流。如果有呼吸困难可将头部和躯干抬高一点，以利于呼吸。将颈部衣服松解，用被单等包裹身体，伴发高烧的感染性休克病人应给予降温。保持冷静，喂伤者适量流体，如温热的甜茶、稀盐水，注意不可强行灌入液体。如果在喂水过程中呼吸微弱甚至停止时，应立即拨打救助电话，在等待医护人员到来的过程中应密切观察受伤者状态，进行心肺复苏，如出血则应进行快速止血。对待有休克危险的病人应注意保持呼吸道畅通，密切观察病人的呼吸形态、动脉血气，了解缺氧程度，减轻组织缺氧状况。对于休克晚期和严重呼吸困难的伤者可做气管插管或气管切开，并及早使用呼吸机辅助呼吸。

加强心理护理，休克时机体产生应激心理，病人表现有种濒死感，出现焦虑、恐惧和依赖心理，因而在抢救病人时态度要温和，忙而不乱，沉着冷静，处理快速果断，技术熟练，同时要劝告陪同人员不要惊慌，以减轻病人的紧张恐惧情绪。如果休克病人有意识存在，在护理时应给予精神上和机体上的关心与体贴，使病人产生安全感，从而帮助病人树立起战胜疾病的信心。在现场急救处理完毕后及时送进医院治疗。

5.4.2　心肺复苏处理技术

（1）心肺复苏术原理　心肺复苏术是指当呼吸停止或心跳停顿时合并使用人工呼吸及心外按摩来进行急救的一种技术。空气中含80%的氮气，20%的氧气（其中包括微量的其他气体），而经由人体呼吸再呼出的空气成分中氮气仍占约80%，氧气却降低为16%，二氧化碳占了4%，经由正常呼吸所呼出的气体中氧的含量仍能够满足心肺的供氧要求。实施口对口人工呼吸是借助急救者吹气的力量，使气体被动吹入肺泡，通过肺的间歇性膨胀，以达到维持肺泡通气和氧合作用，从而减轻组织缺氧和二氧化碳累积。利用人工呼吸，吹送空气进入患者肺腔，再配合心外按压，促使血液从肺部交换氧气再循环到脑部及全身，以维持脑细胞及器官组织的存活。这便是心肺复苏术的原理。溺水、心脏病、高血压、车祸、触电、药物中毒、气体中毒、异物堵塞呼吸道等导致呼吸终止和心跳停顿，在医疗救护到达前都需要利用心肺复苏术以保障脑细胞及器官组织不致坏死。

（2）心肺复苏术操作流程　心肺复苏术操作流程见图5-7。

第一步：　评估意识。轻拍患者双肩、在双耳边呼唤，禁止摇动患者头部损伤颈椎。如果患者对呼唤、疼痛和刺激有反应，要继续观察；如果没有反应则为昏迷，进行下一个流程。

第二步：高声求救。高声呼救"快来人啊，有人晕倒了"，接着拨打120急救电话，说明情况后立即进行心肺复苏术。

第三步：判断是否有颈动脉搏动。用右手的中指和食指从气管正中环状软骨划向近侧颈动脉搏动处，确认有无搏动。

第四步：畅通呼吸道。取出口内异物，清除分泌物。用一手推前额使头部尽量后仰，同时另一手将下颌向上抬起。注意：不要压到喉部及颏下软组织。

第五步：心脏按压。心脏按压部位为胸部正中央、两乳头连线中点。胸外心脏按压时，施术者双手伸直，借身体和上臂的力量，向脊柱方向按压，使胸廓下陷3.5～5cm，然后迅速放松，解除压力，让胸廓自行复位，使心脏舒张，如此有节奏地反复进行。按压与放松的时间大致相等，放松时掌根部不得离开按压部位，以防位置移动，但放松应充分，以利血液回流。按压频率一般每分钟100次左右。

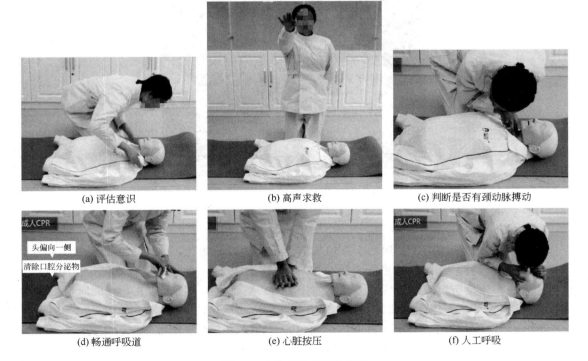

(a) 评估意识　　　　　　　(b) 高声求救　　　　　　(c) 判断是否有颈动脉搏动

(d) 畅通呼吸道　　　　　　(e) 心脏按压　　　　　　(f) 人工呼吸

图5-7　心肺复苏术操作流程

第六步： 人工呼吸。通过观察判断患者是否还有呼吸，如果没有呼吸，立即给予人工呼吸。用拇指轻牵下唇，使患者口微微张开，然后深吸一口气，用力向患者口中吹气，同时用眼角注视患者的胸廓，胸廓膨起为有效。待胸廓下降，吹第二口气。口对口吹气量不宜过大，一般每次送气400～600mL，频率10～12次/分钟。以心脏按压：人工呼吸=30∶2的比例进行，操作5个周期。吹气时间不宜过长，过长会引起急性胃扩张、胃胀气和呕吐。

一般来说，现场的心肺复苏除非看到患者呼吸和循环有效恢复，否则要持续进行，直到急救医护人员接手承担复苏。

5.4.3 止血与包扎处理技术

（1）压迫止血方法 不同损伤程度的出血采用的止血方法不同。机体出血分外出血和内出血两种。外出血根据血管损伤的类型可分为动脉出血、静脉出血和毛细血管出血。动脉出血：鲜红色，喷射或冒出，量多，可危及生命；静脉出血：暗红色，慢慢涌出或徐徐流出，量中等，不能危及生命；毛细血管出血：量少，点滴而出或缓慢渗出，危险性小。外出血一般采用压迫止血法进行应急处理。常见的压迫止血法有直接压迫法、间接压迫法和指压止血法（图5-8）。直接压迫法是直接压迫出血部位，用于一般性出血；间接压迫法适用于伤口有异物的出血；指压止血法适用于急救处理较急剧的动脉出血。如果手头一时无包扎材料和止血带时，或运送途中放止血带的间隔时间，可用此法。指压止血法操作简便，能迅速有效地达到止血目的，缺点是要事先了解正确的压迫点才能见效，而且止血不易持久，应随即采用其他止血法。

图5-8 指压止血法

（2）包扎止血方法

① 环形包扎法：如图5-9所示。常用于肢体较小部位的包扎，或用于其他包扎法的开始和终结。包扎时打开绷带卷，把绷带斜放伤肢上，用手压住，将细带绕肢体包扎一周后再将带头和一个小角反折过来，然后继续绕圈包扎，第二圈盖住第一圈，包扎4～5圈即可。

② 回返包扎法：用于头部，肢体末端或断肢部位的包扎，如图5-10所示。

③ "8"字包扎法：多用于关节部位的包扎。在关节上方开始做环形包扎数圈，然后将绷带斜行缠绕，一圈在关节下缠绕，两圈在关节凹面交叉，反复进行，每圈压过前一圈一半或三分之一，如图5-11所示。

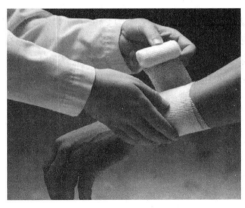

　　图5-9　环形包扎法　　　　　　　　　　　图5-10　回返包扎法

　　④ 螺旋包扎法：绷带卷斜缠绕，每卷压着前面的一半或1/3，此法多用于肢体粗细差别不大的部位，如图5-12所示。

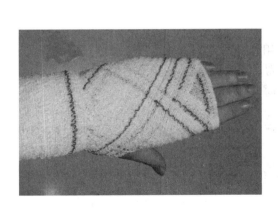
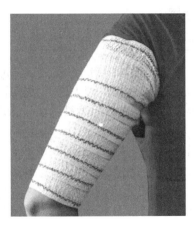

　　　图5-11　"8"字包扎法　　　　　　　　　图5-12　螺旋包扎法

　　⑤ 反折螺旋包扎法：做螺旋包扎时，用大拇指压住绷带上方，将其反折向下，压住前一圈的一半或1/3，多用于肢体粗细相差较大的部位，如图5-13所示。

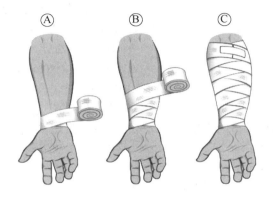

图5-13　反折螺旋包扎法

　　值得注意的是，很多学生很难在短期内掌握急救方法，发生人身伤害时，应该在实验教师的指导下进行急救。但是，目前高校实验人员也相对缺乏急救技能方面的相关培训，存在一定安全隐患。长期从事化学实验教学的教师，有必要定期进行常规的实验室伤害应急处理训练，熟悉一般的实验室伤害应急处理方法，以备不时之需。

 课后习题

一、单选题

1. 以下是酸灼伤的处理方法，其顺序为（　　　）。
①以1%～2%NaHCO₃溶液洗。②立即用大量水洗。③送医院。
A．①③②　　　　　　B．②①③　　　　　　C．③①②　　　　　　D．③②①

2. 当不慎把大量浓硫酸滴在皮肤上时，正确的处理方法是（　　　）。
A．用酒精棉球擦
B．不作处理，马上去医院
C．用碱液中和后，用水冲洗
D．以吸水性强的纸或布吸去后，再用水冲洗

3. 以下是溴灼伤处理方法，其顺序为（　　　）。
①送医院。②立即用大量水洗。③用乙醇擦至灼伤处为白色。
A．②③①　　　　　　B．②①③　　　　　　C．③②①　　　　　　D．①②③

4. 当不慎把少量浓硫酸滴在皮肤上（在皮肤上没形成挂液）时，正确的处理方法是（　　　）。
A．用酒精棉球擦　　　　　　　　　　B．不作处理，马上去医院
C．用碱液中和后，用水冲洗　　　　　D．用水直接冲洗

5. 皮肤若被低温（如固体二氧化碳、液氮）冻伤，应（　　　）。
A．马上送医院　　　　　　　　　　　B．用温水慢慢恢复体温
C．用火烘烤　　　　　　　　　　　　D．应尽快浸入热水

6. 金属Hg具有高毒性，常温下挥发情况为（　　　）。
A．不挥发　　　　　　　　　　　　　B．慢慢挥发
C．很快挥发　　　　　　　　　　　　D．需要在一定条件下挥发

7. 不是实验室常用于皮肤或普通实验器械的消毒液的是（　　　）。
A．0.2%～1%漂白粉溶液　　　　　　　B．70%乙醇
C．2%碘酊　　　　　　　　　　　　　D．0.2%～0.5%的洗必泰

8. 以下（　　　）具有强腐蚀性，使用时须做必要防护。
A．硝酸　　　　　　　　B．硼酸　　　　　　　　C．稀醋酸

9. 实验中如遇刺激性及神经性中毒，先服牛奶或鸡蛋白缓和，再服用（　　　）。
A．氢氧化铝膏，鸡蛋白　　　　　　　B．硫酸铜溶液（30g溶于一杯水中）催吐
C．乙酸果汁，鸡蛋白

10. 在实验中，以下做法错误的是（　　　）。
A．一旦浓硫酸落在人身上，应用4.5%乙酸或1.5%左右的盐酸中和洗涤

B．一旦浓硫酸落在人身上，应以弱碱（2%碳酸钠）或肥皂液中和洗涤

C．一旦碱液落在皮肤上，应用4.5%乙酸或1.5%左右的盐酸中和洗涤

D．温度计插入液体测量温度的同时，不用它搅拌液体

11．不慎发生意外，下列操作不正确的是（　　　）。

A．如果不慎将化学品弄洒或污染，立即自行回收或者清理现场，以免对他人产生危险

B．见到他人洒落的液体应及时用抹布抹去，以免发生危险

C．pH值中性即意味着液体是水，自行清理即可

D．不慎将化学试剂弄到衣物和身体上，立即用大量清水冲洗10～15min

12．以下物质中，（　　　）应该在通风柜内操作。

A．氢气　　　　　　　B．氮气　　　　　　　C．氦气　　　　　　　D．氯化氢

13．当不慎把少量浓硫酸滴在皮肤上时，应该（　　　）。

A．用酒精擦洗　　　　　　　　　　B．马上去医院

C．用碱液中和后，用水冲洗　　　　D．立即用大量水冲洗

14．当不慎把大量浓硫酸倒在皮肤上时，正确的处理方法是（　　　）。

A．用酒精棉球擦　　　　　　　　　B．不作处理，马上去医院

C．用碱液中和后，用水冲洗　　　　D．以吸水性强的纸或布吸去后，再用水冲洗

15．实验过程中发生烧（灼）伤，错误的处理方法是（　　　）。

A．浅表的小面积灼伤，以冷水冲洗15～30min至散热止痛

B．以生理食盐水擦拭（勿以药膏、牙膏、酱油涂抹或以纱布盖住）

C．若有水泡可自行刺破

D．大面积的灼伤，应紧急送至医院

16．强碱烧伤处理错误的是（　　　）。

A．立即用稀盐酸冲洗

B．立即用1%～2%的醋酸冲洗

C．立即用大量水冲洗

D．先进行应急处理，再去医院处理

17．眼睛被化学品灼伤后，首先采取的正确方法是（　　　）。

A．点眼药膏

B．立即提起眼睑，用清水冲洗眼睛

C．马上到医院看急诊

18．实验工作中不小心被碱类灼伤时，下面处理方法不正确的是（　　　）。

A．立即用大量清水洗涤

B．先用清水冲洗，再用3%NaHCO₃水淋洗

C．先用清水冲洗，再撒硼酸粉

D．先用清水洗再用20g/L的醋酸冲洗

19．实验室常见的包扎止血方法有（　　　）。

A．环形包扎法　　　　B．回返包扎法　　　　C．螺旋包扎法　　　　D．以上都是

20．心脏复苏一般包括如下4个步骤：①评估意识，②高声呼救，③心脏按压，④人工呼吸，其正确的操作流程是（　　　）。

A．①②③④　　　　　B．②①③④　　　　　C．①②④③　　　　　D．②①④③

21．把玻璃管或温度计插入橡胶塞或软木塞时，常常会折断而使人受伤。下列不正确的操作方法是（　　　）。

A．可在玻璃管上沾些水或涂上甘油等作润滑剂，一手拿着塞子，一手拿着玻璃管一端（两只手尽量靠近），边旋转边慢慢地把玻璃管插入塞子中

B．橡胶塞等钻孔时，打出的孔比管径略小，可用圆锉把孔锉一下，适当扩大孔径

C．无需润滑，且操作时与双手距离无关

D．需要润滑，注意折断

22．皮肤被生石灰灼伤时，以下处理是正确的是（　　　）。

A．立即用大量的水洗涤，再用醋酸溶液冲洗或撒硼酸粉

B．不作处理

C．应先用油脂类的物质除去生石灰，再用水进行冲洗

D．A和B都错，应用草酸先和生石灰作用，再冲洗干净包扎

23．吸入（　　　）中毒可进行人工呼吸。

A．硫化氢　　　　　　B．氯气　　　　　　C．液溴　　　　　　D．一氧化碳

24．大量的试剂应放在（　　　）。

A．试剂架上　　　　　　　　　　　　B．实验室内试剂柜中

C．实验台下柜中　　　　　　　　　　D．试剂库内

25．过氧化酸、硝酸铵、硝酸钾、高氯酸及其盐、重铬酸及其盐、高锰酸及其盐、过氧化苯甲酸、五氧化二磷等是强氧化剂，使用时应注意（　　　）。

A．环境温度不要高于30℃

B．通风要良好

C．不要加热，不要与有机物或还原性物质共同使用

D．以上都是

26．化学危险药品对人身会有刺激眼睛、灼伤皮肤、损伤呼吸道、麻痹神经等危险，一定要注意化学药品的使用安全，以下不正确的做法是（　　　）。

A．了解所使用的危险化学药品的特性，不盲目操作，不违章使用

B．妥善保管身边的危险化学药品，做到：标签完整，密封保存；避热、避光、远离火种

C．室内可存放大量危险化学药品

D．严防室内积聚高浓度易燃易爆气体

27．取用化学药品时，以下（　　　）是正确的。

A．取用腐蚀和刺激性药品时，尽可能带上橡胶手套和防护眼镜

B．倾倒时，切勿直对容器口俯视；吸取时，应该使用橡皮球

C．开启有毒气体容器时应戴防毒用具

D．以上都是

28．涉及有毒试剂的操作时，应采取的保护措施包括（　　　）。

A．佩戴适当的个人防护器具　　　　　B．了解试剂毒性，在通风柜中操作

C．做好应急救援预案　　　　　　　　D．以上都是

29．实验中用到很多玻璃器皿，容易破碎，为避免造成割伤应该注意（　　　）。

A．装配时不可用力过猛，用力处不可远离连接部位

B．不能口径不合而勉强连接

C．玻璃折断面需烧圆滑，不能有棱角

D．以上都是

30．使用易燃易爆的化学药品，不正确的操作是（　　　）。

A．可以用明火加热　　　　　　　　B．在通风柜中进行操作

C．不可猛烈撞击　　　　　　　　　D．加热时使用水浴或油浴

二、判断题

1．当电气设备发生火灾后，如果可能应当先断电后灭火。（　　　）

2．火灾发生后，当所有的逃生线路被大火封锁时，应立即退回室内，用手电筒、挥舞衣物、呼叫等方式向窗外发送求救信号，等待救援。（　　　）

3．当发生火情时，应尽快沿着疏散指示标志和安全出口方向迅速离开火场。（　　　）

4．大火封门无路可逃时，可用浸湿的被褥、衣物堵塞门缝，向门上泼水降温，以延缓火灾蔓延时间，呼叫待援。（　　　）

5．同学发现宿舍楼的电闸箱起火，可以用楼内的消火栓灭火。（　　　）

6．扑救气体火灾切忌盲目扑灭火势，首先应切断火势蔓延途径，然后疏散火势中压力容器或受到火焰辐射热威胁的压力容器，不能疏散的部署水枪进行冷却保护。（　　　）

7．用灭火器灭火时，灭火器的喷射口应该对准火焰的中部。（　　　）

8．实验大楼因出现火情发生浓烟时应迅速离开，当浓烟已穿入实验室内时，要沿地面匍匐前进，因地面层新鲜空气较多，不易中毒而窒息，有利于逃生。当逃到门口时，千万不要站立开门，以避免被大量浓烟熏倒。（　　　）

9．使用手提灭火器时，拔掉保险销，握住胶管前端，对准燃烧物根部用力压下压把，灭火剂喷出，左右扫射，就可灭火。（　　　）

10．实验大楼出现火情时千万不要乘电梯，因为电梯可能因停电或失控，同时又因"烟囱效应"，电梯井常常成为浓烟的流通道。（　　　）

11．开启车床前，不用检查车床各手柄是否处于正常位。（　　　）

12．在机床快速进给时，要把手轮离合器打开，以防手轮快速旋转伤人。（　　　）

13．仪器设备出现异常时，须立即停机，并找专业人员进行检修。（　　　）

14．电气检修时，应在配电箱或开关处悬挂"禁止合闸，有人工作"的标示牌。（　　　）

15．电路保险丝熔断，短期内可以用铜丝或铁丝代替。（　　　）

16．实验室禁止私拉乱接电线，实验过程中自制非标设备时，应报请实验室管理人员批准，然后请电气专业人员按照标准安全地连接。（　　　）

17．身边有人严重触电，应当首先切断电源，然后进行紧急抢救如人工呼吸，并立即拨打急救电话120。（　　　）

18．电击（触电）通常指因为人体接触带电的线路或设备而受到伤害的事故。为了避免电击（触电）事故的发生，设备须可靠接地和人体对地绝缘。（　　　）

19．电流对人体的伤害有两种类型：即电击和电伤。（　　　）

20．短路是指电气线路中相线与相线，相线与零线或大地，在未通过负载或电阻很小的情况下相碰，造成电气回路中电流剧增的现象。（　　　）

消防安全管理

6.1 燃烧与爆炸

6.1.1 燃烧

燃烧一般是指可燃物与助燃物发生的一种剧烈的、发光发热的现象。狭义的燃烧是指可燃物和空气中的氧气发生氧化还原反应。广义上来讲，燃烧不一定需要氧气参加，所有发光、发热、剧烈的氧化还原反应都可以称为燃烧，氧化剂除氧气外还可能是氯气、高锰酸钾、过氧化氢等各种强氧化剂，还原剂不仅仅包括汽油、酒精等可燃物，还包括各种有机或无机的还原剂。

近代的连锁反应理论将燃烧解释为自由基的链式反应，在反应过程中发光、放热。这个理论将燃烧的链式反应分为三个阶段：链引发、链传递及链终止，认为燃烧是一种放热发光的化学反应，其反应过程极其复杂，自由基的连锁反应是燃烧反应的实质，光和热是燃烧过程中发生的物理现象。

6.1.1.1 燃烧的条件

燃烧的必要条件包括可燃物、助燃物和点火源，这三个条件也称为燃烧三要素。

（1）可燃物　不论固体、液体和气体，凡能与空气中的氧或其他氧化剂剧烈反应的物质，一般都是可燃物质，如木材、纸张、汽油、酒精、煤油等。物质的可燃性随着条件的变化而变化，如：木粉比木材刨花容易燃烧，木材刨花比大块木段容易燃烧，木粉甚至能发生爆炸；如：铝、镁、钠等是不燃的物质，但是铝、镁、钠等物质成为粉末后不但能发生自燃，而且还可能发生爆炸；又如：烧红的铁丝在空气中不会燃烧，如果将烧红的铁丝放入纯氧或氯气中，铁丝会非常容易燃烧；再如：甘油在常温下不容易燃烧，但遇高锰酸钾时则会剧烈燃烧。

（2）助燃物　凡能帮助和支持燃烧的物质叫助燃物。一般指氧和氧化剂，主要指空气中的氧，氧在空气中约占21%，当空气中的氧含量逐渐降低时，燃烧反应会逐渐减弱，当空气中氧含量降至14%左右时，燃烧反应较为困难，当空气中氧含量降至14%以下时，燃烧反应就很难维持而会中断，当空气中氧含量增高时，燃烧反应会逐渐激烈，能使一些平时在空气中较难引燃的可燃物变得很容易燃烧。一般来说，可燃物质在无氧（包括其他氧化剂）的条件下不会燃烧，如燃烧1kg石油需要10~12m³空气；燃烧1kg木材需要4~5m³空气。

（3）点火源 凡能引起可燃物质燃烧的能源都叫点火源，如明火、摩擦、冲击、电火花等。

① 明火。柴火、燃气炉（灯）火、酒精炉火、香烟火、打火机火等开放性火焰。

② 火花和电弧。火花包括电、气焊接和切割的火花，砂轮切割的火花，摩擦、撞击产生的火花，烟囱中飞出的火花，机动车辆排出火花，电气开、关、短路时产生的火花和电弧火花等。

③ 危险温度。一般指80℃以上的温度，如电热炉、烙铁、熔融金属、热沥青、沙浴、油浴、蒸汽管裸露表面、白炽灯等。

④ 化学反应热。化合（特别是氧化）、分解、硝化和聚合等放热化学反应的热量，生化作用产生的热量等。

⑤ 其他热量。辐射热、传导热等。

判断可燃液体是否易燃有三个因素：闪点、燃点和自燃点。

闪点：易燃、可燃液体（包括具有升华性的可燃固体）表面挥发的蒸气与空气形成的混合气，当火源接近时会产生瞬间燃烧。这种现象称为闪燃。引起闪燃的最低温度称闪点。当可燃液体温度高于其闪点时则随时都有被点燃的危险。闪点是评定可燃液体火灾爆炸危险性的主要标志。从火灾和爆炸的方面出发，化学品的闪点越低越危险。

燃点：可燃性物质与充足的空气接触完全，到达一定温度与火源接触后产生燃烧，并且离开火源后能持续的燃烧，这个温度就称为燃点。燃点一般比闪点高1~5℃。

自燃点：可燃物在没有外源火种的作用下，因受空气氧化而释放的热量或是因外界温度、湿度变化而引起可燃物自身温度升高进而燃烧的最低的温度，这个温度称为自燃点。

6.1.1.2 燃烧的类型

（1）按照燃烧发生瞬间的特点分类 燃烧是一种复杂的物理、化学交织变化的过程。按照燃烧形成的条件和发生瞬间的特点，燃烧可以分为着火和爆炸。

① 着火。可燃物在与空气共存的条件下，当达到某一温度时，与点火源接触即能引起燃烧，并且离开点火源后仍能持续燃烧，这类持续燃烧的现象叫着火。着火就是燃烧的开始，并且以出现火焰为特征，着火是日常生活中常见的燃烧现象。

可燃物的着火方式一般分为两类：点燃和自燃。

a．点燃（或称强迫着火）：可燃混合物因受外加点火源加热，引发局部火焰，并相继发生火焰传播至整个可燃混合物的现象称点燃或称强迫着火。点火源通常可以是电热线圈、电火花、炽热体和点火火焰等。

b．自燃：可燃物质在没有外部火源的作用时，因受热或自身发热并蓄热所发生的燃烧，称为自燃。自燃点是指可燃物质发生自燃的最低温度。自燃又分为化学自燃和热自燃。

化学自燃：这类着火现象通常不需要外界加热，而是在常温下由于自身发生化学反应引起的，因此习惯上称为化学自燃。例如，火柴受摩擦而着火，炸药受撞击而爆炸，金属钠在空气中自燃，煤炭因堆积过高而自燃（煤与空气中氧气发生缓慢氧化，放出的热量不能及时散发出去而引起自燃）等。

热自燃：如果将可燃物和氧化剂的混合物预先均匀地加热，随着温度的升高，当混合物加热到某一温度时便会自动着火，这种着火方式习惯上称为热自燃。

② 爆炸。爆炸是指物质由一种状态迅速地转变成另一种状态，并在瞬间以机械功的形式释放出巨大的能量，或是气体、蒸气在瞬间发生剧烈膨胀等现象。

（2）按燃烧物形态分类　按燃烧物形态可分为气体燃烧、液体燃烧和固体燃烧。绝大多数可燃物质的燃烧都是在蒸气或气体的状态下进行的，并出现火焰。而有的物质则不能变为气态，其燃烧发生在固相中，如焦炭燃烧时呈炽热状态。

① 气体燃烧。根据燃烧前可燃气体与氧气混合状况不同，其燃烧方式分为扩散燃烧和预混燃烧。

扩散燃烧：扩散燃烧是指可燃性气体或蒸气与气体氧化剂互相扩散，边混合边燃烧。如使用燃气做饭就是扩散燃烧。在扩散燃烧中，化学反应速率要比气体混合扩散速率快得多。整个燃烧速率的快慢由物理混合速率决定。气体（蒸气）扩散多少，就烧掉多少。

预混燃烧：预混燃烧是指可燃气体或蒸气预先同空气（或氧）混合，遇点火源产生带有冲击力的燃烧。预混燃烧一般发生在封闭体系中或混合气体向周围扩散的速率远小于燃烧速率的敞开体系中，燃烧放热造成产物体积迅速膨胀，压力升高，压强可达709.1～810.4kPa。

② 液体燃烧。

大部分可燃液体会发生闪燃：遇到点火源会一闪而灭的燃烧现象。可燃液体在闪燃温度下蒸发出来的气体浓度不足以引起长时间的燃烧，所以才会有这种一闪而灭的现象。闪燃现象往往是可燃气体发生着火的前兆。在消防安全上，闪点可用于区分易燃液体和可燃液体。

③ 固体燃烧。固体燃烧可分为表面燃烧、蒸发燃烧、分解燃烧和阴燃。

表面燃烧：在可燃固体表面，氧和可燃物直接作用而发生的燃烧反应称为表面燃烧。如：木炭、焦炭、铁、铜等的燃烧。

蒸发燃烧：当受到点火源加热时，固体先熔融蒸发，随后蒸气和氧气发生燃烧反应。如：硫、磷、钠、钾、松香、蜡烛、沥青等的燃烧。

分解燃烧：分子结构复杂的固体可燃物，由于受热分解而产生可燃气体后发生的有焰燃烧现象，称为分解燃烧。如：木材、合成塑料、煤等的燃烧。

阴燃（熏烟燃烧）：是指物质无可见光的缓慢燃烧，通常产生烟和温度升高的迹象。如：纸张、纤维织物、胶乳橡胶、锯末等的燃烧。

6.1.1.3　燃烧产物

（1）燃烧产物的定义　燃烧产物是指由燃烧或热解作用产生的全部物质。燃烧产物包括：燃烧生成的气体、能量、可见烟等。其中，散发在空气中能被人们看见的燃烧产物叫烟雾，它是由燃烧产生的悬浮固体、液体粒子和气体组成的混合物。燃烧生成的气体一般是指：一氧化碳、二氧化硫、二氧化碳、丙烯醛、氯化氢等。

（2）燃烧产物与灭火的关系

① 有利方面

a. 阻燃作用：完全燃烧的燃烧产物都是不燃的惰性气体，如二氧化碳、水蒸气等，在一定条件下具有阻燃作用。如果是室内火灾，随着这些惰性物质的增加和氧的消耗，空气中的氧浓度逐渐降低，燃烧速度也会减慢，如果能关闭通风的门窗、孔洞，就会使燃烧速度减慢，直至停止燃烧。

b. 判断火情：由于不同的物质燃烧，其烟气有不同的颜色和气味，故在火灾初期产生的烟能够给人们提供火灾报警，人们可以根据烟雾的方位、规模等，大致判断着火的位置等信息，从而实施正确的扑救方法。

c. 判断燃烧物的种类：燃烧物不同，生成的烟的成分、颜色、气味也不同。根据这一特点，在扑救火灾过程中，可以根据烟的颜色和气味来判断是什么物质在燃烧。

② 不利方面。火灾现场最直接的燃烧产物是烟气。一般火灾总是伴随着浓烟，产生大量对人体和环境有毒、有害的烟气。由于烟气会导致窒息，所以火灾时对人威胁最大的是烟气。认识燃烧产物的危险特性对于现场逃生、火灾扑救都具有非常重要的意义。

a. 引起人员中毒、窒息：统计表明，火灾中大约80%的死亡者是由于吸入燃烧产生的有毒烟气而导致的。火灾产生的烟气中含有大量的有毒成分，如二氧化碳、一氧化碳、二氧化氮、二氧化硫等，这些气体对人体有麻醉、刺激、窒息作用，影响人的正常呼吸、逃生，也给消防人员的灭火工作带来困难。

二氧化碳和一氧化碳是燃烧产生的两种主要燃烧产物。二氧化碳虽然无毒，但当达到一定的浓度时，会刺激人的呼吸中枢导致呼吸急促、烟气吸入量增加，并且还会引起头痛、神志不清等症状。而一氧化碳是火灾中致死的主要燃烧产物之一，其毒性在于对血液中血红蛋白的高亲和性，其对血红蛋白的亲和力比氧气高250倍，因而，它能够阻碍人体血液中氧气的输送，引起头痛、虚脱、神志不清等症状。

b. 使人员受伤：燃烧产物的烟气中载有大量的热，人在这种高温、湿热环境中极易被烫伤。

c. 影响视线：燃烧产物的烟气具有减光性，影响人的视线，使能见度大大降低。人在浓烟中往往难以辨别火势发展方向和寻找安全疏散路线，给灭火、人员疏散工作带来困难。

d. 成为火势发展、蔓延的因素：燃烧产物有很高的热能，极易造成轰燃，或者因对流或热辐射引起新的起火点。

6.1.2　爆炸

爆炸是指物质由一种状态迅速转变成另一种状态，并在瞬间以机械功的形式释放出巨大的能量，或是气体、蒸气在瞬间发生剧烈膨胀等现象。爆炸产生破坏作用的根本原因是构成爆炸的体系内存有高压气体或在爆炸瞬间生成高温高压气体。爆炸体系和它周围的介质之间发生急剧的压力突变是爆炸的最重要特征，这种压力差的急剧变化是产生爆炸破坏作用的直接原因。

6.1.2.1　按照爆炸的初始能量不同分类

按照爆炸的初始能量不同，爆炸可分为六种。

①核爆炸（核武器）；②化学爆炸（爆破工程、常规武器发射药）；③电爆炸（雷电）；④物理爆炸（高压容器爆炸、火山爆发）；⑤高速碰撞（陨石碰撞）；⑥激光、X射线或其他高能粒子束照射引起的爆炸（激光或粒子束武器）。

物理爆炸是由于液体变成蒸气或者气体迅速膨胀，压力急速增加，并大大超过容器的极限压力而发生的爆炸。如蒸气锅炉、液化气钢瓶等的爆炸。

　　化学爆炸是因物质本身发生化学反应，产生大量气体和高温而发生的爆炸。如炸药的爆炸，可燃气体、液体蒸气和粉尘与空气混合物的爆炸等。

　　核爆炸是剧烈核反应中能量迅速释放的结果，可能是由核裂变、核聚变或者由这两者的多级串联组合所引发。

6.1.2.2　按照爆炸反应的相的不同分类

　　按照爆炸反应的相的不同，爆炸可分为三种。

　　（1）气相爆炸　包括可燃性气体和助燃性气体混合物的爆炸、气体的分解爆炸、液体被喷成雾状物引起的爆炸、飞扬悬浮于空气中的可燃粉尘引起的爆炸等。

　　（2）液相爆炸　包括聚合爆炸、蒸发爆炸以及由不同液体混合所引起的爆炸。例如，硝酸和油脂、液氧和煤粉等混合时引起的爆炸；熔融的矿渣与水接触或钢水包与水接触时，由于过热发生快速蒸发引起的蒸汽爆炸等。

　　（3）固相爆炸　包括爆炸性化合物及其他爆炸性物质的爆炸，以及导线因电流过载而过热，金属迅速汽化而引起的爆炸等。

6.1.2.3　按火焰传播速度分类

　　按火焰传播速度，可分为以下三种。

　　（1）轻爆　物质爆炸时的燃烧速度为每秒数米，爆炸时破坏力小，声响也不太大。如无烟火药在空气中的快速燃烧，可燃气体混合物在接近爆炸浓度上限或下限时的爆炸即属于此类。

　　（2）爆炸　物质爆炸时的燃烧速度为每秒十几米至数百米，爆炸时能在爆炸点引起压力激增，有较大的破坏力，有震耳的声响。可燃性气体混合物在多数情况下的爆炸、火药遇火源引起的爆炸等即属于此类。

　　（3）爆轰　又称爆震。它是一个伴有大量能量释放的化学反应传输过程。反应区前沿为一以超声速运动的激波，称为爆轰波。

　　爆轰同燃爆最明显的区别在于传播速度不同。燃爆时火焰传播速度在10～100m/s的量级，小于燃爆物料中的声速；而爆轰波传播速度则大于1000m/s，大于物料中的声速。例如，化学计量的氢、氧混合物在常压下的燃爆速度为10m/s，而爆轰速度则约为2820m/s。

6.1.3　爆炸极限

　　可燃物质（可燃气体、蒸气和粉尘）与空气（氧气）必须在一定的浓度范围内均匀混合，形成预混气体，遇点火源才会爆炸，这个浓度范围称为爆炸极限，或爆炸浓度极限。通常用可燃气体在空气中的体积分数（%）表示。

　　可燃性混合物的爆炸极限有下限和上限之分，分别称为爆炸下限和爆炸上限。上限指的是可燃性混合物能够发生爆炸的最高浓度。在高于爆炸上限时，空气不足，导致火焰不能蔓延，不会爆炸，但能燃烧。下限指的是可燃性混合物能够发生爆炸的最低浓度。如果可燃物浓度太低，在过量空气的冷却作用下，火焰就会停止蔓延，因此在低于爆炸下限时不爆炸也不燃烧。爆炸极限范围越宽，下限越低，爆炸危险性也就越大。常用可燃气体的爆炸极限见表6-1。

表6-1 常用可燃气体爆炸极限

序号	可燃气体或蒸气	化学式	在空气中爆炸极限（体积分数）/%	
			下限	上限
1	乙烷	C_2H_6	3.0	12.5
2	乙醇	C_2H_5OH	4.3	19.0
3	乙烯	C_2H_4	3.1	32
4	氢	H_2	4.0	75
5	甲烷	CH_4	5.3	14
6	甲醇	CH_3OH	5.5	36
7	甲苯	$C_6H_5CH_3$	1.4	6.70
8	乙醛	CH_3CHO	4.1	55.0
9	丙酮	CH_3COCH_3	3.0	11.0
10	乙炔	C_2H_2	2.2	81
11	氨	NH_3	15.5	27
12	苯	C_6H_6	1.4	5.1
13	环氧乙烷	C_2H_4O	3.0	80.0

可燃粉尘爆炸极限的概念与可燃气体爆炸极限是一致的。由于粉尘不同于气体，不能用体积分数表示，因此其爆炸极限一般用粉尘的质量分数（g/m^3或mg/L）表示。

在日常生活和化工生产中，为了降低爆炸浓度极限，可以加入惰性气体或其他不易燃的气体来降低浓度，或者在排放气体前，通过气体洗涤、吸附等方式清除可燃的气体。

6.1.4 影响爆炸极限的因素

混合体系的组分不同，爆炸极限也不同。同一混合体系，初始温度、系统压力、惰性介质含量、容器材质以及点火能量的大小等因素都对爆炸极限有影响。

6.1.4.1 可燃气体爆炸极限的影响因素

（1）温度影响 由于温度是混合气体发生化学反应的主要影响因素，所以混合物的初始温度决定了爆炸极限的范围。即混合物初始温度升高，则爆炸极限范围区间增大，具体表现在下限降低、上限升高。这是因为系统温度升高，使得气体分子内能增加，运动加剧，使原来不易燃烧的混合物变成易燃、易爆的物质。

（2）压力影响 系统压力升高，爆炸极限范围将扩大（特例：干燥的一氧化碳，压力上升，其爆炸极限范围缩小），主要是使爆炸上限升高。这是由于压力升高，分子间距离变小，相互碰撞的概率增加，使得燃烧反应更容易发生，爆炸极限范围随之扩大，尤其是爆炸上限的增加。反之，压力减小会使爆炸极限范围变小，当压力下降到一定数值时，爆炸极限范围上限和下限如果发生重合，此时的系统压力则称为混合系统的临界压力，如果系统压力低于临界压力，系统就不会发生爆炸。

（3）惰性气体含量影响 在可燃混合物组分中，除了可燃气体和氧气外，还含有一些惰性气体。体系中所含惰性气体的量增加，爆炸极限范围缩小，惰性气体浓度提高到某一数值，混合体系就不会爆炸。惰性气体种类对爆炸极限范围也有影响。

（4）容器、管径影响 由于爆炸发生在一个相对密闭的空间，因此容器、管道的直径也会影响爆炸极限的范围。容器、管道直径越小，爆炸的可能性就越小。当管径（火焰通道）小到一定程度时，单位体积火焰所对应的固体冷却表面散出的热量就会大于产生的热量，火焰便会中断、熄灭。火焰不能传播的最大管径称为该混合体系的临界直径。

爆炸极限范围也会受到容器材料性能比较大的影响，例如氢和氟在玻璃器皿中混合，即使在-100℃，置于黑暗中仍有可能发生爆炸，而在银质器皿中，常温下才会发生爆炸。

（5）点火强度影响　能够引起可燃气体和空气发生燃烧或者爆炸的最小火花能量称为最小点火能，也称为最小火花引燃能、临界点火能。点火能的强度越高，燃烧自发传播的浓度范围也就越宽，燃烧火焰能够传播到更远的距离，尤其是爆炸上限会向可燃气体含量较高的方向移动，即爆炸极限范围变宽。

例如，在100V电压、1A电流火花作用下，甲烷无论处于何种混合比例情况下，均不会发生爆炸；如果电流增加到2A，电压保持不变，其爆炸极限范围为5.9%～13.6%；当电流升高到3A时，其爆炸极限范围为5.85%～14.8%。其爆炸极限范围的变化趋势表明：随着电流的增加，即点火强度变大，爆炸极限会发生明显的变化，上下限都往两端扩展。

（6）干湿度影响　虽然爆炸极限受可燃气体与空气混合物的相对湿度影响较小，但是在极度干燥的情况下，爆炸范围宽度最大。

（7）热表面、接触时间的影响　热表面的接触面积大，点火源与混合物的接触时间长等都会使爆炸极限扩大，增加危险系数。

（8）其他因素　除上述因素外，杂质颗粒的大小、光照强度、表面活性物质化学能等因素，都可能影响爆炸极限范围。

6.1.4.2　可燃蒸气爆炸极限的影响因素

可燃液体的温度是影响可燃蒸气爆炸极限的主要因素。温度决定着液体的蒸发速度和饱和浓度，即液体的温度和它的蒸气浓度之间存在着一定的联系，且相互影响。

在可燃蒸气爆炸中，其爆炸温度极限是一个重要的概念。当可燃液体在一定温度下，由于可燃液体的蒸气导致蒸气浓度达到爆炸浓度时，就会发生爆炸。因此，爆炸温度极限和浓度极限是一对类似的概念，也有上限和下限。爆炸温度上限就是液体蒸发出爆炸上限的蒸气浓度时的温度；爆炸温度下限即液体蒸发出爆炸下限的蒸气浓度时的温度。

6.1.4.3　可燃粉尘爆炸极限的影响因素

可燃粉尘可以分为有机粉尘和无机粉尘两类。可燃粉尘发生爆炸的主要原因是粉尘粒子表面受热发生氧化作用而产生爆炸。其爆炸过程是：当粒子表面与热能、氧气相接触时，由于发生氧化作用，导致了表面温度升高，在高温的作用下，粒子表面的活性分子发生热分解或者由于干馏作用产生可燃气体，并且排放在粒子表面周围；该释放出的可燃气体与空气混合成为爆炸性混合气体，达到一定的浓度范围，就会发生燃烧放出热量，这部分热量将会进一步促进粉末的热分解，不断地挥发出可燃气体与空气混合，一旦挥发出的可燃气体含量达到爆炸极限，就会发生爆炸，有可能还会发生二次爆炸，这种连续性爆炸会造成极大的危害和破坏。

（1）颗粒粒度的影响　粉尘爆炸下限范围与粒度有着紧密的关系。粒度越大，即粒径越小，爆炸下限范围就会越低。粒度的大小常用D50、D97、比表面积等指标表示。D50是指一个样品的累计粒度分布分数达到50%时所对应的粒径。它的物理意义是粒径大于它的颗粒占

50%，小于它的颗粒也占50%，D50也叫中位径或中值粒径。D97常用来表示粉体粗端的粒度指标。它的物理意义是粒径小于它的颗粒占97%。其他如D16、D90等参数的定义与物理意义与D97相似。比表面积是指单位质量的颗粒的表面积之和。比表面积的单位为m^2/kg或cm^2/g。比表面积与粒度有一定关系，粒度越细，比表面积越大。但这种关系不一定是正比关系。

（2）水分的影响　　水分含量增加，会使爆炸下限提高，含量超过一定程度时，甚至会使粉尘失去爆炸性。

（3）氧气浓度的影响　　在粉尘与气体的混合物中，当氧气浓度增加时，会导致爆炸下限范围降低，更容易发生爆炸。

（4）点火源特性的影响　　温度高、接触表面积大的点火源，可导致粉尘爆炸下限范围降低，更容易发生爆炸，危险系数增加。

6.1.5　防爆的措施

6.1.5.1　惰性介质保护

由于爆炸需要同时具备一定范围浓度的可燃物质、助燃剂以及一定能量的点火源三个条件，因此研究预防爆炸的措施也需要从这三个方面入手。如利用惰性保护气体取代空气中的氧气，使得三个必备条件不能同时出现，从而使爆炸过程无法进行。在实际生产过程中，利用惰性气体进行保护，隔绝氧气是最容易实现的工艺，主要采用的惰性气体有氮气、二氧化碳、水蒸气等。

6.1.5.2　系统密闭和负压操作

为了有效地防止易燃气体、蒸气或可燃性粉尘发生泄漏，与空气接触形成爆炸性混合物，应使输出可燃物质的设备处于一个密闭的空间。同时为了杜绝可燃物质的泄漏，保证设备的密封性，危险设备及系统应该尽量少用法兰连接，减少间隙，以此来减少泄漏，但是也要方便安全检修。

为了有效地防止有毒或爆炸性危险气体向容器外逸散或挥发，可以采用负压操作系统。在负压操作下生产的设备，也应防止空气的倒吸。

6.1.5.3　通风置换

通风置换可以有效防止易燃易爆气体积聚达到爆炸极限。在排风系统的设计过程中，需要排出有燃烧爆炸危险的粉尘，在空气进入风机前，应对其进行净化，去除空气中的可燃气体，保证安全。

6.1.5.4　阻止容器或室内爆炸的安全措施

（1）抗爆容器　　抗爆容器，即容器设备具有一定的耐高压能力，即使设备处于剧烈爆炸的情况，也不会被炸碎，而只产生部分变形，这样可以降低设备操作人员的危险系数，达到安全防护的目的。这需要采用高抗压能力的材料，所需成本较高，而且由于相关设备的安全可靠性判别标准不一致，在生产实践中很少普及和广泛地应用，除非是在一些特别危险或容易造成严重后果的场合，才会不计代价采用这些昂贵的设备。

（2）设备泄压　可以通过一些固定的开口装置来及时地进行泄压，把没有燃烧的混合物和燃烧产物排放出去。泄压装置可以分为一次性装置和重复使用的装置，如常见的一次性爆破膜和重复使用的安全阀等。

（3）建筑物泄压　采用建筑物泄压方式，主要是发生爆炸时，用来保护建筑物内的容器和装置，它能使设备不被炸毁和作业人员不受伤害。也可用泄压措施来保护建筑物，但是这不能保护建筑物内的人员安全，在这种情况下，建筑物内的设备必须是远程遥控和操作，并在运行期间严禁人员进入。在建筑物的设计中，主要是通过窗户、外墙和建筑物的屋顶来泄压，通过防止形成密闭空间来保证安全。

6.1.5.5　抑爆

抑爆系统一般由检测初始爆炸信号的传感器和压力式的灭火罐构成，传感器的作用主要是检测爆炸信号，并传输出去；灭火罐的作用主要是通过接收传感器反馈的爆炸信号，在尽可能短的时间内，把灭火剂均匀地喷洒在受保护的设备和建筑物内，从而达到扑灭燃烧火焰，阻止连续爆炸的目的。

6.2　火灾

火灾是在时间或空间上失去控制的燃烧。在各种灾害中，火灾是最经常、最普遍的威胁公众安全和社会发展的主要灾害之一。

6.2.1　火灾的分类

根据可燃物的类型和燃烧特性，按照《火灾分类》（GB/T 4968—2008），将火灾分为A、B、C、D、E、F六大类。

A类火灾：指固体物质火灾。这种物质通常具有有机物性质，一般在燃烧时能产生灼热的余烬，如木材、干草、煤炭、棉、毛、纸张、塑料（燃烧后有灰烬）等火灾。

B类火灾：指液体或可熔化的固体物质火灾，如煤油、柴油、原油、甲醇、乙醇、沥青、石蜡等火灾。

C类火灾：指气体火灾，如煤气、天然气、甲烷、乙烷、丙烷、氢气等火灾。

D类火灾：指金属火灾，如钾、钠、镁、钛、锆、锂、铝镁合金等火灾。

E类火灾：指带电火灾，物体带电燃烧的火灾。

F类火灾：指烹饪器具内的烹饪物（如动植物油脂）火灾。

6.2.2　灭火的基本方法

6.2.2.1　灭火原理

物质燃烧必须具备三个条件：即可燃物、助燃物和点火源，三者缺一不可。灭火的原理就是破坏燃烧的条件，使燃烧反应因缺少条件而终止。

6.2.2.2　基本的灭火方法

（1）隔离法　将着火的地方或物体与其周围的可燃物隔离或移开，燃烧就会因为缺少可燃物而停止。如将靠近火源的可燃、易燃、助燃的物品搬走，把着火的物件移到安全的地方；关闭电源，关闭可燃气体、液体管道阀门，终止和减少可燃物质进入燃烧区域；拆除与燃烧着火物毗邻的易燃建筑物等。

（2）窒息法　阻止空气流入燃烧区或用不燃烧的物质冲淡空气，使燃烧物得不到足够的氧气而熄灭。如用石棉毯、湿麻袋、湿棉被、湿毛巾、黄沙、泡沫等不燃或难燃物质覆盖在燃烧物上；用水蒸气或二氧化碳等惰性气体灌注容器设备；封闭起火的建筑或设备门窗、孔洞等灭火方法。

（3）冷却法　将灭火剂直接喷射到燃烧物上，以降低燃烧物的温度。当燃烧物的温度降到燃点以下时，燃烧就会停止。或者将灭火剂喷洒在火源附近的可燃物上，使其温度降低，防止起火。冷却法是灭火的主要方法，主要用水和二氧化碳来冷却降温。

（4）抑制法　将有抑制作用的灭火剂喷射到燃烧区，并参加到燃烧反应中去，使燃烧反应产生的自由基消失，形成稳定分子或低活性的自由基，使燃烧反应终止。

6.2.3　火灾扑救的方法

（1）扑救A类火灾　可选择水型灭火器、泡沫灭火器、磷酸铵盐干粉灭火器及卤代烷灭火器。

（2）扑救B类火灾　可选择泡沫灭火器（化学泡沫灭火器只限于扑灭非极性溶剂引起的火灾）、干粉灭火器、卤代烷灭火器、二氧化碳灭火器。

（3）扑救C类火灾　可选用干粉、水、七氟丙烷灭火剂。

（4）扑救D类火灾　可选择粉状石墨灭火器、专用干粉灭火器，也可用干沙或铸铁屑末代替。

（5）扑救E类火灾　可选择干粉灭火器、卤代烷灭火器、二氧化碳灭火器等。带电火灾包括家用电器、电子元件、电气设备（计算机、打印机、电动机、变压器等）以及电线电缆等燃烧时仍带电的火灾，而定挂、壁挂的日常照明灯具及起火后可自行切断电源的设备所发生的火灾则不应列入带电火灾范围。

（6）扑救F类火灾　可选择干粉灭火器。

6.2.4　灭火器的分类及使用

消防器材主要包括灭火器、消火栓系统、消防破拆工具。灭火器具体包含干粉灭火器、二氧化碳灭火器、家用灭火器、车用灭火器、森林灭火器、不锈钢灭火器、水系灭火器、悬挂灭火器、枪式灭火器、灭火器箱、灭火器挂架等。室内消火栓系统，包括室内消火栓、水带、水枪。破拆工具类，包括消防斧、切割工具等。至于其他的，都属于消防系统，如火灾自动报警系统、自动喷水灭火系统、防排烟系统、防火分隔系统、消防广播系统、气体灭火系统、应急疏散系统等。

6.2.4.1　灭火器的分类

灭火器是一种可由人力移动的轻便灭火器具，它能在其内部压力作用下，将所充装的灭火剂喷出,用来扑救火灾。灭火器由于结构简单,操作方便,轻便灵活,使用面广,是扑救初起火灾的重要消防器材。在实验室的师生,都必须了解各种消防设施,并且能正确使用。在火灾发生的时候,首先是保护好自己,其次是扑救火灾。

灭火器是由筒体、器头、喷嘴等组成,借助驱动压力可将所充装的灭火剂喷出,达到灭火的目的。灭火器的种类很多,其适用范围也有所不同,只有正确选择灭火器的类型,才能有效地扑救不同种类的火灾,达到预期的效果。

按其移动方式,可分为手提式灭火器和推车式灭火器;按驱动灭火剂的动力来源,可分为储气瓶式灭火器、储压式灭火器、化学反应式灭火器;按所充装的灭火剂,则又可分为泡沫灭火器、干粉灭火器、卤代烷灭火器、二氧化碳灭火器、酸碱灭火器、清水灭火器等。实际工作中,应根据燃烧物质的性质、条件和现场的特点,灵活使用。下面介绍几种常见灭火器的使用方法。

6.2.4.2　灭火器的使用

(1)干粉灭火器及其使用方法　干粉灭火剂是用于灭火的干燥且易于流动的微细粉末,由具有灭火效能的无机盐和少量的添加剂经干燥、粉碎、混合而成的微细固体粉末组成。它是一种在消防中得到广泛应用的灭火剂,且主要用于灭火器中。除扑救金属火灾的专用干粉化学灭火剂外,干粉灭火剂一般分为BC干粉灭火剂(碳酸氢钠等)和ABC干粉(磷酸铵盐等)灭火剂两大类。目前实验室主要配备的干粉灭火器内充装的是磷酸铵盐干粉灭火剂。

干粉灭火器筒体采用优质碳素钢经特殊工艺加工而成。此类灭火器具有结构简单、操作灵活、应用广泛、使用方便、价格低廉等优点。以ABC型灭火器为例,灭火器主要由筒体、瓶头阀、喷射软管(喷嘴)等组成,灭火剂为干粉,驱动气体为二氧化碳,常温下其工作压力为1.5MPa。干粉是一种干燥的、易于流动的微细固体粉末,由能灭火的基料和防潮剂、流动促进剂、结块防止剂等添加剂组成,主要成分是磷酸铵盐。干粉灭火器是利用二氧化碳气体或氮气气体作动力,将筒内的干粉喷出而灭火。干粉灭火器可扑救一般可燃固体火灾,还可扑救石油、有机溶剂等易燃液体、可燃气体和电气设备的初期火灾,即A类火灾、B类火灾、C类火灾和部分E类火灾。

干粉灭火器灭火主要有两个机制:一是靠干粉中无机盐的挥发性分解物,与燃烧过程中燃烧所产生的自由基或活性基团发生化学抑制和负催化作用,使燃烧的链反应中断而灭火;二是靠干粉的粉末落在可燃物表面外,发生化学反应,并在高温作用下形成一层玻璃状覆盖层,从而隔绝氧,进而窒息灭火。另外,还有部分稀释氧和冷却作用。

灭火时,可手提或肩扛灭火器快速奔赴火场,在距燃烧处5m左右,放下灭火器。如在室外,应选择在上风方向喷射。使用的干粉灭火器若是外挂式、储压式的,操控者应一手紧握喷嘴,另一手提起储气瓶上的开启提环。如果储气瓶的开启是手轮式的,则向逆时针方向旋开,并旋到最高位置,随即提起灭火器。当干粉喷出后,迅速对准火焰的根部扫射。使用的干粉灭火器若是内置式储气瓶或者储压式,操作者应先将开启把上的保险销拔下,然后握住喷射软管前端喷嘴部,另一只手将开启压把压下,打开灭火器进行灭火。在灭火时,一手应始终压下压把,不能放开,否则会中断喷射。

干粉灭火器扑救可燃、易燃液体火灾时,应对准火焰根部扫射,但针对不同类型的燃烧,使用方法也有区别。如果被扑救的液体火灾呈流淌燃烧时,应对准火焰根部由近而远,并左右扫射,直至把火焰全部扑灭。如果可燃液体在容器内燃烧,使用者应对准火焰根部左右晃动扫射，使喷射出的干粉流覆盖整个容器开口表面；当火焰被赶出容器时，使用者仍应继续喷射，直至将火焰全部扑灭。在扑救容器内可燃液体火灾时，应注意不能将喷嘴直接对准液面喷射，防止喷流的冲击力使可燃液体溅出而扩大火势，造成灭火困难。如果可燃液体在金属容器中燃烧时间过长，容器壁的温度已经高于扑救可燃液体的自燃点，此时极易发生灭火后再复燃的现象，若与泡沫类灭火器联用，则灭火效果更佳。

（2）泡沫灭火器及其使用方法 泡沫灭火器分为两种，一种是化学泡沫灭火器，另一种是空气泡沫灭火器。化学泡沫灭火器内有两个容器，分别盛放两种液体，它们是硫酸铝和碳酸氢钠溶液，分别放置在内筒和外筒，内筒内为硫酸铝，外筒内为碳酸氢钠，两种溶液互不接触，不发生任何化学反应。除了两种反应物外，灭火器中还加入了一些发泡剂。发泡剂能使泡沫灭火器在打开开关时喷射出大量二氧化碳以及泡沫，能黏附在燃烧物品上，使燃烧的物质与空气隔离，并降低温度，达到灭火的目的。当需要泡沫灭火器时，把灭火器倒立（平时千万不能碰倒泡沫灭火器），两种溶液混合在一起，就会产生大量的二氧化碳气体。

$$Al_2(SO_4)_3+6NaHCO_3 \rightleftharpoons 3Na_2SO_4+2Al(OH)_3\downarrow+6CO_2\uparrow$$

化学泡沫灭火器适用于A类火灾和部分B类火灾，不能扑救B类火灾中的水溶性可燃、易燃液体的火灾，如醇、酯、醚、酮等物质火灾；不能扑救带电设备火灾及C类和D类火灾。

使用化学泡沫灭火器灭火时，可手提筒体上部的提环迅速奔赴火场。此时应注意不得使灭火器过分倾斜，更不可横拿或颠倒，以免两种药剂混合而提前喷出。当距离着火点10m左右，即可将筒体颠倒过来，一只手紧握提环，另一只手扶住筒体的底圈，将射流对准燃烧物。

（3）酸碱灭火器 适用于扑救A类物质燃烧的初起阶段的火灾，如木、织物、纸张等燃烧的火灾。但不能用于扑救B类物质燃烧的火灾，也不能用于扑救C类可燃性气体或D类轻金属火灾。同时也不能用于带电物体火灾的扑救。

（4）二氧化碳灭火器 适用于扑救易燃液体及气体的初起阶段的火灾，也可扑救带电设备的火灾；常应用于实验室、计算机房、变配电所，以及精密电子仪器、贵重设备或物品维护要求较高的场所。

6.2.5 火灾报警

《中华人民共和国消防法》（2021年修正）第四十四条明确规定：任何人发现火灾都应当立即报警。任何单位、个人都应当无偿为报警提供便利，不得阻拦报警。严禁谎报火警。人员密集场所发生火灾，该场所的现场工作人员应当立即组织、引导在场人员疏散。任何单位发生火灾，必须立即组织力量扑救。邻近单位应当给予支援。消防队接到火警，必须立即赶赴火灾现场，救助遇险人员，排除险情，扑灭火灾。

报警时要牢记以下7点：

① 要牢记火警电话"119"。国家综合性消防救援队、专职消防队扑救火灾、应急救援，不得收取任何费用。单位专职消防队、志愿消防队参加扑救外单位火灾所损耗的燃料、灭火剂和器材、装备等，由火灾发生地的人民政府给予补偿。

② 接通电话后要沉着冷静，向接警中心讲清失火单位的名称、地址、什么东西着火、火势大小以及着火的范围。同时还要注意听清对方提出的问题，以便正确回答。

③ 把自己的电话号码和姓名告诉对方，以便联系。

④ 打完电话后，要立即到交叉路口等待消防车的到来，以便引导消防车迅速赶到火灾现场。

⑤ 迅速组织人员疏通消防车道，清除障碍物，使消防车到火场后能立即进入最佳位置灭火救援。

⑥ 如果着火区域发生新的变化，要及时报告消防队，使他们能及时改变灭火战术，取得最佳效果。

⑦ 在没有电话或没有消防队的地方，如农村和边远地区，可采用敲锣、吹哨、喊话等方式向四周报警，动员乡邻来灭火。

6.2.6　火灾烧伤自救

根据烧伤的类型不同，可采取以下急救措施。

6.2.6.1　采取有效措施扑灭身上的火焰，撤离伤员

当衣服着火时，应采用各种方法尽快地灭火，如水浸、水淋、就地卧倒翻滚等，千万不可直立奔跑或站立呼喊，以免助长燃烧，引起或加重呼吸道烧伤。灭火后伤员应立即将衣服脱去，如衣服和皮肤粘在一起，可在救护人员的帮助下把未粘的部分剪去，并对创面进行包扎。

6.2.6.2　防止休克、感染

为防止伤员休克和创面发生感染，应给伤员口服止痛片（有颅脑或重度呼吸道烧伤时，禁用吗啡）和磺胺类药物，或肌肉注射抗生素，并口服淡盐水、淡盐茶水等。一般以少量多次为宜，如发生呕吐、腹胀等，应停止口服。要禁止伤员单纯喝白开水或糖水，以免引起脑水肿等并发症。

6.2.6.3　保护创面

在火灾现场，烧伤创面一般可不做特殊处理，尽量不要弄破水泡，不能涂龙胆紫一类有色的外用药，以免影响烧伤面深度的判断。为防止创面继续污染，避免加重感染和加深创面，创面应立即用三角巾、大纱布块、清洁的衣服或被单等，给予简单的包扎。手足被烧伤时，应将各个指、趾分开包扎，以防粘连。

6.2.6.4　合并伤处理

有骨折者应予以固定；有出血时应紧急止血；有颅脑、胸腹部损伤者，必须给予相应处理，并及时送医院救治。

6.2.6.5　迅速送往医院救治

伤员经火灾现场简易急救后，应尽快送往临近医院救治。护送前及护送途中要注意防止休克。搬运时动作要轻柔，行动要平稳，以尽量减少伤员痛苦。

6.2.7　火灾事故的处理

扑救火灾总的要求是：先控制，后消灭。实验中一旦发生了火灾切不可惊慌失措，应保持镇静，正确判断、正确处理，增强人员自我保护意识，减少伤亡。发生火灾时要做到三会：会报火警、会使用消防设施扑救初起火灾、会自救逃生。灭火人员不应个人单独灭火，要选

择正确的灭火剂和灭火方式，出口通道应始终保持清洁和畅通。

（1）火灾初起时采取的措施　火灾初起，立即组织人员扑救，同时报警。救助人员要立即切断电源，熄灭附近所有火源，移开未着火的易燃易爆物，查明燃烧范围、燃烧物品及其周围物品的品名和主要危险特性、火势蔓延的主要途径等，根据起火或爆炸原因及火势采取不同方法灭火。扑救时要注意可能发生的爆炸和有毒烟雾气体、强腐蚀化学品对人体的伤害。

（2）火灾蔓延时采取的措施　如火势已扩大，在场人员已无力将火扑灭时，要采取措施制止火势蔓延，如关闭防火门、切断电源、搬走着火点附近的可燃物，阻止可燃液体流淌，配合消防队灭火。

6.2.7.1　仪器、设备等起火的处理

（1）容器局部小火　对在容器中（如烧杯、烧瓶等）发生的局部小火，用湿布、石棉网、表面皿或木块等覆盖，就可以使火焰窒息。

（2）反应体系着火　在反应过程中，若因冲料、渗漏、油浴着火等引起反应体系着火时，有效的扑灭方法是用几层灭火毯包住着火部位，隔绝空气使其熄灭。扑救时必须防止玻璃仪器破损，如冷水溅在着火处的玻璃仪器上灭火会击破玻璃仪器，从而造成严重的泄漏扩大火势。若使用灭火器时，由火场的周围逐渐向中心处扑灭。

（3）人体着火　若人的身体着火如衣服着火，应立即用湿抹布、灭火毯等包裹盖熄，或者就近用水龙头浇灭或卧地打滚以扑灭火焰，切勿慌张奔跑，否则风助火势会造成严重后果。

（4）烘箱着火　烘箱有异味或冒烟时，应迅速切断电源，使其慢慢降温，并准备好灭火器备用。千万不要打开烘箱门，以免突然供入空气助燃（爆），引起火灾。

6.2.7.2　化学物品起火的处理

化学品火灾的扑救应由专业消防队来进行，其他人员不可盲目行动，待消防队到达后，介绍起火原因，配合扑救。对以下几种特殊化学药品的火灾扑救时尤其要引起注意。

（1）扑救压缩和液化气体类火灾采取的措施　扑救压缩气体和液化气体类如氢气、乙炔、正丁烷等发生的火灾，应先切断气源，然后用雾状水、泡沫、二氧化碳灭火。若不能立即切断气源，则不允许熄灭正在燃烧的气体。如果要喷水冷却容器，应尽量将容器移至空旷处。

（2）扑救爆炸物品火灾采取的措施　扑救爆炸物品如硝酸甘油等发生的火灾，禁止用沙土盖压，应采用吊射水流。这是为了避免增强爆炸物品爆炸时的威力，也要避免强力水流直接冲击堆垛，以免堆垛倒塌再次引起爆炸。

（3）扑救遇湿易燃物品火灾采取的措施　对于遇湿易燃物品如活泼金属钾、钠等及三氯硅烷、硼氢化钠、碳化钙等发生火灾，禁止用水、泡沫等湿性灭火剂扑救，这是由于这些物品能与水发生化学反应，产生可燃气体和热量，有时即使没有明火也能自动着火或爆炸；对遇湿易燃物品中的粉末火灾，不要使用有压力的灭火剂进行喷射，以防止将粉尘吹扬起来，与空气形成爆炸性混合物而导致爆炸发生。有的化学危险物品遇水能产生有毒或腐蚀性的气体，灭火时要特别注意。

（4）扑救氧化剂和有机过氧化物火灾采取的措施　氧化剂和过氧化物的灭火比较复杂，应注意燃烧物不能与灭火剂发生化学反应。如大多数氧化剂和有机过氧化物遇酸会发生剧烈反应甚至爆炸，如过氧化钠、过氧化钾、氯酸钾、高锰酸钾、过氧化钾着火不能用水扑灭，必须用沙土或用水泥、盐盖灭；高锰酸钾发生火灾的灭火剂为水、雾状水、沙土；氯酸钾发生火灾

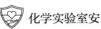

时，可用大量水扑救，同时用干粉灭火剂闷熄。用水泥、干沙覆盖应先从着火区域四周尤其是下风方向等火势主要蔓延方向开始覆盖，形成孤立火势的隔离带，然后逐步向着火点逼近。

（5）扑救毒害品和腐蚀品发生火灾采取的措施　扑救毒害品和腐蚀品发生的火灾时，施救人员要采取全身防护，应尽量使用低压水流或雾状水、干粉、沙土等。氰化钠遇泡沫中酸性物质能生成剧毒气体氰化氢，因此，不能用化学泡沫扑救氰化钠火灾，可用水及沙土扑救。硫酸、硝酸等酸类腐蚀物品，遇加压密集水流，会立即沸腾起来，酸液四溅，酸液数量不多时，可用大量低压水快速扑救。如果浓硫酸量很大，应先用二氧化碳、干粉等灭火，然后再把着火物品与浓硫酸分开。

（6）特殊物品发生火灾采取的措施　易燃固体、自燃物品一般都可用水和泡沫扑救。但也有少数易燃固体、自燃物品的扑救方法比较特殊。

① 易升华的易燃固体起火。2,4-二硝基苯甲醚、二硝基萘、萘等易升华的易燃固体，救火时要不断向燃烧区域上空及周围喷射雾状水，并消除周围一切火源，因为要防止易燃蒸气与空气形成爆炸性混合物。

② 黄磷起火。救火时禁用酸碱、二氧化碳、氯代烷灭火剂，用低压水或雾状水扑救。由于黄磷会自燃，因此，灭火过程中的黄磷熔融液体流淌时应用泥土、沙袋等筑堤拦截并用雾状水冷却；灭火后已固化的黄磷，应用钳子钳入贮水容器中。

③ 特殊易燃固体和自燃物品起火。少数易燃固体和自燃物品如三硫化二磷、铝粉、保险粉（连二亚硫酸钠）宜选用干沙和不用压力喷射的干粉扑救，不能用水和泡沫扑救。

④ 对于易燃液体起火。扑救相对密度小于1且不溶水的易燃液体（如汽油、苯等）发生的火灾，不能用水扑救。因水会沉在液体下面，可能形成喷溅、漂流而扩大火灾，宜用泡沫、干粉、二氧化碳等扑救；比水重又不溶于水的液体（如二硫化碳）起火时可用水扑救，水能覆盖在液面上灭火，用泡沫也有效；具有水溶性的液体（如醇类、酮类等），最好用抗溶性泡沫扑救，用干粉扑救时，灭火效果要视燃烧面积大小和燃烧条件而定，也需用水冷却罐壁，降低燃烧强度。

6.3　电气火灾

由电所引起的灾害有火灾和爆炸。引起电气灾害的主要原因有发热和产生火花。发生上述情况时，如果在其附近放有可燃性、易燃性物质，或者有可燃性气体及粉尘等物质时，就会发生火灾或爆炸。

6.3.1　造成电气火灾的原因

① 电气线路使用年限长久、绝缘老化、铜铝导线连接接触不良、缺乏正常维护、发生漏电起火，导致线途经热，烧坏绝缘，引起火灾。

② 当导线发生短路时，电流可增大为正常时的数倍乃至数十倍以上，而产生的热量又与电流的平方成正比，导线温度急剧上升，当绝缘层温度超过250℃时，线路就会起火，此种情况殃及面与短路导线长度成正比。

③ 电气开关熔断器熔断时的熔珠以及开关通断时产生的火花落在下方易燃物上可能引发火灾。

④ 电热用具、照明灯具工作时靠近易燃物或用完后忘记切断电源，如搁置在引燃基座上或用完后余热未散，立即装进可燃的包裹里，均会引起火灾。

⑤ 进行电焊作业，不采取安全措施，使焊接电弧烤燃可燃物或使火花、熔渣落在可燃物上而引发火灾。

⑥ 电气设备过载运行、机械设备的转动部分卡住，造成转矩过大均会导致设备过热。

⑦ 电源电压高于或低于额定电压的15%以上，会致使线路电流增大甚至出现危险温度。

⑧ 断路器、控制器等在非正常情况下进行操纵，出现的强烈电弧极易灼伤操纵人员或引起火灾。油断路器、电力变压器等设备的绝缘油在高温电弧作用下气化分解，会发生燃烧或爆炸。

6.3.2　电气火灾特点

（1）电气火灾的季节性特点　电气火灾多发生在夏、冬季。冬季天气寒冷，风多，风大，干燥，昼短夜长，电气火灾也比较多。架空线受风力影响，发生导线相碰放电起火，大雪、大风造成倒杆、断线等事故。使用电炉、电热器具等取暖，使用不当，烤燃可燃物引起火灾。冬季空气干燥，静电引起火灾。

（2）电气火灾的时间性特点　许多电气火灾往往发生在夜间或节、假日。在节、假日或下班前，人们由于疏忽大意，对电气设备及电源等不进行妥善处理便仓促离去，造成一些设备长时间通电运行，过热或引燃其他可燃物而发生火灾。也有临时停电或有其他事而离开设备，便不切断电源，待恢复供电后引起失火。后半夜用电量减少，供电电压较高，可能会发生过热或绝缘损坏事故。往往这些失火时，正是节、假日或夜间现场，无人值班，难以及早发现。极易蔓延扩大成灾。

（3）恶劣气候等自然灾害引起电气火灾　大风暴雨、山洪暴发、地震、雷击等自然灾害，会引起断路、短路等事故而发生火灾。

（4）麻痹大意是发生电气火灾的主要原因　电气设备发生火灾，除设备本身缺陷外，绝大多数是由于少数人不懂电气防火安全，麻痹大意造成的。如一个插座上使用多个插头；实验室仪器设备长期使用，教师、学生离开时未切断电源；大功率的电气设备使用插销供电；乱拉乱接线路，接头处理不好等等。这说明应克服麻痹大意，加强电气防火安全检查力度。了解和掌握电气防火知识，制订电气防火制度是非常重要的。

（5）电气火灾燃烧特点　电气火灾发生后，大火能沿着电线燃烧，且蔓延速度很快（尤其是短路），燃烧比较猛烈，极易引燃可燃物。电线的绝缘层大多容易燃烧，燃烧时有的还能产生有毒气体。

6.3.3　电气火灾的灭火措施

（1）切断电源以防触电　发生电气火灾时，首先切断着火部分的电源，切断电源时注意以下事项：

① 切断电源时应使用绝缘工具。发生火灾后，开关设备可能受潮或被烟熏，其绝缘性能

降低，因此拉闸时应使用可靠的绝缘工具，防止操作中发生触电事故。

② 切断电源的位置要选择得当，防止切断电源后影响灭火工作。

③ 要注意拉闸的顺序。高压设备，应先断开断路器，然后拉开隔离开关；低压设备，应先断开磁力启动器，然后拉闸，以免引起弧光短路。

④ 当剪断低压电源导线时，应避免断线线头下落造成触电伤人或发生接地短路。剪断同一线路的不同相导线时，应错开部位剪断，以免造成短路。

⑤ 如果线路带有负荷，应尽可能先切断负荷，再切断现场电源。

（2）带电灭火安全要求　有时为了争取灭火时间，来不及断电，或因实验需要以及其他原因，不允许断电，则需带电灭火。带电灭火需要注意以下几点：

① 选择适当的灭火器。二氧化碳或干粉灭火器的灭火剂都不导电，可用于带电灭火。泡沫灭火器的灭火剂（水溶液）有一定的导电性，对绝缘性能有一定影响，不宜用于带电灭火。

② 用水枪灭火器灭火时宜采用喷雾水枪（将水头摇晃成洒水状喷出，目的是不让水柱连贯，如果水柱连贯，则容易导电），喷雾水枪通过水柱泄漏的电流较小，用于带电灭火较安全。

③ 人体与带电体之间应保持安全距离。用水灭火时，水枪喷嘴至带电体的距离：电压在110V及以下时应不小于3m，在220V以上时应不小于5m。

④ 架空线路等空中设备进行灭火时，人体位置与带电体之间的仰角应不超过45°，以防止导线断落危及灭火人员的安全。

⑤ 设置警戒区。带电导线断落的场所，需划出警戒区。

6.4　实验室常见消防安全标志

化学实验室常见消防安全相关的标志，表6-2列出了一些常见消防安全标志的标志图例、名称和设置说明。

表6-2　常见消防安全标志的标志图例、名称和设置说明

序号	标志图例	名称	设置说明
1		消防手动报警按钮标志	设置在手动火灾报警按钮附近，标明名称和使用方法
2		火警电话标志	设置在显著位置或者报警电话附近，标明在发生火灾时报警电话

续表

序号	标志图例	名称	设置说明
3		发声警报器标志	设置在发声警报器或其启动装置附近
4		消防电梯标志	设置在消防电梯口，标明消防电梯的位置
5		消火栓水泵接合器标志	设置在消火栓水泵接合器或附近的墙面上，标明名称和供水系统
6		喷淋水泵接合器标志	设置在喷淋水泵接合器或附近的墙面上，标明名称和供水系统
7		消防水带标志	设置在消防水带附近位置
8		灭火器标志	设置在灭火器存放的位置

序号	标志图例	名称	设置说明
9		地下消火栓标志	设置在室外地下消火栓附近或墙面上
10		消防梯标志	设置在消防梯附近，标明消防梯的位置
11	紧急出口 Emergency Exit	紧急出口标志	设置在安全出口的显著位置，说明安全出口位置和方向
12	安全出口 EXIT	地面辅助疏散标志	设置在疏散走道和主要疏散路线的地面上，是能保持视觉连续的灯光或蓄光疏散指示标志
13	防火间距 严禁占用	防火间距标志	设置建筑物墙面上，标明"防火间距"字样及宽度，提示严禁占用
14	消防车道 严禁占用 净宽、净高保持4米	消防车道标志	设置在消防车道两侧墙面上，标明宽度，提示严禁占用

序号	标志图例	名称	设置说明
15		易燃气体标志	设置在存放容器上或存放易燃气体的场所。可以标明储存的种类和数量
16		易燃液体标志	设置在盛装容器上或存放易燃液体的场所。可以标明储存的种类和数量
17		易燃固体标志	设置在包装箱上或存放易燃固体的场所。可以标明储存的种类和数量
18		氧化剂标志	设置在包装箱上或存放氧化剂的场所。数字表示氧化剂的种类
19		当心火灾标志	设置在容易发生火灾或发生火灾造成严重后果的场所

课后习题

一、单选题

1. 下列（　　）是表示易燃液体燃爆危险性的一个重要指标。

A. 闪点　　　　　　　B. 凝固点　　　　　　　C. 自燃点　　　　　　　D. 密度

2. 易燃液体的膨胀系数比较大，灌装时容器内应留有（　　）以上空间，不可灌满。

A. 3%　　　　　　　　B. 5%　　　　　　　　　C. 10%　　　　　　　　D. 20%

3. 闪点低于23℃ 的易燃液体，其仓库温度一般不得超过（　　）℃。

A. 20　　　　　　　　B. 30　　　　　　　　　C. 40　　　　　　　　　D. 50

4. 易燃液体在运输、泵送、灌装时要有良好的（　　）装置，防止静电积聚。

A. 接地　　　　　　　B. 防火　　　　　　　　C. 监测　　　　　　　　D. 通风

5. 遇湿易燃物品灭火时可使用的灭火剂为（　　）。

A. 干粉　　　　　　　B. 水　　　　　　　　　C. 泡沫　　　　　　　　D. 沙子

6. 氢气泄漏时，易在屋（　　）聚集。

A. 顶　　　　　　　　B. 中　　　　　　　　　C. 底　　　　　　　　　D. 随意

7. 在一定条件下，压力越高，可燃物的自燃点（　　）。

A. 越低　　　　　　　B. 越高　　　　　　　　C. 不受影响　　　　　　D. 固定

8. 乙炔气瓶与氧气瓶存放时的距离不得少于（　　）m，使用时两者的距离不得少于（　　）m。

A. 1；2　　　　　　　B. 1.5；3　　　　　　　C. 5；10　　　　　　　　D. 3；10

9. 甲醇的爆炸极限是（　　）。

A. 5.5%～36%　　　　B. 1%～15%　　　　　　C. 12%～74%　　　　　　D. 5%～15%

10. 汽油的爆炸极限是（　　）。

A. 5.3%～1%　　　　　B. 7.6%～1.4%　　　　　C. 5.1%～3.4%　　　　　D. 5.5%～2.4%

11. 金属钠着火可采用的灭火方式有（　　）。

A. 干沙　　　　　　　B. 水　　　　　　　　　C. 湿抹布　　　　　　　D. 泡沫灭火器

12. 铝粉、保险粉自燃时（　　）扑救。

A. 用水　　　　　　　B. 用泡沫灭火器　　　　C. 用干粉灭火器　　　　D. 用干沙子

13. 下列物质中，二氧化碳灭火器不适宜扑救（　　）的火灾。

A. 贵重仪器设备　　　　　　　　　　　　　　B. 档案资料

C. 计算机　　　　　　　　　　　　　　　　　D. 钾、钠、镁、铝等物质

14. 干粉灭火器不适宜扑救（　　）的火灾。

A. 金属燃烧　　　　　B. 石油产品　　　　　　C. 有机溶剂　　　　　　D. 油漆

15. 室内空气中二氧化碳含量达（　　）时，就能使人不省人事，呼吸停止甚至死亡。

A. 1%　　　　　　　　B. 5%　　　　　　　　　C. 10%　　　　　　　　D. 20%

16. 闪点越低，越容易燃烧。闪点在-4℃以上的溶剂是（　　）。

A. 甲醇、乙醇、乙腈　　　　　　　　　　　　B. 乙酸乙酯、乙酸甲酯

C. 乙醚、石油醚　　　　　　　　　　　　　　D. 汽油、丙酮、苯

17．下列不属于易燃液体的是（　　　）。

A．5%稀硫酸　　　　　B．乙醇　　　　　　C．苯　　　　　　　D．二硫化碳

18．火灾发生时，湿毛巾折叠8层为宜，其烟雾浓度消除率可达（　　　）。

A．40%　　　　　　B．60%　　　　　　C．80%　　　　　D．95%

19．身上着火后，下列灭火方法错误的是（　　　）。

A．就地打滚　　　　　　　　　　B．用厚重衣物覆盖压灭火苗

C．迎风快跑　　　　　　　　　　D．大量水冲或跳入水中

20．火灾中对人员威胁最大的是（　　　）。

A．火　　　　　　　B．烟气　　　　　　C．可燃物　　　　　D．电源

二、多选题

1．身上着火后，下列灭火方法正确的是（　　　）。

A．就地打滚　　　　　　　　　　B．用厚重衣物覆盖压灭火苗

C．迎风快跑　　　　　　　　　　D．大量水冲或跳入水中

2．《中华人民共和国消防法》规定：任何单位、个人都有（　　　）的义务。

A．维护消防安全　　B．保护消防设施　　C．预防火灾　　　D．报告火警

3．室内火灾的发展过程可分为（　　　）。

A．阴燃阶段　　　B．初起阶段　　　C．发展阶段　　　D．下降阶段

4．实验室内操作大量乙炔气时，应注意的问题有（　　　）。

A．室内不可有明火　　　　　　　B．室内不可有产生电火花的电器

C．房间应密闭　　　　　　　　　D．室内应有高湿度

5．实验室消防的设施或设备主要有（　　　）

A．灭火器　　　　　　　　　　　B．沙箱

C．防火毯（粗麻布）　　　　　　D．消防安全通道

6．燃烧三要素是（　　　）。

A．可燃物质　　　B．点火源　　　C．助燃物质　　　D．温度

7．下面（　　　）属易燃类液体（闪点在25℃以下）。

A．甲醇，乙醇　　　　　　　　　B．四氯化碳，乙酸丁酯

C．丙酮，甲苯　　　　　　　　　D．异丙醇，二甲苯

8．用手提式灭火器灭火的正确方法是（　　　）。

A．拔去保险插销　　　　　　　　B．一手紧握灭火器喷嘴

C．一手提灭火器并下压压把　　　D．对准火焰猛烈部位喷射

9．遭遇火灾脱险的不正确的方法是（　　　）。

A．在平房内关闭门窗，隔断火路，等待救援

B．使用电梯快速脱离火场

C．利用绳索等，顺绳索滑落到地面

D．必须跳楼时要尽量缩小高度，做到双脚先落地。

10．下列（　　　）适于扑灭电气火灾。

A．二氧化碳灭火器　　B．干粉灭火器　　C．泡沫灭火器　　D．水

11．灭火的基本方法有（　　　）。

A．窒息灭火法　　　B．冷却灭火法　　　C．隔离灭火法　　　D．抑制灭火法

12．火灾事故分为（　　　）。

A．一般火灾　　　　　B．较大火灾　　　　　C．重大火灾　　　　　D．特别重大火灾

13．火灾蔓延的途径有（　　　）。

A．热传导　　　　　B．热对流　　　　　C．热辐射　　　　　D．对流

14．按爆炸过程的性质，通常将爆炸分为（　　　）。

A．物理爆炸　　　　　B．化学爆炸　　　　　C．核爆炸　　　　　D．固体爆炸

15．高层建筑火灾的特点有（　　　）。

A．火势蔓延快，途径多　　　　　　　　　B．人员疏散困难，伤亡严重

C．火灾扑救困难　　　　　　　　　　　　D．易燃合成材料多，燃烧猛烈

16．使用ABC类干粉灭火器可以扑灭（　　　）。

A．含碳固体火灾　　B．可燃液体火灾　　C．可燃气体火灾　　D．金属火灾

17．水不能扑救的火灾有（　　　）。

A．金属　　　　　　　　　　　　　　　　B．碱金属氢化物

C．不溶于水的易燃液体　　　　　　　　　D．高压电气装置火灾

18．身上着火应（　　　）。

A．就地打滚

B．尽快撕脱衣服

C．向身上泼水或用厚棉衣往身上盖

D．迎风快跑

19．禁火区动火作业"三不动火"是指（　　　）。

A．没有动火证不动火　　　　　　　　　　B．防火措施不落实不动火

C．监火人不在现场不动火　　　　　　　　D．安全负责人不在现场不动火

20．可燃液体发生火灾时，可使用的灭火剂是（　　　）。

A．干粉　　　　　　B．二氧化碳　　　　　C．泡沫　　　　　D．沙土

三、判断题

1．当电气设备发生火灾后，如果可能应当先断电后灭火。（　　　）

2．当发生火情时尽快沿着疏散指示标志和安全出口方向迅速离开火场。（　　　）

3．消防工作的方针是："预防为主，防消结合"，实行消防安全责任制。（　　　）

4．化学实验室现场，不可进食，但可以吸烟。（　　　）

5．在着火和救火时，若衣服着火，要赶紧跑到空旷处用灭火器扑灭。（　　　）

6．据统计，火灾中死亡的人有80%以上属于烟气窒息致死。（　　　）

7．灭火器材设置点附近不能堆放物品，以免影响灭火器的取用。（　　　）

8．用灭火器灭火时，灭火器的喷射口应该对准火焰的中部。（　　　）

9．发现火灾时，单位或个人应该先自救，当自救无效，火越着越大时，再拨打火警电话119。（　　　）

10．在扑灭电气火灾的明火时，用气体灭火器扑灭。（　　　）

11．消防队在扑救火灾时，有权根据灭火的需要，拆除或者破损临近火灾现场的建筑。（　　　）

12．电路或电器着火时，可用泡沫灭火器灭火。（　　　）

13．一般有机物着火时，可以用水扑救，因为有机物与水可以互溶。（　　　）

14．常用的化学试剂如：苯、乙醚、甲苯、汽油、丙酮、甲醇和煤油均属于易燃物质。（　　）

15．装有易燃液体的器皿可置于日光下。（　　）

16．火灾发生后，穿过浓烟逃生时，必须尽量贴近地面，并用湿毛巾捂住口鼻。（　　）

17．电加热设备必须有专人负责使用和监督，离开时要切断电源。（　　）

18．火灾发生后，受到火势威胁时，要当机立断披上浸湿的衣物、被褥等向安全出口方向冲去。（　　）

19．当电气设备发生火灾后，如果可能，应当先断电后灭火。（　　）

20．电气设备着火，首先必须采取的措施是灭火。（　　）

21．发生火灾，当烟雾较浓看不清前方道路出口时，不可乘电梯逃生。（　　）

22．身上着火被熄灭后，应马上把粘在皮肤上的衣物脱下来。（　　）

23．岗位消防安全"四知四会"中的"四会"是指：会报警，会使用消防器材，会扑救初起火灾，会逃生自救。（　　）

24．液体着火时，应用灭火器灭火，不能用水扑救或用其他物品扑打。（　　）

25．不得堵塞实验室逃生通道。（　　）

26．灭火器按其移动形式可分为：手提式和推车式。（　　）

27．火灾对实验室构成的威胁最为严重，最为直接。应加强对火灾三要素（易燃物、助燃物、点火源）的控制。（　　）

28．实验室灭火的方法要针对起因选用合适的方法。一般小火可用湿布、石棉网或沙子覆盖燃烧物即可灭火。（　　）

29．所有的火灾刚开始时都是小火，随着火灾的发展，输出的热量越大，火灾蔓延的速度和范围也愈大，所以扑灭初起火灾最容易的。（　　）

30．如果身上着火，要快速扑打，一定不能奔跑，可就地打滚、跳入水中，或用湿衣物、被盖覆盖灭火。（　　）

第7章 高校实验室典型安全案例介绍与分析

高校实验室是高校进行实验教学和科学研究的重要基地，是对学生实施综合素质教育，培养学生实验技能、知识创新和科技创新能力的平台，具有数量多、分布广、任务重、仪器设备和材料种类繁多等特点。由于实验室存在大量安全隐患与复杂风险，稍有不慎则易发生安全事故，造成人员伤亡和巨大经济损失。因此，学习安全事故相关知识，从安全事故中得到警示，是提高实验室安全理念，提高实验室安全管理水平、师生安全防护能力和创建"平安校园"的前提保障。

7.1　高校实验室典型安全案例介绍

7.1.1　高校实验室危险化学品燃爆事件

【事故介绍】2015年12月，某大学化学实验室发生爆炸起火，致1博士后研究人员当场死亡。事故发生时共有三间屋起火，过火面积80m²。

【原因分析】直接原因：事发实验室储存的危险化学品叔丁基锂燃烧发生火灾，引起存放在实验室的氢气气瓶在火灾中发生爆炸。间接原因：实验室违规存放危险化学品，违规使用易燃、易爆压力气瓶，实验室安全管理制度不落实，学生安全意识淡薄。

【安全警示】强化师生安全意识，牢固树立"安全第一，以人为本，关爱生命"的安全理念，坚决杜绝违规开展实验、冒险作业；严格落实实验室安全管理制度，实验室安全管理要管到位，管到实验的每个细节。

7.1.2　高校实验室气体钢瓶爆炸事件

【事故介绍】2015年4月，某大学实验室一气体钢瓶发生爆燃，造成在场1名硕士研究生当场死亡，4人受伤。其中1人重伤截肢，3人耳膜穿孔，直接经济损失达200多万元。

【原因分析】事故直接原因：事发实验室在一横向课题科研实验过程中，由于操作人员违规配制试验用气，开启气体钢瓶阀门时，里面的易燃气体含量达到爆炸极限导致瓶内气体反应爆炸；间接原因：实验室违规存放危险化学品，违规使用易燃、易爆压力气瓶，实验室安全管理制度不落实，学生安全意识淡薄。

【安全警示】实验室相关人员安全意识淡薄，违规配制实验用气与操作，应加强实验室安全培训与安全管理工作，提高实验室安全意识和安全理念，在实验室安全规章制度面前人人平等对待。

7.1.3　高校实验室违规操作（危险化学品混合）爆炸事件

【事故介绍】2016年9月，某大学合成实验室3名研究生在进行氧化石墨烯制备实验时，违规向混合了750mL浓硫酸和石墨烯的敞口大锥形瓶中放入高锰酸钾时发生爆炸，造成2名学生重伤和1名学生轻伤。其中受轻伤的一名学生经治疗后复学；一名重伤学生身体和眼部受到重创；另1名学生郭某身体数处被玻璃划伤，双目失明。

【原因分析】

① 实验学生安全意识淡薄，对实验风险没有正确的认识与评估；

② 实验学生违规操作，在不熟悉实验操作规程且不清楚化品反应常识情况下，违规超过标准温度（5℃）加入高锰酸钾而引发爆炸；

③ 缺乏相应的安全防护用品，实验操作时只找到一双塑胶手套，至于护目镜等防护装备，没见过也没听导师说过要戴，导致两名学生眼睛受到重创。

【安全警示】

① 树立实验室安全意识与理念，严格遵守实验操作规程；

② 进行危险化学品的实验操作时，要佩戴相应的防护用品，如防护手套、护目镜等防护装备；

③ 存在安全教育和管理缺陷，缺乏应急响应计划及应急物品、配套紧急冲淋装置和洗眼器等。

7.1.4　高校实验室废液暂存处火灾事件

【事故介绍】2016年8月，某大学化学实验室废液暂存处突发火灾，浓烟滚滚。消防救援人员及时赶到，全力灭火。火灾导致化学实验室废液暂存处烧毁，造成一段时间内教学与科研实验室产生的废液没有地方可以安全存放。火灾后无人员伤亡，学校受到公安消防部门处罚。

【原因分析】

① 实验室废液收集人员误操作，将具有相斥性的废液混合引起火灾；

② 废液暂存处不具备完善的消防设施，导致火势无法控制；

③ 操作人员未经过专业培训和应急演练，导致火势蔓延。

【安全警示】

① 加强实验室安全管理理论及实操培训，考证上岗；

② 每年定期举行事故应急演练及针对新进人员的演练培训；

③ 整改消防及报警设施，采购实验室废弃物专用暂存柜。

7.1.5　高校网络数据中心火灾事故

【事故介绍】2017年4月，某高校网络数据中心突发火灾，过火面积一平方米，导致当地多所高校网络中断，校园网无法使用，直至第二天才恢复运行。

【原因分析】事故网络中心设备UPS电池组故障所致。

【安全警示】UPS应尽量远离重要设备设施，避免UPS火灾引燃重要设备设施；不要超负载运行，UPS电源里面的蓄电池作为UPS电源里面的核心元件要定期维护保养，以延长UPS电源的使用寿命，减少故障率；要定期人为中断供电，使UPS电源带负载放电，避免UPS蓄电池处于虚充状态发生安全事故；工作人员要增强责任意识和安全意识，发现火情第一时间处理，避免造成更大的损失。

7.1.6　高校实验室违规操作爆炸事件

【事故介绍】2017年3月，某大学实验室发生爆炸，造成一名20岁男性本科生左手大面积创伤，右臂骨折。救护车及时到达事故现场，将该名学生送往医院救治。

【事故原因】受伤学生为该校化学系三年级本科生，在处理一个约100mL的反应釜过程中，一名学生违规将乙醇放入了纯净水的洗瓶中，导致另一名学生误用引发水热釜爆炸。

【安全警示】实验学生因安全理念缺失导致违规操作，将乙醇放入纯净水的洗瓶中，既没有通知周围实验人员，也没有做好安全标识，让另一名操作的学生误用，引发水热釜爆炸而受到重大伤害。事故原因调查清楚后，学校对相关责任人员进行了严肃处理，对实验室安全管理工作进行全面整顿，要求本科生进入实验室工作前，课题组应加强安全教育，在导师或高年级研究生指导下开展科研工作。

7.1.7　高校实验室信息被盗事件

【事故介绍】2018年1月，某高校计算机系统出现史上最大CPU漏洞，漏洞允许黑客窃取计算机的全部内存内容，包括移动设备、个人计算机以及在所谓的云计算机网络中运行的服务器，使几乎全球所有的计算机设备都受到影响。

【原因分析】窃取计算机的全部内存内容的英特尔CPU漏洞。

【安全警示】窃取计算机内存内容将引发重大信息安全与经济损失，因此高校要提高信息安全意识，做好实验室和学校的信息安全工作，保证教学和科研成果安全，保障师生、学校和国家的安全利益。

7.1.8　高校科研实验室违规作业爆炸事件

【事故介绍】2018年12月，某大学实验室在进行垃圾渗滤液污水处理科研试验期间，因使用搅拌机对镁粉和磷酸搅拌反应过程中，料斗内产生的氢气被搅拌机转轴处金属摩擦、碰撞产生的火花点燃爆炸，继而引发镁粉粉尘云爆炸，爆炸引起周边镁粉和其他可燃物燃烧，造成现场2名博士和1名硕士死亡。

【原因分析】本事故属于安全责任事故，事故直接原因是在实验学生使用搅拌机对镁粉和磷酸搅拌反应过程中，料斗内产生的氢气被搅拌机转轴处金属摩擦、碰撞产生的火花点燃爆炸，继而引发镁粉粉尘云爆炸，爆炸引起周边镁粉和其他可燃物燃烧，造成现场3名高才生当场死亡。事故间接原因是实验室存在违规开展试验、冒险作业，违规购买、储存危险化学品，对实验室和科研项目安全管理不到位。

【安全警示】一是加强实验室安全意识和安全理念教育，全面排查学校各类安全隐患和安全管理薄弱环节，加强实验室、科研项目和危险化学品的监督检查，采取有针对性的整改措施，着力解决当前存在的突出问题。二是全方位加强实验室安全管理，完善实验室管理制度，实现分级分类管理，加大实验室基础建设投入，明确实验室安全责任体系，实验室安全需要党政同责、一岗双责、齐抓共管、失职追责。

7.1.9 高校实验室违规操作爆炸致30余名学生受伤

【事故介绍】2018年11月，某大学一实验室在实验过程中发生爆燃。事故发生时，老师正在实验室带领30多名学生做乙醇萃取中试实验，由于实验过程中系统有一个阀门没有及时打开，导致管道内压力不断增大，造成高温乙醇从管道内迸出，遇火爆燃。强烈的冲击波将实验室大门炸飞，玻璃碴到处都是，现场30多名师生被烫伤、烧伤和划伤，其中8名学生重伤，烫伤、烧伤面积达90%。

【原因分析】

① 指导教师安全意识淡薄，对实验风险没有清晰的意识和评估，没有发现学生违规操作，没有提前将安全隐患排除于萌芽之中；

② 实验学生不熟悉实验流程，对实验风险没有正确认识而盲目跟从，持续违规作业导致现场所有实验人员均被烧伤划伤的重大安全事故；

③ 对易燃易爆炸的危险性实验没有采取安全防护措施和应急措施，导致事故发生措手不及，给自己和他人造成难以挽回的过失与遗憾。

【安全警示】

① 指导教师与实验学生没有安全红线意识，缺乏科学规范的安全理念；

② 实验室工作人员缺乏系统的安全培训学习，不懂得对危险性实验要进行安全预测分析、安全风险评估，尤其对易燃易爆的危险化学品实验要进行MSDS查询，以对实验操作过程风险进行防范和应对；

③ 应加强实验室安全设施建设，提高实验安全防范与安全应急处置能力。

7.1.10 高校实验室凌晨电路着火事件

【事故介绍】2019年2月，某大学教学楼内一实验室发生火灾，学校报警后119、110迅速到场。因为火势蔓延迅速，整栋大楼几乎都浓烟滚滚，9辆消防车、43名消防员到达现场，用水枪喷射明火并且降温，随后火灾被扑灭。教学楼外墙面被熏黑，窗户破碎，警方及学校保卫部门封闭现场。火灾烧毁3楼热处理实验室内办公物品，并通过外延通风管道引燃5楼顶风机及杂物。当时没有人在大楼里，没有人员受伤，但整个教学楼已成一片废墟。

【事故原因】事故直接原因是夜间实验室未关闭电源，导致电路着火引发火灾；事故间接原因是学校安全管理不到位，师生安全意识淡薄。

【安全警示】该火灾事故尽管无人员伤亡，但被烧实验楼的废墟和产生的巨大经济损失令相关人员感叹失落；学校应加强安全教育培训，让所有进入实验室工作的相关人员都能树立牢固的安全意识，明确安全责任体系；同时加强实验室安全监督检查，离开实验室前要检查实验室水、电、门窗是否关好。

7.1.11　高校实验室垃圾桶失火事件

【事故介绍】2019年11月6日凌晨，某大学实验室发生火灾，其市119指挥中心接警后，出动5辆消防车、28名消防员迅速赴现场处置，将火扑灭，无人员伤亡。

【原因分析】直接原因是实验室塑料垃圾桶内实验用废弃物慢反应导致火灾；间接原因是学生平时应急演练培训不到位，错失最佳救援时机使火势自然蔓延扩大引发大型火灾。

【安全警示】实验室废弃物应分类收集处理，对于沾染易燃等危险化学品的废弃物要单独收集、储存与处置；全校对化学实验室垃圾桶进行整改，集中采购金属带盖防火垃圾桶。

7.1.12　高校实验室电子元件老化着火事件

【事故介绍】2020年8月，某大学组织培养室发生火灾，造成组织培养室的各组织培养架烧毁，没有出现人员伤亡损失。

【原因分析】直接原因：一是培养室线路及电子元件老化起火，二是培养室组织培养架及过道上存放了大量报纸、泡沫、塑料垫、纸箱等可燃物；间接原因：实验室安全管理不到位，主要体现在没有经常性开展实验室日常安全检查，未对实验室安全设备设施进行定期检修和维护。

【安全警示】

①　提高实验室工作人员的安全意识，加强对设备、水电等定期检查维修工作，确保实验室无安全隐患；

②　加强对实验室内部消防通道、重点位置的安全管理，禁止占用消防通道，危险区域禁止堆放可燃性物品。

7.1.13　高校实验室废弃物处理安全事件

【事故介绍】2021年7月，某大学实验室在清理此前毕业生遗留在烧瓶内的未知白色固体，一博士生用水冲洗时发生炸裂。炸裂产生的玻璃碎片刺穿该生手臂动脉血管。随后，该生被送到医院救治，伤情得到控制，无生命危险。

【原因分析】

①　该博士生安全意识薄弱，对不明废弃物缺乏安全认知，没有按照危险废弃物对待，贸然处理而受伤；

②　该博士生安全防范理念不够，没有做好相应的安全防护措而直接处理危险化学废弃物；

③　实验室安全责任体系不明确，实验操作完毕，指导教师应指导实验学生将化学废弃物进行分类收集，做好安全标识统一回收储存，交由学校统一进行安全处理；

④ 实验室安全管理不到位，实验室管理教师平时安全检查不够，没有将安全隐患及时检出并排除；

⑤ 学校安全监督管理不到位，毕业生在离校之前应将所有危险化学品交接清楚。

【安全警示】

① 加强危险化学品的专项管理，危险化学品使用前后必须明确标签；

② 危险化学废弃物要进行分类收集、标识和回收，最后交由学校统一进行安全处置；

③ 对标签不明确的化学试剂按照危险化学品对待，严禁私自处置危险化学品；

④ 严禁在未做好个人实验防护前提下开展实验和处置危险化学废弃物；

⑤ 所有毕业生及其他离校人员在离校之前将所有经手的化学品交接清楚。

7.1.14　高校实验室安全帽事故典型案例

【事故介绍】某大学一位女生在机械加工实验室车床上实习时，因为中途外出开会回来时没有戴安全帽，在实习操作过程中一根辫子不慎被车床丝杠搅了进去，当即惊慌失措，出于本能用右手紧紧抓住辫子舍命叫喊。不远处指导老师眼疾手快，准时拉下电闸，才未酿成大事。但由于丝杠旋转的惯性，该同学的头皮还是受了伤。

【原因分析】该女生因存在侥幸心理，没有遵守安全操作规程戴好安全帽，在操作时一不当心让辫子靠近旋转的丝杠而被卷进受伤。庆幸的是指导老师听到学生叫喊及时拉下电闸阻止了事故恶化。

【安全警示】

① 树立科学规范的实验室安全意识，明确四不伤害安全理念；

② 加强安全教育培训，掌握实验室安全基本技能；

③ 了解实验室危险源头，识别安全隐患；

④ 预估实验操作危险，做好安全防护与应急，即使发生安全事故也能化解降至最小。

7.1.15　高校实习相关企业闪蒸事件

【事故介绍】某高校实习生产企业化工熔铸车间发生一起冷却水闪蒸事故，造成4人死亡，6人受伤。

【原因分析】熔铸车间作业工人发现铸造过程出现异常情况后，在采取加铝饼、调速等降温方法效果不明显时，未及时终止作业，导致铝合金棒拉漏，大量高温铝液进入冷却竖井，冷却水瞬间汽化并发生剧烈的铝粉氧化反应，产生的混合气体体积在相对密闭空间急剧膨胀，聚集的能量突然释放形成冲击波，导致事故发生。

【生产事故教训】

① 企业安全制度落实不到位、内容不科学。安全培训制度未落实，三项岗位人员持证不足，三级安全培训教育不到位；违法采用12h两班连续工作制度，熔铸车间安全管理缺失；工作制度不合理导致夜班生产作业调度不畅、安全监管失位，当班班长发现现场违规问题纠正不及时，对生产过程中出现的异常状况处置失当。

② 企业安全管理不到位。熔铸车间风险等级与安全管理措施不匹配，隐患排查治理没有形成完整的闭环；制定的熔铸工安全操作规程缺少具体操作程序和步骤；安全管理机构设置

不健全，安全管理职责边界不清，安全管理人员数量不足。

　　③ 监管部门安全检查专业力量不足，未能及时发现熔铸车间铸造过程中的安全隐患和存在的问题。

7.2　高校实验室典型安全案例分析

　　教育部关于高等学校实验室信息统计数据显示，截至2018年末，全国公立大学实验室数量超过12万间，政府、科研院所、医院、企业等各类实验室数量超过100万间。由于高校实验室的复杂性与多样性，每年都会有各种各样的事故发生，而任何安全事故的发生都有其必然性，都是与人们不重视安全管理，不懂得安全知识和违章操作的因素联系在一起的。

7.2.1　高校实验室安全事故类型统计分析

　　（1）火灾事故　　事故原因：忘记关电源，致使设备或用电器具通电时间过长，温度过高，引起着火；操作不慎或使用不当，使火源接触易燃物质，引起着火；供电线路老化，超负荷运行，导致线路发热，引起着火；乱扔烟头，接触易燃物质，引起火灾。

　　这类事故的发生具有普遍性，任何实验室都可能发生。

　　（2）爆炸事故　　事故原因：违反操作规程，引燃易燃物品，进而导致爆炸；设备老化，存在故障或缺陷，造成易燃易爆物品泄漏，遇火花而引起爆炸。

　　这类事故多发生在有易燃易爆物品和压力容器的实验室。

　　（3）生物安全事故　　事故原因：微生物实验室管理上的疏漏和意外事故不仅可以导致实验室工作人员的感染，也可造成环境污染和大面积人群感染；生物实验室产生的废物甚至比化学实验室的更危险，生物废弃物含有传染性的病菌、病毒、化学污染物及放射性有害物质，对人类健康和环境污染都可能构成极大的危害。

　　这类事故多发生在病菌、病毒生物实验室。

　　（4）毒害事故　　事故原因：违反操作规程，将食物带进有毒物的实验室，造成误食中毒；设备设施老化，存在故障或缺陷，造成有毒物质泄漏或有毒气体排放而出，酿成中毒；管理不善，造成有毒物质散落流失，引起环境污染；废水排放管路受阻或失修改道，造成有毒废水未经处理而流出，引起环境污染。

　　这类事故多发生在有化学药品和剧毒物质的化学化工实验室。

　　（5）设备损坏事故　　事故原因：线路故障或雷击造成突然停电，致使被加热的介质不能按要求恢复原来状态，造成设备损坏；高速运动的设备因不慎操作而发生碰撞或挤压，导致设备受损。

　　这类事故多发生在用电加热的实验室。

　　（6）机电伤人事故　　事故原因：操作不当或缺少防护，造成挤压、甩脱和碰撞伤人；违反操作规程或因设备设施老化而存在故障和缺陷，造成漏电触电和电弧火花伤人；使用不当造成高温气体、液体对人的伤害。

　　这类事故多发生在有高速旋转或冲击运动的机械实验室，或要带电作业的电气实验室和一些有高温产生的实验室。

（7）信息或技术被盗事故　事故原因：实验室人员流动大，设备和技术管理难度大，实验室人员安全意识薄弱，让犯罪分子有机可乘。

这类事故是实验室安全常发事件，不仅造成了财产损失，影响了实验室的正常运转，甚至还有可能造成安全信息与核心技术的外泄。

7.2.2　高校实验室事故类型数据统计分析

将高校实验室近年发生的100起安全事故进行统计（图7-1），各类事故中，爆炸事故（包括仪器设备爆炸和化学试剂爆炸)最多，占事故总数的44%；火灾事故其次，占事故总数的42%；中毒事故较少，占6%；电击事故最少，只有1%；其他事故占7%。火灾、爆炸、中毒是实验室安全事故的主要类型，这与实验室使用种类繁多的易燃、易爆、有毒化学药品以及有些实验需要在高温、高压、超低温、强磁、真空、辐射、微波或高转速等特殊条件下进行密切相关，操作不慎或稍有疏忽，就可能发生着火、爆炸、化学灼伤和中毒事故。

7.2.3　高校实验室化学品事故数据统计分析

危险化学品是指具有毒害、腐蚀、爆炸、燃烧、助燃等性质，对人体、设施与环境有危害的剧毒化学品和其他化学品。危险化学品在生产、贮存、运输、销售和使用过程中，因其易燃、易爆、有毒、有害等危险特性，常会引发火灾和爆炸等危险事故，造成巨大的人员伤亡和财产损失。很多事故发生的原因是缺乏相关危险化学品安全基础知识，不遵守操作和使用规范，以及对突发事故苗头处理不当所造成。在高校发生的100起典型安全事故中，有80起是因为危险化学品引发的燃烧、爆炸事故。按照国家标准GB 6944—2012《危险货物分类和品名编号》关于危险物品的分类，对引起事故的危险物品进行分析，得到如图7-2所示结果分布图。

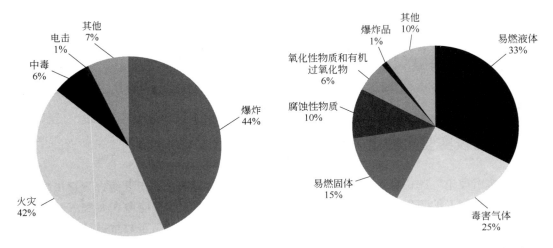

图7-1　事故类型数据分析图　　　　　　图7-2　化学品事故数据分析图

由化学品事故数据分析可知：易燃液体引起的燃烧、爆炸事故最多，占33%；毒害气体引起的事故次之，占25%；易燃固体事故占15%；腐蚀性物质事故占10%；氧化性物质和有机过氧化物事故占6%；爆炸品事故相对较少，占1%。在使用化学品的实验过程中由操作或其他原因引发的安全事故占10%。

7.2.4　高校实验室现场检查不符合项统计分析

2021年4月至6月，教育部组织开展了2021年度高校实验室安全检查工作。

检查对象是高校科研实验室和教学实验室。检查工作经历"高校自查自纠、高校现场检查、高校整改总结"三个阶段，总结出高校实验室现场检查不符合项（存在安全隐患）统计结果，见图7-3。

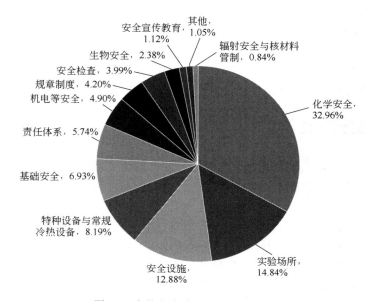

图7-3　高校安全检查不符合项分析图

根据教育部2021高校实验室现场检查不符合项统计结果，排序前6位的大类问题，依次是：①化学安全问题，占32.96%；②实验场所问题，占14.84%；③安全设施问题，占12.88%；④特种设备与常规冷热设备问题，占8.19%；⑤基础安全问题，占6.93%，⑥责任体系问题，占5.74%。

7.2.5　高校实验室典型安全事故理论分析

（1）冰山理论　冰山理论从心理学角度带有一定的隐喻意思，指人的自我意识就像是一座冰山，能看到人的表现行为只是上面很少的一部分，更多的部分隐藏在海底深处为人所看不到的地方。通过高校实验室典型安全事故数据统计分析、化学品事故数据统计分析和高校实验室检查不符合项数据统计分析，可以得到相似的"冰山理论"结果。即：安全事故的发生如露出水面的冰山一角，而导致安全事故发生的因素是巨大的，如潜藏在海底的巨大冰山。

安全事故造成的经济损失比较：事故造成的直接经济损失相对较小，如对伤亡者的治疗、赔偿，对损坏设备的修理、更换等。事故造成的间接经济损失巨大，如应急的费用、事故调查的花费、加班工资、时间损失的报酬、停产的费用、保险费用的增加、清理现场的费用、商业和信誉损失、政府的罚款等。

（2）海因里希法则　海因里希法则由美国著名安全工程师海因里希提出，又称"海因里希安全法则""海因里希事故法则"。法则含义：当一个企业有300起隐患或违章，必然要发生29起轻伤或故障，另外还有1起重伤、死亡事故（海因里希法则见图7-5）。实验室安全事故遵循海因里希法则规律：已发生的实验室重大安全事故如海因里希法则图中的顶端部分，它是由于较多不被重视的一般事故所致，一般事故的发生则来源于巨大的不为人知的安全隐患（图7-4底层部分），重大安全事故、一般安全事故和安全隐患之比为1：29：300。

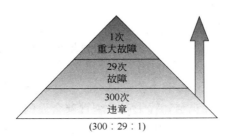

图7-4　海因里希法则图

7.3　建立高校实验室HSE安全运行机制

健康（health）、安全（safety）与环境（environment）管理体系简称为HSE安全管理体系，是 20 世纪90年代出现的国际石油、化工企业通行的管理体系，是以系统安全的思想为基础，从整体出发，将健康、安全与环境纳入一体化管理，强调事前预防和风险分析，体现"以人为本"的原则。HSE管理是以人为中心，通过计划、组织、指挥、协调、控制及创新等手段，对组织所拥有的人力、物力、财力、信息等资源进行有效的决策、计划、组织、领导、控制，以期达到组织既定的目标的过程。高校实验室HSE管理是HSE安全管理体系的一部分，是HSE安全管理的其中一个职能，也是高校实验室实现组织零人员伤害事故、零环境污染目标的过程。高校实验室HSE安全管理需要相关法律法规为支撑，建立健全安全责任体系、实验室规章制度、实验室安全准入机制和监督检查机制，以保障其安全顺利运行。

7.3.1　实验室HSE安全管理的法律法规

为保障国家和人民的安全，国家相关部门分别制定了各种法律和法规，涉及安全方面的有《中华人民共和国安全生产法》、《中华人民共和国消防法》、《中华人民共和国保守国家秘密法》及其实施办法、《中华人民共和国放射性污染防治部门法》、《危险化学品安全管理条例》、《气瓶安全监察规程》、《易制爆危险化学品名录》、《易制毒危险化学品名录》等。

针对实验室的安全，国家相关部门也制定了相应的国家标准，如《实验室　生物安全通用要求》（GB 19489—2008）、《气瓶颜色标志》（GB/T 7144—2016）、教育部出台的《教育部直属高等学校国防科技工作保密规定（试行）》和《教育部直属高等学校承担国防科研项目的管理办法（试行）》。针对我国高校的特殊情况，教育部和公安部于2009年10月19日联合发布了《高等学校消防安全管理规定》，该规定自2010年1月1日起施行。

7.3.2　建立HSE实验室安全责任体系

责任，一是指分内应该做好的事，如履行职责、应尽义务、承担责任等；二是指如果没有做好自己工作，而应承担不利后果或强制性义务，如担负责任、承担后果等。一般把前一种责任称为积极责任，把后一种责任称为消极责任。

实验室安全管理工作需要建立行之有效的安全责任体系。强化落实，健全实验室HSE安全责任体系是就是要明确责任，保护环境，改进工作场所的健康性和安全性，对增强凝聚力、完善内部管理、创造更好的效益起到积极作用。

（1）强化法人主体责任　严格按照"党政同责，一岗双责，齐抓共管，失职追责"和"管行业必须管安全、管业务必须管安全、管生产必须管安全"的要求，根据"谁使用、谁负责，谁主管、谁负责"原则，把责任落实到岗位、落实到人头，坚持精细化原则，推动科学、规范和高效管理，营造人人要安全、人人重安全的良好校园安全氛围。

（2）建立分级管理责任体系　构建学校、各院系、实验室三级联动的实验室安全管理责任体系。学校党政主要负责人是第一责任人；分管实验室工作的校领导是重要领导责任人，协助第一责任人负责实验室安全工作；其他校领导在分管工作范围内对实验室安全工作负有支持、监督和指导职责。

学院二级院系等部门的党政负责人是本单位实验室安全工作主要领导责任人，各实验室责任人是本实验室安全工作的直接责任人。无论教学与科研，实验室指导教师责无旁贷。

学校设立各实验室安全管理机构和专职管理人员负责实验室日常安全管理。

7.3.3　健全实验室安全准入机制

为进一步加强实验室安全管理，树立实验室安全红线意识，增强实验室人员的责任心、自觉性和自我保护能力，确保师生员工生命与实验室财产安全，按照"谁使用、谁负责，谁主管、谁负责"的原则，坚持"全覆盖、全方位、全过程、重实效、常态化"的实验室安全教育目标，实行"凡进必考，达标准入"的实验室安全准入制。凡在实验室内参与实验教学、科研、学习和管理的人员，必须接受实验室安全教育培训与考核，考核通过后，准许进入实验室工作和学习。

（1）制度体系与责任落实　实验室安全教育实行学校、二级单位、实验室三级安全教育体系。学校实验室安全工作领导小组办公室负责学校实验室准入教育考核体系的建设以及实验室安全通识教育和考核工作的组织与实施。各院系、实验中心结合本部门学科专业特点，负责对入室师生开展实验室安全与环境保护知识等的教育培训和考核，并监督所属各实验室做好专项安全教育。各实验室须根据本室危险源特点、实验操作规程、日常管理要求等，组织对进入实验室的师生进行专项教育培训。如因安全准入制度执行不到位而导致安全与环境保护事故发生，学校将追究相关管理人员的责任。

（2）教育内容和形式　实验室安全教育包括法规教育、规章制度、操作安全规程、事故处理方法、环境保护、自我保护教育以及预防教育。以预防教育为主，预防教育重点在于开展防火、防爆、防毒、防盗、防腐蚀、防触电、防泄密、防污染等教育。实验室安全教育培训要把安全法规条例、安全规章制度与实验室典型事故案例、危险区域要害部位、危化品使用流程、特种装备的安全操作规程以及实验室事故应急处置预案、实验室防护装置使用、消防器材使用、自救逃生方法等内容相结合。

承担涉密科研项目的实验室，应配合学校保密工作。办公室定期对实验室工作人员进行保密安全教育，定期对保密工作的执行情况进行认真检查，杜绝泄密事件发生。

学院实验室安全教育和考核须依托我校"实验室安全培训与考试系统"，根据需要组织学习课件和考试题库，供相关人员进行在线学习和考试。此外，还可采取教育讲座，专题培训，参观展览，案例教学，印制发放《实验室安全手册》，组织实验室事故应急预案演练、消防演练和自救互救演练等辅助形式。各实验室可采取灵活多样的形式开展专项安全教育。

（3）考核方式与准入流程　进入考试系统平台，参加实验中心或各分院组织的实验室安全教育考试，成绩合格，签订《实验室安全责任承诺书》。各级安全教育责任单位要详细记录实验室安全教育培训与考试准入执行的全过程，规范归档有关资料。各级安全教育计划、内容和实施情况作为年终单位安全管理工作的考核项目，作为事故调查的重要依据。

外单位参观、学习的人员进入实验室前应由实验室人员告知潜在的风险，并经实验室负责人同意后，在实验室人员陪同下参观、学习。跨科室开展实验活动的校内人员进入实验室前须由接收单位批准并接受必要的安全培训。

对存在未取得实验室准入资格的人员进入实验室从事科研、教学活动情况的责任单位或个人，学校进行通报批评，限期整改。对违反本规定导致发生安全责任事故的单位和个人，按《中华人民共和国安全生产法》和学校《实验室安全事故认定与处理办法》的相关规定，给予从重处理。

7.3.4　签订HSE实验室安全责任承诺书

为保障实验室的教学与科研实验工作的顺利进行，加强实验室消防安全工作，预防和减少事故，保护师生员工人身利益和公共财产安全，根据学校安全管理的要求，结合各分院系的工作实际签订实验室使用安全责任书。

① 实验室安全管理工作坚持"谁使用，谁负责""谁主管，谁负责"的原则。实验室主管领导和实验室工作人员全面负责实验室安全管理工作；各实验室使用老师及相关人员是实验室使用期间防火、防盗、防爆、防意外事故的安全管理工作责任人。

② 各实验室安全责任人的责任期为实验室分配给该老师使用开始，直至归还实验室为止。各位老师需要与实验区工作人员做好使用实验室的各项交接工作，在责任期内，做好该室的安全管理工作。

③ 要加强实验环境和物品的管理，物品要摆放整齐，保持实验室的卫生整洁，严禁在实验室使用明火；严禁使用热水壶、电饭煲等大功率电器；实验室设备的出和入需向实验区管理人员作说明或登记。各位老师和同学需提高警惕，发现可疑情况及时向实验区管理人员反映。

申请实验室的老师有义务配合实验区管理人员做好责任期内的安全、卫生和消防等巡查和监督，发现有问题要及时排除。

7.3.5　建立行之有效的HSE实验室监督检查机制

实验室安全管理是学校管理中的重中之重。为切实增强高校实验室安全管理能力和水平，保障校园安全稳定和师生生命安全，处于安全管理前端的实验室安全检查就更加必要。HSE实验室监督检查机制是在HSE实验室管理要素的基础上，实施实验室自我约束和自我检查的方法，是提升实验室管理效果，促进管理质量工作有效运行的一个保障，也是提高HSE实验室管理水平和人员素质的有效方法。

HSE实验室安全检查可采取定期检查、不定期检查、专业性检查和日常检查等形式，从准备工作到检查到整改一共分为以下四个流程。

（1）准备工作　首先需要制订检查计划、明确检查内容；其次需要组织参与检查人员；第三，需要准备检查材料和确认可能的检查用工具，当然最好能提前规划好检查路线；最后，计划好如何做好检查的记录统计和后续的整改落实追踪。

（2）明确检查内容　实验室使用种类繁多的化学药品、易燃易爆物品和剧毒物品、放射性物质等，有些实验需要在高温高压或超低温、强磁、真空、微波辐射、高电压和高转速等特殊环境和条件下进行；实验过程中会产生多种有害物质；实验设备在运行中也存在诸如光、电、热、射线、高压气体、电磁波等，这些都可以被列为危险源。如何识别危害是实验室安全检查的关键，也是需要我们日常不断积累的重点知识和经验。

以上危险源的存在，决定在围绕实验室开展的各项工作中，稍有疏忽就可能导致火灾、毒害爆炸的发生。

（3）具体工作开展　计划确定后，按照计划的日期进行有序开展。具体开展过程一定要基于现场，运用观察、询问、制度审阅、操作演示等合理的方式方法进行检查。可以根据实验室现状、风险、管理成熟度的不同，进行针对性的检查，如实验室日常检查、化学品专项检查、常规综合检查、年度综合检查等。

①　规章制度检查：实验室安全规章制度是否上墙，是否明确安全责任体系、签订安全责任书及实验室操作规程。

②　日常安全检查：有无实验室的日常巡查表，明确的隐患报告制度等。

③　化学品安全检查：化学品存放是否规范、有无管控化学品使用记录及退还制度、有无化学品长期不清理和标签模糊不清的情况等。

④　水电安全检查：下水道是否畅通，是否存在水龙头水管、皮管老化破损现象；是否有电线老化及乱拉乱接电线等现象。

⑤　设备安全检查：实验室设备摆放是否合理，是否临时支撑，管线是否用软管拖着。高压设备有无操作规程和安全注意事项、安全培训记录、使用记录或维护记录等。

⑥　消防安全检查：现场各楼的紧急逃生疏散路线图内容是否清晰明了（如：所在方位，逃生路线）。消防器材日常巡检表是否填写等。

⑦　气瓶的操作和管理检查：气瓶有无标签，是否注明空瓶、满瓶或使用中的运行状态，气瓶上的压力表有没有校验标识，气瓶有无气体泄漏报警器等装置。现场工具需防爆等。

⑧　化学品库存与废弃物分类处理检查：化学品试剂柜是否存在禁忌物品存放在同一柜体中的情况；实验室危险废弃物是否分类收集，废弃物标签是否符合规则（标签、主要内容、产出实验室等信息）；废液桶是否按要求分类，放在化学品防泄漏托盘上、标签内容是否完整和及时处理等。

⑨ 常规实验室安全检查，见表7-1。

表7-1　常规实验室安全检查表

序号	分类	重点检查内容
1	安全责任体系	① 建立学校、院系、实验室三级联动安全责任体系并明确安全责任； ② 明确实验室安全管理职能部门，并与其他职能部门分工明确； ③ 是否有明确书面签字或者盖章的院系主管领导、指导教师及实验室负责人签订的实验室安全管理责任书
2	规章制度	① 规章制度、操作规程等是否齐全； ② 实验室安全责任制是否健全； ③ 是否有应急预案（如化学、生物、辐射等应急预案）； ④ 实验室门口是否有安全标识，是否标注责任人与联系方式
3	安全检查台账	实验室建立安全检查台账问题及整改完成情况记录
4	安全设施建设	是否具备良好的通风、采光、监控、防火、防盗、防毒、净化、应急等条件
5	卫生安全	① 是否在实验室烧煮食物、进食； ② 是否有废弃物品没有及时清理现象； ③ 实验室内是否有停放电动车、自行车等现象； ④ 实验室内是否有堆放私人物品现象； ⑤ 是否有在实验室留宿、过夜现象
6	防护安全	是否有防护服、防护眼镜、防护面罩、活性炭口罩、呼吸器、防护手套、急救箱、洗眼器、紧急喷淋等防护用品与装备
7	用水安全	① 下水道是否畅通是否存在水槽与下水道堵塞现象； ② 化学冷却水系统的橡胶管是否老化或连接不够牢固； ③ 是否存在自来水开着却无人值守现象； ④ 是否存在水龙头水管、皮管老化破损现象
8	用电安全	① 是否有电路容量不适用高功率的设备现象； ② 是否有乱拉乱接电线、使用花线、使用木质配电板现象； ③ 是否有电线老化现象； ④ 是否有多个大功率仪器使用一个接线板的现象； ⑤ 是否存在仪器使用完后未及时关闭电源的现象； ⑥ 是否存在接线板直接放在地面的现象
9	消防安全	① 实验室内有无禁止吸烟的警示； ② 消防器材配置是否合理； ③ 消防通道是否通畅； ④ 是否有堵塞消防通道和在公共通道中堆放仪器、物品等现象； ⑤ 化学实验室是否存在未经批准使用明火电炉现象
10	烘箱与干燥箱	① 烘箱、干燥箱等附近是否有气体钢瓶、易燃易爆化学品等； ② 是否有影响烘箱、干燥箱等散热的现象（如在其周围堆放杂物）； ③ 是否存在使用干燥箱进行烘烤时无人值守现象
11	冰箱设备安全	① 贮存化学试剂的冰箱是否有霜，冰箱是否进行了防爆改造； ② 是否有过期没有报废的冰箱； ③ 是否存在影响冰箱散热的现象，如在冰箱周围堆放杂物现象； ④ 是否存在冰箱放置食品的现象

序号	分类	重点检查内容
12	防盗安全	① 门窗是否安全； ② 是否存在门开着但无人值守的现象； ③ 剧毒品、病原微生物、放射源等存放点是否有防盗和监控设施
13	化学试剂	① 是否有专用化学品储存柜存放化学试剂； ② 毒性、腐蚀性化学试剂存放是否有安全标志，放置位置是否合理、安全等； ③ 是否存在大量化学药品与有机溶剂混放的现象； ④ 是否存在标签不明的化学试剂； ⑤ 是否存在试剂瓶盖打开放置的现象
14	剧毒品	是否执行"五双"管理制度（双人收发、双人使用、双人运输、双人双锁保管），是否配备了实验废弃物分类容器
15	危险废弃物	① 废弃物是否分类收集并配置相应容器标识； ② 是否发现向下水道倾倒废弃化学试剂的现象； ③ 是否存在实验室门外堆放实验室废弃物的现象； ④ 化学废液收集是否及时，是否有相应收集记录；废液桶内废液与废液桶顶部是否保证安全距离，废液桶是否置于盛液漏斗之上； ⑤ 是否存在随意排放有毒有害气体，是否有气体吸收装置； ⑥ 是否存在危险实验废弃物和生活垃圾混放的现象
16	气体钢瓶安全	① 是否存放残余废气，存在大量气体钢瓶堆放的现象； ② 是否存在忘关安全阀现象； ③ 是否有相应的气体安全标志； ④ 存放在独立气体钢瓶室的钢瓶连接是否规范； ⑤ 是否对气体连接管路进行检测； ⑥ 独立的气体钢瓶室是否有专人管理； ⑦ 是否存在气体钢瓶未固定的现象； ⑧ 是否存在危险气体钢瓶混放（主要指可燃性气体与氧气等助燃气体混放）的现象，是否存在危险气体钢瓶存放点通风不够的现象
17	生物安全	① 是否有操作规程，是否按规定进行实验； ② 实验废弃物是否进行分类处置； ③ 有害微生物实验室采购、保存、实验、废弃物处置等方面是否安全； ④ 有毒有害生物实验废弃物是否经高温高压灭菌
18	放射性安全	① 是否有操作规程； ② 储存地点和内容是否安全并符合相关规定； ③ 操作人员是否有上岗证； ④ 在从事放射性实验场所是否有安全警示标志及安全警戒线； ⑤ 从事放射性工作的人员是否佩戴个人剂量计； ⑥ 放射性废弃物是否有专门的存放容器和处置方案

⑩ 安全报告的出具：检查完成后一定要出具检查记录或报告，用于后续的整改追踪落实。一个良好的安全报告除了要有具体的检查发现和整改建议外，建议还要包括针对此次检查的系统性问题汇总和分析以及后续的系统性解决方案建议等。这样才能让受检单位更好地从体系管理的角度高度性地提升安全管理。

高校实验室HSE管理既是实验室工作人员自身的需要，也是组织和社会发展的需要。因为每个实验室都存在或多或少的安全隐患，而我们却不自知，所以实验室才会发生事故。要想避免事故的发生，我们的核心要务就要先从消除隐患和管控风险做起。首先，是识别隐患；其次是评估风险；再次是采取措施、控制风险；最后是对控制措施的效果和残余风险的再验证。循环这个过程，继续识别隐患……这整个过程，就是我们HSE实验室管理的核心。

以高校实验室"健康、安全、环保"为核心的安全运行机制出发点，《化学实验室安全教程》从化学实验室的安全基础、化学品安全、"三废"安全、仪器设备操作安全、消防安全、应急安全以及近年高校实验室典型安全事故警示分析等7个方面次第进行阐述，实现高校实验室HSE安全管理中"识别隐患—评估风险—采取措施—控制风险……"的PDCA循环，实现对学生的安全综合素质教育，实现高校的和谐稳定与持续发展。

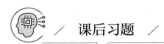

课后习题

一、单选题

1．几乎绝大部分的安全事故均由（　　）造成。

A．人员安全意识不足、疏忽大意　　　　　B．线路老化

C．操作失误　　　　　　　　　　　　　　D．管理不善

2．管理者应该充分发挥管理机能中的（　　）机能，有效地控制人的不安全行为、物的不安全状态，防止事故发生。

A．计划　　　　　　B．指挥　　　　　　C．协调　　　　　　D．控制

3．实验室不正确的安全理念是（　　）。

A．发现事故隐患主动告知或提示他人

B．遵守相关规章制度和安全操作规范

C．提出安全建议，互相交流，向他人传递有用的信息

D．一旦发生事故，只管保护自己不受伤害

4．涉及有毒试剂的操作时，不正确的保护措施包括（　　）。

A．佩戴适当的个人防护器具　　　　　　　B．了解试剂毒性，在通风柜中操作

C．做好应急救援预案　　　　　　　　　　D．实验过程中注意点就行了

5．海因里希的事故因果连锁中，事故基本原因是（　　）。

A．人的缺点　　　　B．遗传，环境　　　C．能量　　　　　　D．管理缺陷

6．在事故统计分析时把物的因素进一步区分为（　　）。

A．机械和物质　　　　　　　　　　　　　B．起因物和加害物

C．机械和物体　　　　　　　　　　　　　D．设备与环境

7．导致实验室安全事故的直接原因是（　　）。

A．人的不安全行为、物的不安全状态　　　B．故障、失误

C．管理缺陷　　　　　　　　　　　　　　D．现场失误、管理失误

8．海因里希法则中的比例1∶29∶300说明（　　）。

A．每300起事故中一定有一起产生了严重伤害

B．知道了重伤人数就可以计算轻伤人数

C．减少轻伤事故就可以减少重伤事故

D．事故发生时伤害的发生不是必然的

9．以下（　　　）不是诱发安全事故的原因。

A．设备的不安全状态　　　　　　　　B．安全行为

C．不良的工作环境　　　　　　　　　D．劳动组织管理的缺陷

10．高校实验室安全事故类型分析中事故类型占比最大的是（　　　）。

A．爆炸事故　　　　B．火灾事故　　　　C．中毒事故　　　　D．其他事故

11．化学品事故数据分析引发事故最多的是（　　　）。

A．易燃气体　　　　B．易燃液体　　　　C．易燃固体　　　　D．危险化学品

12．高校实验室现场检查不符合项统计分析排序最前的是（　　　）。

A．安全设施问题　　　　　　　　　　　B．场地安全问题

C．实验场所问题　　　　　　　　　　　D．化学安全问题

13．高校实验室造成的最严重损失是（　　　）。

A．身体损失　　　　B．生命损失　　　　C．经济损失　　　　D．精神伤害

14．不属于化学实验室常规安全检查的内容是（　　　）。

A．病原体　　　　　B．废弃物安全　　　C．卫生安全　　　　D．水电安全

15．下列对实验室安全责任体系说法错误的是（　　　）。

A．只是管理教师的责任　　　　　　　　B．谁主管，谁负责

C．谁使用，谁负责　　　　　　　　　　D．指导教师责无旁贷

二、判断题

1．人既是事故的受害者又是肇事者，因此安全工作的实质是控制人的行为。（　　　）

2．只要消除了人的不安全行为就可以预防事故。（　　　）

3．海因里希法则中比例1∶29∶300说明减少轻伤事故就可以减少严重伤害。（　　　）

4．冰山理论可以理解为：已发生的实验室安全事故是微小的，而潜藏的安全事故隐患是巨大的。（　　　）

5．人的不安全行为、物的不安全状态是安全事故背后深层原因的反映。（　　　）

6．防止操作失误所采取的技术措施比管理措施更有效。（　　　）

7．实验室管理者的失职行为属于不安全行为。（　　　）

8．选择安全对策措施时，应该优先考虑经济效益好的方案。（　　　）

9．重视安全，遵守安全操作规范，可以最大限度地避免安全事故发生。（　　　）

10．冰山理论对安全事故造成的经济损失结果分析是：事故造成的直接经济损失相对较小，事故造成的间接经济损失巨大。（　　　）

11．HSE安全管理体系是健康、安全与环境管理体系的简称。（　　　）

12．《中华人民共和国消防法》的法律规范不适用于高校实验室。（　　　）

13．实验室安全责任体系强化法人主体责任，营造"党政同责，一岗双责，齐抓共管，失职追责"，营造人人要安全、人人重安全的良好校园安全氛围。（　　　）

14．高校实验室安全教育包括法规教育、规章制度、操作安全规程、事故处理方法、环境保护等内容。（　　　）

15．高校实验室安全教育只针对实验室工作的教师和学生，不包括其他进入实验室的人员。（　　　）

16．供电线路老化，超负荷运行，会导致线路发热而引发实验室着火。（　　　）

17．爆炸事故与使用化学品无关。（　　　）

18．将食物带进有毒试剂的实验室容易造成中毒事故。（　　　）

19．高速运动的设备因不慎操作而发生碰撞或挤压会导致设备受损。（　　　）

20．机电伤人事故不会发生在化学实验室。（　　　）

21．违规操作是造成实验室安全事故的主要原因。（　　　）

22．信息安全事故会造成重大安全信息泄露，但不会造成重大财产损失。（　　　）

23．雷击可能造成突然停电，使设备受到损坏。（　　　）

24．实验室卫生检查不包括检查实验室内是否有堆放私人物品现象。（　　　）

25．检查蒸馏实验所用橡胶管是否有老化或连接不牢固现象属于操作规范，与安全用水无关。（　　　）

26．化学实验室消防安全检查不仅要检查消防通道是否通畅，还要检查实验室是否存在未经批准使用明火电炉现象。（　　　）

27．实验室设备安全检查要检查烘箱、干燥箱等散热是否良好，是否存在使用干燥箱进行烘烤时无人值守现象。（　　　）

28．化学试剂检查时要只要保证试剂是否按类存放在试剂柜里，但对试剂标签是否明确不做硬性要求。（　　　）

29．化学实验废液要进行分类回收，废液桶里的废液可以任意体积盛放。（　　　）

30．高校实验室HSE安全管理的核心是实现"识别隐患—评估风险—采取措施—控制风险"的PDCA循环，最终实现实验室安全零事故。（　　　）

课后习题答案

第1章课后习题答案

一、单选题

1～5 DDDDD   6～10 DBCBC   11～15 ADBAD   16～20 DACBB

21～25 DDADB   26～30 AABDC

二、判断题

1～5 ×√×√×   6～10 √×√√√   11～15 √√××√

16～20 √√√√√   21～25 √×√√√   26～30 √√√√√

第2章课后习题答案

一、单选题

1～5 AABCA   6～10 ABACB   11～15 AACAA   16～20 ADABA

21～25 CBAAC   26～30 CDDCB

二、多选题

1. ABC   2. ABC   3. BCD   4. ABCD   5. ABD   6. BCD

7. AC   8. ABC   9. ABD   10. ABCD   11. CD   12. ABCD

13. ABD   14. CD   15. ABC   16. ABCD   17. ACD   18. ABCD

19. ABCD   20. ABC

三、判断题

1～5 √√√√√   6～10 √√√√√   11～15 ××√×√

16～20 √√√×√   21～25 √×√√×   26～30 √√×√√

第3章课后习题答案

一、单选题

1～5 CCBDA   6～10 DBBCD   11～15 CABDC   16～20 AADAB

二、多选题

1. ABC   2. ABD   3. ABC   4. ABCD   5. ABC   6. AB

7. ABCD   8. BCD   9. ABCD   10. ABCD   11. ABCD   12. ABC

13. BCD   14. BCD   15. ABCD

三、判断题

1～5 √√×√×   6～10 ×√×√√   11～15 ×√×√×

16～20 √√×××　 21～25 √√×√×   26～30 √××√√

第4章课后习题答案

一、单选题

1～5 BBBCA   6～10 DDDDA   11～15 ABDAD   16～20 ABBCB

二、多选题

1．BC   2．ABCE   3．ABCD   4．ABCD   5．ABCD

三、判断题

1～5 √×√√√   6～10 √√×√√

第5章课后习题答案

一、单选题

1～5 BDADB   6～10 BAABA   11～15 CDCDC   16～20 ABBDD

21～25 CCDDD   26～30 CDDDA

二、判断题

1～5 ×√√√×   6～10 √√√√√   11～15 ×√√√×

16～20 √√√√√

第6章课后习题答案

一、单选题

1～5 ABBAA   6～10 AACAB   11～15 ADADC   16～20 AABCB

二、多选题

1．ABD   2．ABCD   3．BCD   4．AB   5．ABCD   6．ABC

7．ACD   8．ABC   9．AB   10．AB   11．ABCD   12．ABCD

13．ABC   14．ABC   15．ABCD   16．ABCD   17．ABCD   18．ABC

19．ABC   20．ABCD

三、判断题

1～5 √√√××   6～10 √√××√   11～15 √×√√×

16～20 √√√√×   21～25 √×√√√   26～30 √√√√√

第7章课后习题答案

一、单选题

1～5 ACDDA   6～10 BAABA   11～15 BDBAA

二、判断题

1～5 √×√√√   6～10 √×√√√   11～15 √×√√×

16～20 √×√√√   21～25 √×√××   26～30 √√××√

附　录

附录1：高校实验室国家安全规范指南

教育部办公厅关于开展加强高校实验室安全专项行动的通知

教育部办公厅　教科信厅函〔2021〕38号

各省、自治区、直辖市教育厅（教委），新疆生产建设兵团教育局，有关部门（单位）教育司（局），部属各高等学校、部省合建各高等学校：

党中央、国务院历来高度重视安全工作，作出系列重要部署。高校实验室安全工作复杂艰巨，是教育系统安全工作的重点，也是不可逾越的红线。为切实增强高校实验室安全管理能力和水平，保障校园安全稳定和师生生命安全，我部决定开展加强高校实验室安全专项行动。现将有关事项通知如下。

一、总体要求

坚持以习近平新时代中国特色社会主义思想为指导，全面贯彻落实习近平总书记关于安全生产重要论述和指示批示精神，统筹发展和安全关系，坚持人民至上、生命至上，树牢安全发展理念，严格落实安全生产责任制，从根本上杜绝事故隐患，确保把人民生命安全放在第一位。全面落实《教育部关于加强高校实验室安全工作的意见》（教技函〔2019〕36号）和《教育系统安全专项整治三年行动实施方案》（教发计厅〔2020〕23号），进一步做好高校实验室安全工作，切实盯紧安全薄弱环节，补齐安全管理短板，强化安全风险防控和隐患排查治理，全面落实责任体系建设，坚决防范遏制安全事故发生，维护师生生命安全，保障校园安全稳定。

二、行动目标

提高政治站位，切实增强"四个意识"、坚定"四个自信"、做到"两个维护"，坚持一切工作都以安全稳定为前提，强化底线思维和红线意识，克服麻痹思想和侥幸心理。全面落实高校实验室安全责任体系建设，形成齐抓共管的局面；完善高校实验室分级分类和危险源管控分级分类管理体系建设，加强教学与科研项目安全审查过程管理，杜绝高校实验室重大安全事故隐患；构建完整的实验室安全教育体系，强化师生安全教育培训的各个环节，对各级安全管理与技术人员加强技术培训与考核，提升师生的实验室安全与应急能力；落实实验室基础设施的基本安全要求，加快实验室安全的科学研究与标准建设工作。专项行动取得积极成效，切实加强高校实验室安全工作，杜绝实验室安全重特大事故发生，营造安全和谐的教学、科研环境。

三、主要任务

（一）全面落实实验室安全责任体系

各高校要把安全摆在各项相关工作的首位，把实验室安全作为不可逾越的红线，进一步细化学校、二级单位、实验室三级联动的实验室安全管理责任体系，明确各级安全责任。坚持党政同责、一岗双责、齐抓共管、失职追责，严格落实安全责任制，完善安全监管体制，强化依法治理。学校党委应统筹实验室安全工作，把实验室安全工作纳入学校事业发展规划中，成立实验室安全工作领导小组，制定实验室安全工作计划并监督实施。学校党政主要负责人是第一责任人；分管实验室工作的校领导是重要领导责任人，协助第一责任人负责实验室安全工作；其他校领导在分管工作范围内对实验室安全工作负有支持、监督和指导职责。各高校要明确一个职能部门牵头负责实验室安全工作，相关职能部门切实配合落实工作。各学校二级单位要尽到主体责任，党政负责人是本单位实验室安全工作主要领导责任人，明确分管实验室安全的班子成员和各实验室安全管理人员，安全风险较大的单位要配备专职安全管理人员，切实履行实验室安全的闭环管理。各实验室负责人是本实验室安全工作的直接责任人，应严格落实实验室安全准入、隐患整改、个人防护等日常安全管理工作，切实保障实验室安全。

高校行政主管部门要落实监管责任，指导督促高校加强实验室安全管理，建立规范化标准化监管机制，定期开展实验室安全检查和培训，推动高校落实防范措施，着力扫除盲区、消除漏洞。地方教育行政部门要和本地区实验室安全相关行业部门建立协调机制，协同保障实验室安全工作。

（二）提升实验室安全管理能力

高校要根据危险源使用和储存情况，配备专职安全管理人员。安全岗位可以参照岗位职责、实验室数量、师生数量、危险源类别与数量等制定标准予以足额配备。安全管理人员应具备实验室安全管理或相应的专业知识和管理能力，鼓励高校配备有注册安全工程师资质的人员从事实验室安全管理工作。高校要制定相关政策，保障实验室安全管理与技术人员的薪资福利、绩效奖励与职业发展，同时要依据实验室安全规划及年度实验室安全水平提升计划，配备所必需的资金列入每年的预算。二级单位及实验室，要明确实验室安全费用专门用于改善安全条件及人员安全教育培训。

（三）完善实验室分级分类管理体系

高校要结合自身实际情况对实验室进行分级分类管理，建立完善适合学校实际的实验室分级标准，对不同风险等级的实验室，采取相应管理措施；对安全隐患实施分级分类管理，制定定量分级标准，全面辨识、评估，确定事故隐患和职业危害监控点，切实落实管理责任。加强信息化建设，充分利用信息化技术，对重大危险源实施实时监控，严格全过程、全周期、可追溯管理。实验室重大安全隐患排除前或排除过程中无法保证安全的，应停止实验活动，隐患排除后经审查通过方可恢复实验。

（四）建立健全项目风险评估与管控

高校要建立健全项目风险评估与管控机制，凡涉及有毒有害化学品（剧毒、易制爆、易制毒、爆炸品等）、危险气体（易燃、易爆、有毒、窒息）、病原微生物及携带致病源体的实验动物、辐射源及射线装置、同位素及核材料、危险性机械加工装置、强电强磁与激光设备、特种设备等各种危险源的科研、教学项目，必须经过风险评估后方可进行实验活动。项目负责人是项目安全的第一责任人，须对项目进行危险源甄别，如存在风险要主动上报并制定防范措施及应急预案。学校教学、科研等职能部门应在开展教学、科研新项目活动申请/立项前督查项目风险的安全评估工作，可探索依托第三方力量，增强风险研判和防控。要加强涉及危险化学品和生物安全等的采购、保存、使用、处置的全程管理。对存在重大安全隐患的项目，在未切实落实安全保障前，不得开展实验活动。

（五）强化实验室安全教育体系建设

高校要建设实验室安全教育体系，把实验室安全教育纳入学生的培养环节中，明确涉及实验风险的各级各类学生的培养要求。针对不同学科、专业实验，明确课程结构，设置教学大纲，开展相关教材编写、课程设置等工作，加强实验室安全专家与师资队伍的培育培训。建立实验人员安全准入制度，要求进入实验室的师生必须先进行实验室安全知识、安全技能和操作规范培训的必修课课程或培训并进行考核，未取得相应学分或未通过考核的人员不得进入实验室进行实验操作。对高校实验室安全责任体系的各级管理人员，如相关校领导、中层干部、安全职能部门管理人员、专职技术人员、开展实验活动的院系教师等，明确培训内容与时长等要求，有针对性进行安全培训与考核，保证师生具备必要的安全知识和应急能力，知悉自身在安全管理方面的权利和义务。研究生导师要将实验室安全教育列入指导内容，让安全教育入心入脑。高校行政主管部门，要建立实验室安全培训机制，并定期开展相关人员的培训与经验分享。

（六）提升实验室安全应急能力

高校要加强实验室安全应急能力建设，结合消防安全形成完整的应急体系。学校在建立校级实验室安全应急预案的同时，要指导二级单位和实验室建立应急预案或应急措施，并进行定期培训和实施演练。各级预案或措施要明确应急体系各节点的责任人，并配齐配足应急人员、物资、装备和经费，确保应急功能完备、人员到位、装备齐全、响应及时。实验室要配齐实验防护用品与装备并保证有效。一旦发生实验室安全事故，要启动应急响应，迅速采取有效措施，组织抢救，防止事故扩大，减少人员伤亡和财产损失，并按照国家有关规定立即如实报告，不得瞒报、谎报或迟报，不得故意破坏事故现场、毁灭有关证据。

（七）强化实验室安全基础设施建设

实验室的建筑设施等基础安全水平，是影响实验室安全水平的重要因素。新建、扩建、改造实验室等项目开工前，要对空间布局、消防、强弱电、给排水、供暖与通风、建筑材料等提出一般性要求，同时要根据实验室安全的使用特点提出通风系统（包括通风橱、排风量、废气处置等）、气路与气瓶柜、试剂柜、实验台、防震防磁、噪声控制和生物安全柜等特殊要求，并加强审核审批。对不符合安全标准不适宜开展实验的，应及时按照标准进行工程改造以保障实验室安全。

（八）持续开展高校实验室安全专项检查

教育部每年定期开展实验室安全专项检查，随时抽查高校可能存在的重大隐患，并督促整改，其他高校行政主管部门要根据教育部相关要求，扎实开展实验室安全检查工作。各高校要定期开展实验室安全各类隐患全面自查，及时公布与反馈；隐患整改过程要明确责任人整改时间、整改措施，并保障经费落实；整改实行销号式管理，并举一反三，杜绝出现隐患经整治后又复发的情况。重大安全事故隐患一经发现立整立改。

（九）加强实验室安全研究与标准建设

高校要针对实验室危险因素量多面广、人员流动性强、研究内容变化多、科研探索性强等特点，加强实验室安全相关科学研究。开展相关制度规范以及技术标准的研究工作，提升高校实验室安全管理水平，形成系统、科学的安全管理体系，以标准化的制度文件和成熟的安全文化作为有力支撑，实现对高校实验室安全的科学管理。

教育部加强实验室安全专家队伍建设，推动出台适合高校实验室的各项标准，指导高校实验室标准化建设。

四、组织实施

（一）压实各级责任。各高校成立实施专项行动领导小组，由党政一把手作为组长，主管副校长任副组长，各职能部门主要负责同志任成员，负责专项行动的贯彻落实、整体推进、保障投入、综合协调，研究解决推进过程中的重大问题。各高校行政主管部门要对主管高校加强监督指导，切实落实监管责任。

（二）建立长效机制。各高校行政主管部门和高校要根据专项行动内容制定实施方案，建立长效工作机制，针对重点难点问题，建立台账，加强督导整治。高校要制定年度实验室安全工作计划，将实验室安全工作进展、实施成效以及经验做法等，与每年高校实验室安全专项检查报告一并提交。

（三）加强考核督查。各高校依照专项行动目标和任务要求，将实验室安全工作纳入学校内部检查、日常工作考核和年终考评内容，对在实验室安全工作中成绩突出的单位和个人给予表彰奖励；对未能履职尽责的单位和个人，在考核评价中予以批评和惩处。高校行政主管部门要扎实开展实验室安全检查工作，对专项行动落实情况不好的高校进行督导，对因违反法律法规和学校实验室安全管理相关规定等，造成实验室安全责任事故或责任事件的，依法依规追究责任。

（四）加强宣传教育。要把宣传教育作为专项行动抓落实、促成效的重要推力。高校行政主管部门和各高校可结合国家安全日教育，梳理近年来重大实验室安全事故，开展警示教育，吸取经验教训。同时，加大对各类经验做法和先进典型的宣传，进一步提高师生安全意识。

教育部办公厅
2021年12月8日

附录2：实验室常用危险化学品名录

序号	品名	别名	CAS号	备注
1	阿片	鸦片	8008-60-4	
2	氨	液氨；氨气	7664-41-7	
3	5-氨基-1,3,3-三甲基环己甲胺	异佛尔酮二胺；3,3,5-三甲基-4,6-二氨基-2-烯环己酮；1-氨基-3-氨基甲基-3,5,5-三甲基环己烷	2855-13-2	
4	5-氨基-3-苯基-1-[双(N,N-二甲基氨基氧膦基)]-1,2,4-三唑[含量>20%]	威菌磷	1031-47-6	剧毒
5	4-[3-氨基-5-（1-甲基胍基）戊酰氨基]-1-[4-氨基-2-氧代-1(2H)-嘧啶基]-1,2,3,4-四脱氧-β,D赤己-2-烯吡喃糖醛酸	灰瘟素	2079-00-7	
6	4-氨基-N,N-二甲基苯胺	N,N-二甲基对苯二胺；对氨基-N,N-二甲基苯胺	99-98-9	
7	2-氨基苯酚	邻氨基苯酚	95-55-6	
8	3-氨基苯酚	间氨基苯酚	591-27-5	
9	4-氨基苯酚	对氨基苯酚	123-30-8	
10	3-氨基苯甲腈	间氨基苯甲腈；氰化氨基苯	2237-30-1	
11	2-氨基苯胂酸	邻氨基苯胂酸	2045-00-3	
12	3-氨基苯胂酸	间氨基苯胂酸	2038-72-4	
13	4-氨基苯胂酸	对氨基苯胂酸	98-50-0	
14	4-氨基苯胂酸钠	对氨基苯胂酸钠	127-85-5	
15	2-氨基吡啶	邻氨基吡啶	504-29-0	
16	3-氨基吡啶	间氨基吡啶	462-08-8	
17	4-氨基吡啶	对氨基吡啶；4-氨基氮杂苯；对氨基氮苯；γ-吡啶胺	504-24-5	
18	1-氨基丙烷	正丙胺	107-10-8	
19	2-氨基丙烷	异丙胺	75-31-0	
20	3-氨基丙烯	烯丙胺	107-11-9	剧毒
21	4-氨基二苯胺	对氨基二苯胺	101-54-2	
22	氨基胍重碳酸盐		2582-30-1	
23	氨基化钙	氨基钙	23321-74-6	
24	氨基化锂	氨基锂	7782-89-0	
25	氨基磺酸		5329-14-6	
26	5-(氨基甲基)-3-异噁唑醇	3-羟基-5-氨基甲基异噁唑；蝇蕈醇	2763-96-4	
27	氨基甲酸胺		1111-78-0	
28	(2-氨基甲酰氧乙基)三甲基氯化铵	氯化氨甲酰胆碱；卡巴考	51-83-2	
29	3-氨基喹啉		580-17-6	
30	2-氨基联苯	邻氨基联苯；邻苯基苯胺	90-41-5	
31	4-氨基联苯	对氨基联苯；对苯基苯胺	92-67-1	
32	1-氨基乙醇	乙醛合氨	75-39-8	
33	2-氨基乙醇	乙醇胺；2-羟基乙胺	141-43-5	
34	2-(2-氨基乙氧基)乙醇		929-06-6	
35	氨溶液[含氨>10%]	氨水	1336-21-6	
36	N-氨基乙基哌嗪	1-哌嗪乙胺；N-(2-氨基乙基)哌嗪；2-(1-哌嗪基)乙胺	140-31-8	

续表

序号	品名	别名	CAS号	备注
37	八氟-2-丁烯	全氟-2-丁烯	360-89-4	
38	八氟丙烷	全氟丙烷	76-19-7	
39	八氟环丁烷	RC318	115-25-3	
40	八氟异丁烯	全氟异丁烯；1,1,3,3,3-五氟-2-(三氟甲基)-1-丙烯	382-21-8	剧毒
41	八甲基焦磷酰胺	八甲磷	152-16-9	剧毒
42	1,3,4,5,6,7,8,8-八氯-1,3,3a,4,7,7a-六氢-4,7-甲撑异苯并呋喃[含量>1%]	八氯六氢亚甲基苯并呋喃；碳氯灵	297-78-9	剧毒
43	1,2,4,5,6,7,8,8-八氯-2,3,3a,4,7,7a-六氢-4,7-亚甲基茚	氯丹	57-74-9	
44	八氯莰烯	毒杀芬	8001-35-2	
45	八溴联苯		27858-07-7	
46	白磷	黄磷	12185-10-3	
47	钡	金属钡	7440-39-3	
48	钡合金			
49	苯	纯苯	71-43-2	
50	苯-1,3-二磺酰肼[糊状,浓度52%]		4547-70-0	
51	苯胺	氨基苯	62-53-3	
52	苯并呋喃	氧茚；香豆酮；古马隆	271-89-6	
53	1,2-苯二胺	邻苯二胺；1,2-二氨基苯	95-54-5	
54	1,3-苯二胺	间苯二胺；1,3-二氨基苯	108-45-2	
55	1,4-苯二胺	对苯二胺；1,4-二氨基苯；乌尔丝D	106-50-3	
56	1,2-苯二酚	邻苯二酚	120-80-9	
57	1,3-苯二酚	间苯二酚；雷锁酚	108-46-3	
58	1,4-苯二酚	对苯二酚；氢醌	123-31-9	
59	1,3-苯二磺酸溶液		98-48-6	
60	苯酚　　　　　苯酚溶液	酚；石炭酸	108-95-2	
61	苯酚二磺酸硫酸溶液			
62	苯酚磺酸		1333-39-7	
63	苯酚钠	苯氧基钠	139-02-6	
64	苯磺酰肼	发泡剂BSH	80-17-1	
65	苯磺酰氯	氯化苯磺酰	98-09-9	
66	4-苯基-1-丁烯		768-56-9	
67	N-苯基-2-萘胺	防老剂D	135-88-6	
68	2-苯基丙烯	异丙烯基苯；α-甲基苯乙烯	98-83-9	
69	2-苯基苯酚	邻苯基苯酚	90-43-7	
70	苯基二氯硅烷	二氯苯基硅烷	1631-84-1	
71	苯基硫醇	苯硫酚；巯基苯；硫代苯酚	108-98-5	剧毒
72	苯基氢氧化汞	氢氧化苯汞	100-57-2	
73	苯基三氯硅烷	苯代三氯硅烷	98-13-5	
74	苯基溴化镁[浸在乙醚中的]		100-58-3	
75	苯基氧氯化膦	苯磷酰二氯	824-72-6	
76	N-苯甲基乙酰胺	乙酰苯胺；退热冰	103-84-4	
77	N-苯甲基-N-(3,4-二氯根本)-dl-丙氨酸乙酯	新燕灵	22212-55-1	

序号	品名	别名	CAS号	备注
78	苯甲腈	氰化苯；苯基氰；氰基苯；苄腈	100-47-0	
79	苯甲醚	茴香醚；甲氧基苯	100-66-3	
80	苯甲酸汞	安息香酸汞	583-15-3	
81	苯甲酸甲酯	尼哦油	93-58-3	
82	苯甲酰氯	氯化苯甲酰	98-88-4	
83	苯甲氧基磺酰氯			
84	苯肼	苯基联胺	100-63-0	
85	苯肼化二氯	苯肼化氯；二氯化苯肼	622-44-6	
86	苯醌		106-51-4	
87	苯硫代二氯化膦	苯硫代磷酰二氯；硫代二氯化膦苯	3497-00-5	
88	苯胂化二氯	二氯化苯胂；二氯苯胂	696-28-6	剧毒
89	苯胂酸		98-05-5	
90	苯四甲酸酐	均苯四甲酸酐	89-32-7	
91	苯乙醇腈	苯甲氰醇；扁桃腈	532-28-5	
92	N-(苯乙基-4-哌啶基)丙酰胺柠檬酸盐	枸橼酸芬太尼	990-73-8	
93	2-苯乙基异氰酸酯		1943-82-4	
94	苯乙腈	氰化苄；苄基氰	140-29-4	
95	苯乙炔	乙炔苯	536-74-3	
96	苯乙烯[稳定的]	乙烯苯	100-42-5	
97	苯乙酰氯		103-80-0	
98	吡啶	氮杂苯	110-86-1	
99	1-(3-吡啶甲基)-3-(4-硝基苯基)脲	1-(4-硝基苯基)-3-(3-吡啶基甲基)脲；灭鼠优	53558-25-1	剧毒
100	吡咯	一氮二烯五环；氮杂茂	109-97-7	
101	2-吡咯酮		616-45-5	
102	4-[苄基（乙基）氨基]-3-乙氧基苯重氮氯化锌盐			
103	N-苄基-N-乙基苯胺	N-乙基-N-苄基苯胺；苄乙基苯胺	92-59-1	
104	2-苄基吡啶	2-苯甲基吡啶	101-82-6	
105	4-苄基吡啶	4-苯甲基吡啶	2116-65-6	
106	苄硫醇	α-甲苯硫醇	100-53-8	
107	变性乙醇	变性酒精		
108	(1R,2R,4R)-冰片-2-硫氰基醋酸酯	敌稻瘟	115-31-1	
109	丙胺氟磷	N,N'-氟磷酰二异丙胺；双(二异丙氨基)磷酰氟	371-86-8	
110	1-丙醇	正丙醇	71-23-8	
111	2-丙醇	异丙醇	67-63-0	
112	1,2-丙二胺	1,2-二氨基丙烷；丙邻二胺	78-90-0	
113	1,3-丙二胺	1,3-二氨基丙烷	109-76-2	
114	丙二醇乙醚	1-乙氧基-2-丙醇	1569-02-4	
115	丙二腈	二氰甲烷；氰化亚甲基；缩苹果腈	109-77-3	
116	丙二酸铊	丙二酸亚铊	2757-18-8	
117	丙二烯[稳定的]		463-49-0	
118	丙二酰氯	缩苹果酰氯	1663-67-8	
119	丙基三氯硅烷		141-57-1	
120	丙基胂酸	丙胂酸	107-34-6	
121	丙腈	乙基氰	107-12-0	剧毒

续表

序号	品名	别名	CAS号	备注
122	丙醛		123-38-6	
123	2-丙炔-1-醇	丙炔醇；炔丙醇	107-19-7	剧毒
124	丙炔和丙二烯混合物[稳定的]	甲基乙炔和丙二烯混合物	59355-75-8	
125	丙炔酸		471-25-0	
126	丙酸		79-09-4	
127	丙酸酐	丙酐	123-62-6	
128	丙酸甲酯		554-12-1	
129	丙酸烯丙酯		2408-20-0	
130	丙酸乙酯		105-37-3	
131	丙酸异丙酯	丙酸-1-甲基乙基酯	637-78-5	
132	丙酸异丁酯	丙酸-2-甲基丙酯	540-42-1	
133	丙酸异戊酯		105-68-0	
134	丙酸正丁酯		590-01-2	
135	丙酸正戊酯		624-54-4	
136	丙酸仲丁酯		591-34-4	
137	丙酮	二甲基酮	67-64-1	
138	丙酮氰醇	丙酮合氰化氢；2-羟基异丁腈；氰丙醇	75-86-5	剧毒
139	丙烷		74-98-6	
140	丙烯		115-07-1	
141	2-丙烯-1-醇	烯丙醇；蒜醇；乙烯甲醇	107-18-6	剧毒
142	2-丙烯-1-硫醇	烯丙基硫醇	870-23-5	
143	2-丙烯腈[稳定的]	丙烯腈；乙烯基氰；氰基乙烯	107-13-1	
144	丙烯醛[稳定的]	烯丙醛；败脂醛	107-02-8	
145	丙烯酸[稳定的]		79-10-7	
146	丙烯酸-2-硝基丁酯		5390-54-5	
147	丙烯酸甲酯[稳定的]		96-33-3	
148	丙烯酸羟丙酯		2918-23-2	
149	2-丙烯酸-1,1-二甲基乙酯	丙烯酸叔丁酯	1663-39-4	
150	丙烯酸乙酯[稳定的]		140-88-5	
151	丙烯酸异丁酯[稳定的]		106-63-8	
152	2-丙烯酸异辛酯		29590-42-9	
153	丙烯酸正丁酯[稳定的]		141-32-2	
154	丙烯酰胺		79-06-1	
155	丙烯亚胺	2-甲基氮丙啶；2-甲基乙撑亚胺；丙撑亚胺	75-55-8	剧毒
156	丙酰氯	氯化丙酰	79-03-8	
157	草酸-4-氨基-N,N-二甲基苯胺	N,N-二甲基对苯二胺草酸；对氨基-N,N-二甲基苯胺草酸	24631-29-6	
158	草酸汞		3444-13-1	
159	超氧化钾		12030-88-5	
160	超氧化钠		12034-12-7	
161	次磷酸		6303-21-5	
162	次氯酸钡[含有效氯>22%]		13477-10-6	
163	次氯酸钙		7778-54-3	
164	次氯酸钾溶液[含有效氯>5%]		7778-66-7	
165	次氯酸锂		13840-33-0	

续表

序号	品名	别名	CAS号	备注
166	次氯酸钠溶液［含有效氯＞5%］		7681-52-9	
167	粗苯	动力苯；混合苯		
168	粗蒽			
169	醋酸三丁基锡		56-36-0	
170	代森锰		12427-38-2	
171	单过氧马来酸叔丁酯［含量＞52%］		1931-62-0	
	单过氧马来酸叔丁酯［含量≤52%，惰性固体含量≥48%］			
	单过氧马来酸叔丁酯［含量≤52%，含A型稀释剂≥48%］			
	单过氧马来酸叔丁酯［含量≤52%，糊状物］			
172	氮［压缩的或液化的］		7727-37-9	
173	氮化锂		26134-62-3	
174	氮化镁		12057-71-5	
175	10-氮杂蒽	吖啶	260-94-6	
176	氘	重氢	7782-39-0	
177	地高辛	地戈辛；毛地黄叶毒苷	20830-75-5	
178	碲化镉		1306-25-8	
179	3-碘-1-丙烯	3-碘丙烯；烯丙基碘；碘代烯丙基	556-56-9	
180	1-碘-2-甲基丙烷	异丁基碘；碘代异丁烷	513-38-2	
181	2-碘-2-甲基丙烷	叔丁基碘；碘代叔丁烷	558-17-8	
182	1-碘-3-甲基丁烷	异戊基碘；碘代异戊烷	541-28-6	
183	4-碘苯酚	4-碘酚；对碘苯酚	540-38-5	
184	1-碘丙烷	正丙基碘；碘代正丙烷	107-08-4	
185	2-碘丙烷	异丙基碘；碘代异丙烷	75-30-9	
186	1-碘丁烷	正丁基碘；碘代正丁烷	542-69-8	
187	2-碘丁烷	仲丁基碘；碘代仲丁烷	513-48-4	
188	碘化钾汞	碘化汞钾	7783-33-7	

危险化学品的安全技术说明书（MSDS），请在盘锦职业技术学院iLab智慧实验室查询。

附录3：易制毒化学品名录

类别	名称	CAS号
第一类	1. 1-苯基-2-丙酮	103-79-7
	2. 3,4-亚甲基二氧苯基-2-丙酮	4676-39-5
	3. 胡椒醛	120-57-0
	4. 黄樟素	94-59-7
	5. 黄樟油	94-59-7
	6. 异黄樟素	120-58-1
	7. N-乙酰邻氨基苯酸	89-52-1
	8. 邻氨基苯甲酸	118-92-3
	9. 麦角酸*	82-58-6
	10. 麦角胺*	113-15-5
	11. 麦角新碱*	60-79-7
	12. 麻黄素、伪麻黄素、消旋麻黄素、去甲麻黄素、甲基麻黄素、麻黄浸膏、麻黄浸膏粉等麻黄素类物质*	299-42-3
	13. 羟亚胺	90717-16-1
	14. 1-苯基-2-溴-1-丙酮	23022-83-5
	15. 3-氧-2-苯基丁腈	5558-29-2
	16. N-苯乙基-4-哌啶酮	39742-60-4
	17. 4-苯胺基-N-苯乙基哌啶	21409-26-7
	18. N-甲基-1-苯基-1-氯-2-丙胺	25394-24-5
	19. 邻氯苯基环戊酮	6740-85-8
第二类	1. 苯乙酸☆	103-82-2
	2. 醋酸酐（乙酸酐）☆	108-24-7
	3. 三氯甲烷☆	67-66-3
	4. 乙醚☆	60-29-7
	5. 哌啶☆	110-89-4
	6. 1-苯基-1-丙酮	93-55-0
	7. 溴素	7726-95-6
第三类	1. 甲苯☆	108-88-3
	2. 丙酮☆	67-64-1
	3. 甲基乙基酮☆	78-93-3
	4. 高锰酸钾☆	7722-64-7
	5. 硫酸☆	7664-93-9
	6. 盐酸☆	7647-01-0

说明：

一、第一类、第二类所列物质可能存在的盐类，也纳入管制。

二、带有*标记的品种为第一类中的药品类易制毒化学品，第一类中的药品类易制毒化学品包括原料药及其单方制剂。

三、带有☆标记的品种为危险化学品。

参考文献

[1] 乔亏, 汪家军, 付荣. 高校化学实验室安全教育手册. 青岛: 中国海洋大学出版社, 2018.

[2] 黄开胜. 清华大学实验室安全手册. 北京: 清华大学出版社, 2019.

[3] 胡洪超,蒋旭红,舒绪刚. 实验室安全教程. 北京: 化学工业出版社, 2019.

[4] 陈卫华. 实验室安全风险控制与管理. 北京:化学工业出版社, 2017.

[5] 南方医科大学设备与实验室管理中心. 南方医科大学实验室安全教育手册. 2020.

[6] 孙建之, 王敦青, 杨敏. 化学实验室安全基础. 北京: 化学工业出版社, 2021.

[7] 赵华绒, 方文军, 王国平. 化学实验室安全与环保手册. 北京: 化学工业出版社, 2013.

[8] 蔡乐, 曹秋娥, 罗茂斌, 等. 高等学校化学实验室安全基础. 北京: 化学工业出版社, 2018.